住房和城乡建设部"十四五"规划教材

高等职业教育建设工程管理类专业系列教材

建筑水电安装工程识图与算量

（第3版）

主　编○代端明　卢燕芳

副主编○边凌涛

参　编○蒋文艳　陈　东　陆慕权

　　　　李　红　梁国赏　韦永华

主　审○文桂萍

U0190557

重庆大学出版社

内容简介

本书以常见房屋建筑水电安装工程施工图为例,以项目教学法讲解水电安装工程中各系统子目工程量计算的重点、难点,根据项目的复杂程度、难易程度以及学习者的自身专业方向,以模块化教学方式为基础制订实训任务,并配有相关的综合实训练习和参考答案。

全书内容包括2个部分:第1部分(项目1—9)为系统识图、列项与算量;第2部分(项目10)为综合实训。本书详细介绍了房屋建筑水电安装工程的相关计算规则、规范以及计算公式,同时配合相应的实例让学习者自主学习。

本书适用于高等职业教育工程造价、建筑设备类、建筑经济管理等专业的教学用书,也可作为建筑安装工程技术人员、管理人员、造价员自学和考前培训的用书。

图书在版编目(CIP)数据

建筑水电安装工程识图与算量/代端明,卢燕芳主编. – – 3 版. – – 重庆:重庆大学出版社,2024.2
高等职业教育建设工程管理类专业系列教材
ISBN 978-7-5689-0236-6

Ⅰ.①建… Ⅱ.①代… ②卢… Ⅲ.①给排水系统—建筑制图—识图—高等职业教育—教材②给排水系统—建筑安装工程—工程造价—高等职业教育—教材③电气设备—建筑安装工程—建筑制图—识图—高等职业教育—教材④电气设备—建筑安装工程—工程造价—高等职业教育—教材 Ⅳ.①TU204.21②TU723.32

中国国家版本馆 CIP 数据核字(2024)第 012631 号

高等职业教育建设工程管理类专业系列教材
建筑水电安装工程识图与算量
(第 3 版)
主 编 代端明 卢燕芳
主 审 文桂萍
责任编辑:林青山 版式设计:林青山
责任校对:王 倩 责任印制:赵 晟

*

重庆大学出版社出版发行
出版人:陈晓阳
社址:重庆市沙坪坝区大学城西路 21 号
邮编:401331
电话:(023)88617190 88617185(中小学)
传真:(023)88617186 88617166
网址:http://www.cqup.com.cn
邮箱:fxk@cqup.com.cn(营销中心)
全国新华书店经销
重庆愚人科技有限公司印刷

*

开本:787mm×1092mm 1/16 印张:20 字数:514千
2016 年 11 月第 1 版 2024 年 2 月第 3 版 2024 年 2 月第 16 次印刷
印数:46 001—51 000
ISBN 978-7-5689-0236-6 定价:49.00 元

前 言

（第 3 版）

　　《建筑水电安装工程识图与算量》是工程造价专业及相关专业教学计划中一门重要的实践性课程，也是高等职业院校学生综合素质培养过程中重要的实践教学环节之一。广西建设职业技术学院从 2009 年就开始该课程的教材建设，并由武汉理工大学出版社出版；2013 年新编的《建筑水暖电安装工程计价》由中国建筑工业出版社出版，并入选"十二五"职业教育国家规划教材。近几年随着教学改革不断深入，项目教学法、理实一体化教学、线上线下混合教学等先进的教学方法不断涌现，为了适应课程教学改革，对原教材进行重大修改势在必行。2016 年，学院再次集合力量，对教学内容进行了重构，对教材按项目教学法的方式进行编排，同时增添了配套的教学微课、FLASH 动画、PPT、试题库等教学资源，编写出版了《建筑水电安装工程识图与算量》教材，受到广大院校的欢迎，并入选了住房和城乡建设部"十四五"规划教材。

　　本教材以常见的建筑水电安装工程施工图为例，按识图→工艺→列项→算量→计价进行教材内容的编排，课程参考学时为课堂讲授 60 学时，综合实训 2 周。教材由广西建设职业技术学院代端明、卢燕芳担任主编，重庆电子工程职业学院边凌涛担任副主编，广西建设职业技术学院文桂萍教授（国家教学名师、全国教材建设先进个人）担任主审。同时，参编教材的还有广西建设职业技术学院的蒋文艳、陈东、陆慕权、梁国赏、李红、韦永华等老师。另外，教材编写团队深化校企合作、产教融合，通过"引企入教"，将教材内容与岗位典型任务对接，可以作为工程造价及相关专业授课教材，也可作为现场造价员入职培训用书。在教材编写过程中，广西盛元华工程咨询有限公司的方元焕、广西瑞真工程造价咨询有限责任公司的周筱熙为本教材提供了丰富的教学案例、素材和宝贵的意见，在此表示感谢。

　　教材本次修订：一是及时对教材中相关的规范和图集进行了更新；二是加强课程思政建设，融入党的二十大报告中科教兴国、文化自信、推动绿色发展的指导思想，弘扬劳动精神，并用小案例、微视频等形式将课程思政元素有机融入知识点；三是对教材中的难点、重点以动画、微课或视频的形式来展现，同时教材配套施工图、PPT 课件等资源，以方便读者阅读。

　　本教材作为国家级精品资源共享课《建筑水电工程计价》和国家职业教育工程造价专业教学资源库的配套教材，拥有丰富的教学资源。教材的教学资源配置在中国大学 MOOC、智慧职教、爱课程等平台上，结合手机 APP 等移动终端，将信息化技术手段与工程实境教学完美耦合,充分体现以学生为主体,促进学生自主学习和深度学习,更好地实现由专业知识向职业技能的转变。

本教材参考了国内外公开出版的许多书籍和资料,在此谨向有关作者表示谢意。书中的工程量清单列项、工程量计算及工程量清单计价书编制的具体做法和实例,是编者团队对规范、定额和相关解释材料的理解,不妥和错漏之处在所难免,恳请广大读者批评指正。

编　者

2023 年 12 月

目　录

项目 **1**
建筑给排水系统

本项目以某学校教学楼给排水为例,讲解建筑给排水系统的识图、列项以及工程量计算。本项目通过6个学习任务来完成,具体的学习任务内容如下:

序号	任务名称	备注
任务1.1	给水管道识图、列项与算量计价	
任务1.2	排水管道识图、列项与算量计价	以某教学楼给排水局部的施工图为例完成各项任务,各任务建议在课内完成
任务1.3	管道附件识图、列项与算量计价	
任务1.4	卫生洁具识图、列项与算量计价	
任务1.5	管道附属工程识图、列项与算量计价	
任务1.6	建筑给排水系统列项与算量计价综合训练	以某教学楼给排水施工图为例,完成整个项目的列项与算量,该任务建议在课外完成

任务1.1 给水管道识图、列项与算量计价

本任务以5号教学楼给排水系统施工图为载体,讲解给水管道的识图、列项与工程量计算的方法,具体的任务描述如下:

任务名称	给水管道识图、列项与算量计价	学时数/节	4
教学环境	工程造价理实一体化实训室、造价工作室	授课对象	高职工程管理类专业二年级学生
项目载体	5号教学楼给排水系统		
教学目标	知识目标:熟悉给排水管道工程量清单、消耗量定额相关知识;熟悉工程量计算规则与方法。 能力目标:能依据施工图,利用工具书编制给排水管道工程量清单及清单计价表。 素质目标:培养科学严谨的职业态度,以及精益求精、勤勉尽职、团结协作的职业精神。		

续表

应知应会	一、学生应知的知识点： 1.常用给水管道的材质、连接方式及安装基本技术要求。 2.给水管道工程量清单项目设置的内容及注意事项。 3.给水管道工程量清单项目特征描述的内容。 4.给水管道工程量清单计价注意事项。 二、学生应会的技能点： 1.会计算给水管道工程量。 2.能编制给水管道工程量清单。 3.能对给水管道工程量清单进行清单计价。
重点、难点	教学重点：工程量清单项目的编制、工程量计算及定额套价。 教学难点：卫生间给水管道工程量的计算。
教学方法	1.项目教学法；2.任务驱动法；3.线上线下混合教学法；4.小组讨论法
教学实施	1.任务资讯：学生完成该学习任务需要掌握的相关知识或需要查阅的信息。 2.任务分析：教师布置任务，通过项目教学法引导学生完成给排水施工图的识读。 3.任务实施：教师引导学生以小组学习的方式完成学习任务，要求学生在课前预习，线上完成微课、动画及PPT等教学资源的观看，线下由教师引导学生按照学习任务的要求掌握给水系统的识图、列项、算量与计价等基本技能。
考核评价	1.云平台线上提问考核。 2.课堂完成给定案例、成果展示，实行自评及小组互评。 3.课程累计评价、多方评价，综合评定成绩。

➤ 任务资讯

1.1.1 室内给水系统的组成

一般情况下，建筑给水系统由引入管、水表节点、管道系统、给水附件、升压和贮水设备、室内消防设备等部分组成。

给水系统的组成1

①引入管：由室外供水管引至室内的供水接入管道称为给水引入管。

②水表节点：是指引入管上装设的水表及其前后设置的闸门、泄水装置等的总称。

③管道系统：包括水平干管、立管、横支管等。

④给水附件：包括配水附件（如各式龙头、消火栓及喷头等）和调节附件（如各类阀门：闸阀、截止阀、止回阀、蝶阀和减压阀等）。

给水系统的组成2

⑤升压和贮水设备：升压设备是指用于增大管内水压，使管内水流能到达相应位置，并保证有足够的流出水量、水压的设备；储水设备用于储存水，同时也有储存压力的作用，如水池、水箱及水塔等。

1.1.2 常用管材

室内给水管 塑料给水管
道的安装 道的安装

1）金属管

（1）无缝钢管

无缝钢管是用普通碳素钢、优质碳素钢或低合金钢用热轧或冷轧制造而成,其外观特征是纵、横向均无焊缝,常用于生产给水系统,满足各种工业用水,如冷却用水、锅炉给水等。无缝钢管在同一外径下往往有几种壁厚,因此其规格一般不用公称直径表示,而用管外径 $D \times$ 壁厚表示,如 D20×2.5,表示的是外径为 20 mm,壁厚为 2.5 mm。

（2）焊接钢管

普通焊接钢管又名水煤气管,可分为镀锌钢管（白铁管）和非镀锌钢管（黑铁管）,适用于生活给水、消防给水、采暖系统等工作压力低和要求不高的管道系统中。其规格用公称直径"DN"表示,如 DN100,表示该管的公称直径为 100 mm。表 1.1 为常用焊接钢管规格。

焊接钢管的连接方式有焊接、螺纹、法兰和沟槽连接,镀锌钢管应避免焊接。

表 1.1 常用低压流体输送用焊接钢管规格（摘自 GB/T 3091—2015）

公称口径（DN）	外径 D/mm	壁厚 t/mm	
		普通钢管	加厚钢管
6	10.2	2.0	2.5
8	3.5	2.5	2.8
10	17.2	2.5	2.8
15	21.3	2.8	3.5
20	26.9	2.8	3.5
25	33.7	3.2	4.0
32	42.4	3.5	4.0
40	48.3	3.5	4.5
50	60.3	3.8	4.5
65	76.1	4.0	4.5
80	88.9	4.0	5.0
100	114.3	4.0	5.0
125	139.7	4.0	5.5
150	165.1	4.5	6.0
200	219.1	6.0	7.0

注:表中的公称口径系近似内径的名义尺寸,不表示外径减去两倍壁厚所得的内径

2）复合管

由两种以上材质制造的管道,称为复合管。

（1）钢塑复合管

钢塑复合管由普通镀锌钢管和管件以及 ABS、PVC、PE 等工程塑料管道复合而成，兼镀锌钢管和普通塑料管的优点。钢塑复合管一般采用螺纹连接。

（2）铜塑复合管

铜塑复合管是一种新型的给水管材，外层为导热系数小的塑料，内层为稳定性极高的铜管复合而成，从而综合了铜管和塑料管的优点，具有良好的保温性能和耐腐蚀性能，有配套的铜质管件，连接快捷方便，价格较高，主要用于星级宾馆的室内热水供应系统。

（3）铝塑复合管

铝塑复合管是以焊接铝管为中间层，内外层均为聚乙烯塑料管道，广泛用于民用建筑室内冷热水、空调水、采暖系统及室内煤气、天燃气管道系统。

铜塑复合管和铝塑复合管一般采用卡套式连接。

（4）钢骨架塑料复合管

钢骨架塑料复合管是钢丝缠绕网骨架增强聚乙烯复合管的简称。它是以高强度钢丝左右缠绕成的钢丝骨架为基体，内外覆高密度 PE，是解决塑料管道承压问题的最佳解决方案，具有耐冲击性、耐腐蚀性、内壁光滑、输送阻力小等特点。钢骨架塑料复合管的连接方式一般为热熔连接。

3）塑料给水管

（1）硬聚氯乙烯塑料管（PVC-U 管）

硬聚氯乙烯塑料管是以 PVC 树脂为主加入必要的添加剂进行混合，加热挤压而成。该管材常用于输送温度不超过 45 ℃的水。PVC-U 管一般采用承插粘接或弹性密封圈连接，与阀门、水表或设备连接时可采用螺纹或法兰连接。

（2）PE 塑料管

PE 塑料管常用于室外埋地敷设的燃气管道和给水工程中，一般采用电熔焊、对接焊、热熔承插焊等。

（3）工程塑料管

工程塑料管又称 ABS 管，是由丙烯腈-丁二烯-苯乙烯三元共聚物粒料经注射、挤压成型的热塑性塑料管。该管强度高，耐冲击，使用温度为 – 40 ~ 80 ℃，常用于建筑室内生活冷、热水供应系统及中央空调水系统中。工程塑料管常采用承插粘合连接，与阀门、水表或设备连接时可采用螺纹或法兰连接。

（4）PP-R 塑料管

PP-R 塑料管是由丙烯-乙烯共聚物加入适量的稳定剂，挤压成型的热塑性塑料管。它在我国塑料管材中使用较早。其特点是耐腐蚀、不结垢；耐高温（95 ℃）、高压；质量轻、安装方便，主要用于建筑室内生活冷、热水供应系统及中央空调水系统中。PP-R 塑料管常采用热熔连接，与阀门、水表或设备连接时可采用螺纹或法兰连接。

塑料给水管道规格常用"de""De"或"dn"符号表示外径。

1.1.3　常用管道连接方式

给排水管道
连接方式

目前给排水工程常用的连接方式有焊接连接、螺纹连接、法兰连接、卡箍连接、热熔连接和卡套式连接等。管道连接时应根据管道的材质和施工规范要求选用合适的连接方式。

（1）管道焊接

钢管焊接可采用手工电弧焊或氧-乙炔气焊。由于电焊的焊缝强度较高，焊接速度快，又较经济，所以钢管焊接大多采用电焊，只有当管壁厚度小于4 mm时才采用气焊。而手工电弧焊在焊接薄壁管时容易烧穿，一般只用于焊接壁厚为3.5 mm及其以上的管道。

管道焊接
连接

（2）管道螺纹连接

螺纹连接又称为丝扣连接，即将管端加工的外螺纹和管件的内螺纹紧密连接。它适用于所有镀锌钢管的连接，以及较小直径（公称直径100 mm以内）、较低工作压力（如1 MPa以内）焊接钢管的连接和带螺纹的阀类及设备接管的连接。

螺纹连接的管件又称为丝扣管件，采用KT30-6可锻铸铁铸造，并经车床车制内螺纹而成，俗称玛钢管件。其有镀锌和不镀锌两类，分别用于白、黑铁管的连接。

管道螺纹
连接

（3）管道法兰连接

法兰连接就是把两个管道、管件或器材先各自固定在一个法兰盘上，两个法兰盘之间加上法兰垫，用螺栓紧固在一起，完成管道连接。

法兰按连接方式可分为螺纹连接（丝接）法兰和焊接法兰。管道与法兰之间采用焊接连接称为焊接法兰，管道与法兰之间采用螺纹连接称为螺纹法兰。低压小直径用螺纹法兰，高压和低压大直径都是使用焊接法兰。法兰的规格一般以公称直径"DN"和公称压力"PN"表示，水暖工程所用的法兰多选用平焊法兰。

管道焊接法
兰连接

（4）管道卡箍（沟槽）连接

卡箍连接件是一种新型的钢管连接方式，具有很多优点。《自动喷水灭火系统设计规范》（GB 50084—2017）提出，系统管道的连接应采用沟槽式连接件或丝扣、法兰连接；系统中直径≥100 mm的管道，应采用法兰或沟槽式连接件连接。卡箍连接的结构非常简单，包括卡箍（材料为球墨铸铁或铸钢）、密封圈（材料为橡胶）和螺栓紧固件。规格从DN25～DN600，配件除卡箍连接器外，还有变径卡箍、法兰与卡箍转换接头、丝扣与卡箍转换接头等。卡箍根据连接方式分为刚性接头和柔性接头。

管道沟槽
连接

（5）管道热熔连接

热熔连接技术适用于聚丙烯管道（如PP-R塑料管）的连接。热熔机加热到一定时间后，将材料原来紧密排列的分子链熔化，然后在稳定的压力作用下将两个部件连接并固定，在熔熔区建立接缝压力。热熔连接方式有热熔承插连接和热熔对接（包括鞍形连接）。

管道热熔承
插连接

①热熔承插连接。热熔承插连接适合于直径比较小的管材管件（一般直径在dn63 mm以下），因为直径小的管材其管件管壁较薄，截面较小，采用对接不易保证质量。

②热熔对接连接。热熔对接连接适合于直径比较大的管材管件，比承插连接用料省，易制

管道热熔对
接连接

造,并且因为在熔接前切去氧化表面层,熔接压力可以控制,质量较易保证。

管道卡套式
连接

（6）卡套式连接

卡套式连接是由带锁紧螺帽和丝扣管件组成的专用接头进行管道连接的一种连接形式。

1.1.4　常用的给水管道工程量清单项目

1）常用给排水管道清单项目及工程量计算规则

工程量清单项目设置及工程量计算规则,应按表1.2的规定执行(本表摘自建设工程工程量清单计价规范(GB 50854～50862—2013)附录中相应的表。本书有关工程量清单项目设置及工程量计算规则,没有特别说明的都摘自此文件)。

表1.2　常用给排水管道清单项目

项目编码	项目名称	项目特征	计量单位	工程量计算规则	工程内容
031001001	镀锌钢管	1. 安装部位 2. 介质 3. 规格、压力等级 4. 连接形式	m	按设计图示管道中心线(不扣除阀门、管件及各种组件所占长度)以延长米计算	1. 管道安装 2. 管件制作、安装 3. 压力试验 4. 吹扫、冲洗、消毒 5. 警示带铺设
031001002	钢管				
031001003	不锈钢管				
031001004	铜管				
031001005	铸铁管	1. 安装部位 2. 介质 3. 材质、规格 4. 连接形式 5. 接口材料			1. 管道安装 2. 管件安装 3. 吹扫、冲洗、消毒 4. 警示带铺设
031001006	塑料管	1. 安装部位 2. 介质 3. 材质、规格 4. 连接形式			1. 管道安装 2. 管件安装 3. 压力试验 4. 吹扫、冲洗、消毒 5. 警示带铺设
031001007	复合管				

注:1. 安装部位,指管道安装在室内、室外。

2. 输送介质包括给水、排水、中水、雨水、热媒体、燃气、空调水等。

3. 铸铁管安装适用于承插铸铁管、球墨铸铁管、柔性抗震铸铁管等。

4. 塑料管安装适用于 UPVC、PVC、PP-C、PP-4R、PE、PB 管等塑料管材。

5. 复合管安装适用于钢塑复合管、铝塑复合管、钢骨架复合管等复合型管道安装。

6. 直埋保温管包括直埋保温管件安装及接口保温。

7. 排水管道安装包括检查口、伸缩节、透气帽。

8. 方形补偿器以其所占长度列入管道安装工程量。

9. 排水管道工程量计算应扣除各种井类所占长度:检查井规格为 $\phi700$ 时,扣除长度0.4 m;检查井规格为 $\phi1\,000$ 时,扣除长度0.7 m。

2)工程量清单项目特征描述方法

给排水、燃气管道安装,是按安装部位、输送介质、管径、材质、连接方式、接口材料等不同特征设置清单项目。编制工程量清单时,应明确描述这些特征,以便计价。

①安装部位应明确是室内还是室外,室内外管道界限划分如下:给水管道与市政管道划分以建筑物入口处阀门(水表井)为界,阀门以内执行安装工程定额,阀门以外的小区给水、燃气管网执行市政工程定额。建筑物入口处无总阀门(总水表井)的,以设计施工图为准,设计施工图上配套于该建筑物范围内的给水管道执行安装工程定额,以外的小区给水管网执行市政工程定额。

②输送介质指给水、排水、采暖、雨水、燃气。

③材质应描述清楚是镀锌钢管、焊接钢管还是无缝钢管、塑料管、复合管等。

④管道规格除了要描述大小,还要描述公称压力。

⑤连接方式应描述清楚是螺纹连接、焊接连接、沟槽连接、热熔连接或粘接连接等。

⑥接口材料指承插铸铁管道连接的接口材料,如石棉水泥、膨胀水泥等。

总之,给排水管道安装清单项目,除了管道安装外,还包括管道安装过程中可能发生的管道消毒、冲洗、水压及泄漏试验等工作内容。编制清单的人员必须根据拟建工程,结合实际情况,将需要发生的工作内容在管道安装的清单中描述清楚。

➤ 任务分析

1.1.5　给水管道识图

1)引入管识图

给水管道的识图宜从水流入的方向开始,即引入管→干管→立管→支管。首先,从图 1.1 可以看到,本栋楼有两个区域设置了卫生间,在①轴和②轴之间设置了女卫生间,在⑨轴和⑩轴之间设置了男卫生间。女卫生间的引入管在一层的①轴和②轴之间,引入管的管径为 DN40;男卫生间的引入管在一层的⑨轴和⑩轴之间,引入管的管径为 DN50。引入管为埋地敷设,埋深为 −1.2 m。

2)立管识图

从图 1.2 可以看到,本栋楼的给水立管有两根:JL-1 设置在女卫生间,用于一~四层的女卫生间供水;JL-2 设置在男卫生间,用于一~四层的卫生间供水。JL-1 的起点标高为 −1.2 m,终点标高为四楼的楼地面标高 11.7 m + 3.6 m(见图 1.3)。图 1.3 中箭头所指的部位就是 JL-1 立管在四楼女卫生间的终点部位,该节点的标高为距离四楼楼地面 3.6 m。JL-2 同 JL-1。

给水干管
三维图

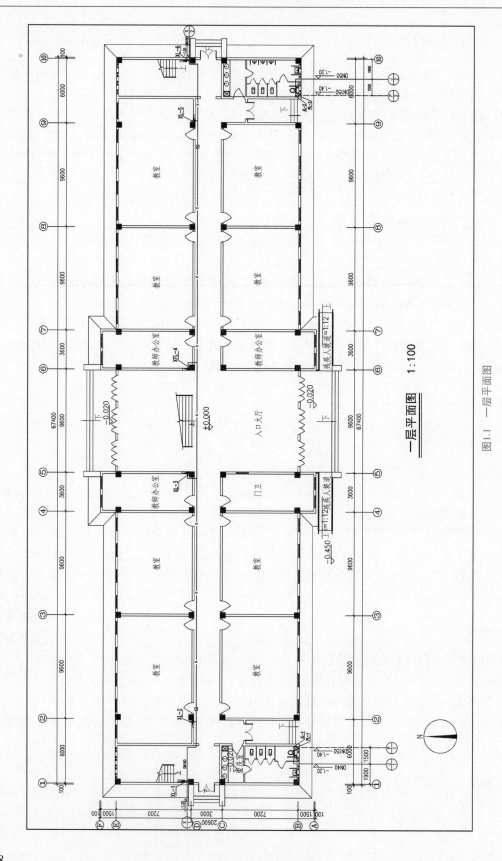

一层平面图 1:100

图1.1 一层平面图

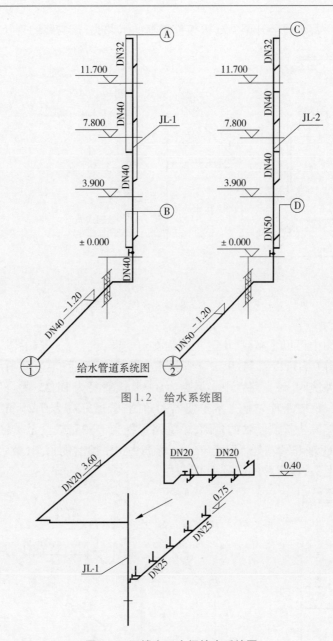

图 1.2　给水系统图

图 1.3　四楼女卫生间给水系统图

3）卫生间支管识图

从卫生间给排水大样图可以看到，本栋楼共有 A、B、C、D 4 个卫生间大样。

（1）A 卫生间大样

从给排水平面图中可以了解到，A 卫生间为女卫生间，设置在二～四层的①轴～②轴处，共有 3 个 A 卫生间。从图 1.4 可以看到，JL-1 立管供水到 A 卫生间后，卫生间给水支管分为两路：一路是去接大便器冲洗阀，该支路管的标高为 0.75 m（注：卫生间给水管道轴测图中给水管道标高是指给水管的管中心距该楼层卫生间地面的高度。下同），管径为 DN25；另一路是给洗脸盆和拖把池供水，该支路的管中心标高 3.6 m，敷设至①轴和Ⓒ轴处下降到 0.4 m

处,去接洗脸盆的角阀,最后上升至 1 m 去接拖把池的水龙头,该支路的管径为 DN20。

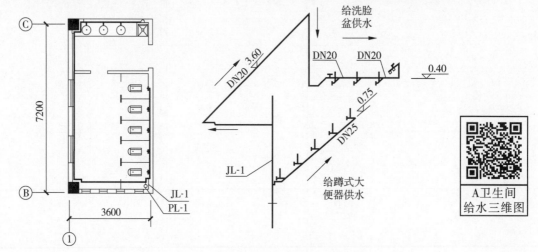

图 1.4　A 卫生间给水系统图及详图

（2）B 卫生间大样

从给排水平面图中可以了解到,B 卫生间为女卫生间,设置在一层的①轴～②轴处,共有 1 个 B 卫生间。从图 1.5 可以看到,JL-1 立管供水到 B 卫生间后,卫生间给水支管分为两路：一路是去接大便器冲洗阀,该支路管中心标高为 0.75 m,管径为 DN25;另一路是给坐便器、洗脸盆和拖把池供水。该支路首先是去接坐便器的角阀,管道标高为 0.25 m,管径为 DN25;然后上升至 0.4 m 的标高去接洗脸盆的角阀,该支路管径为 DN25;敷设至①轴和⑧轴处上升至 3.6 m 标高,敷设至①轴和⑥轴处下降至 0.4 m 标高去接洗脸盆的角阀,最后上升至 1 m 的标高去接拖把池的水龙头,该支路的管径为 DN20。

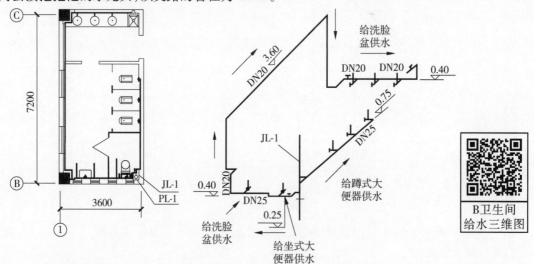

图 1.5　B 卫生间给水系统图及详图

（3）C 卫生间大样

从给排水平面图中可以了解到,C 卫生间为男卫生间,设置在二～四层的⑨轴～⑩轴处,共有 3 个 C 卫生间。从图 1.6 可以看到,JL-2 立管供水到 C 卫生间后,卫生间给水支管分为两路:一路是去接大便器冲洗阀,该支路管中心标高为 0.75 m,管径为 DN25;另一路是给小便器、洗脸盆和拖把池供水,该支路的管中心标高为 3.6 m,敷设至⑩轴和Ⓑ轴处下降到 1.2 m 标高去接小便器冲洗阀,敷设至⑩轴和Ⓒ轴处下降至 0.4 m 标高去接洗脸盆的角阀,最后上升至 1 m 的标高去接拖把池的水龙头,该支路的管径为 DN20。

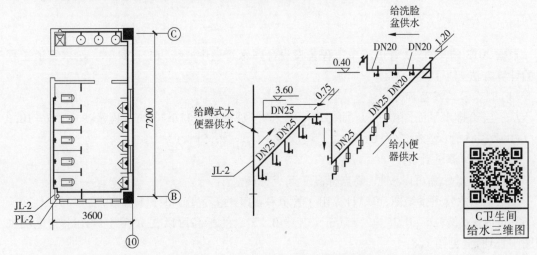

图 1.6 C 卫生间给水系统图及详图

(4)D 卫生间大样

从给排水平面图中可以了解到,D 卫生间为男卫生间,设置在一层的⑨轴～⑩轴处,共有 1 个 D 卫生间。从图 1.7 可以看到,JL-2 立管供水到 D 卫生间后,卫生间给水支管分为两路:一路是去接大便器冲洗阀,该支路管中心标高为 0.75 m,管径为 DN25;另一路是给坐便器、洗脸盆和拖把池供水。该支路首先是去接坐便器的角阀,管道标高为 0.25 m,管径为 DN25;然后上升至 0.4 m 的标高去接洗脸盆的角阀,该支路管径为 DN25;敷设至⑩轴和Ⓑ轴处上升至 1.2 m 标高,敷设至⑩轴和Ⓒ轴处下降至 0.4 m 标高去接洗脸盆的角阀,最后上升至 1 m 的标高去接拖把池的水龙头,该支路的管径为 DN20。

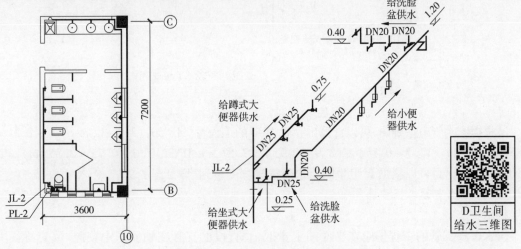

图 1.7 D 卫生间给水系统图及详图

➤ 任务实施

1.1.6 给水管道的清单列项与算量

1)计算工程量

根据2013清单规范,管道清单工程量按设计图示管道中心线以长度计算。给水管道工程量的计算方法如下:

（1）引入管工程量计算

从一层给排水平面图中可以量取:JL-1引入管(埋地部分)DN40的工程量:$9 + 1.5 = 10.5$(m);JL-2引入管(埋地部分)DN50的工程量:$9 + 1.5 = 10.5$(m)。

（2）立管工程量计算

立管工程量计算可以按照:终点标高－起点标高。

①根据给水管道系统图,可以计算出立管JL-1的工程量。DN40:$(11.7 + 0.75) - (-1.2) = 13.65$(m);DN32:$3.6 - 0.75 = 2.85$(m),其中0.75 m的标高可以在A卫生间给水管道的轴测图中查到,详见图1.8。

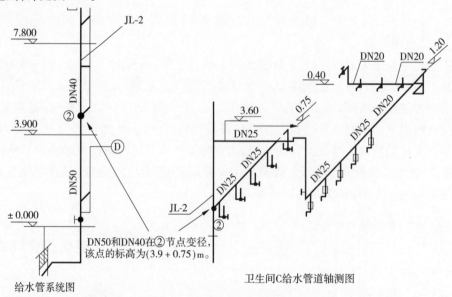

给水管系统图　　　　　　卫生间C给水管道轴测图

图1.8　节点图①大样图

②根据给水管道系统图,可以计算出立管JL-2的工程量。DN50:$(3.9 + 0.75) - (-1.2) = 5.85$(m);DN40:$(11.7 + 0.75) - (3.9 + 0.75) = 7.8$(m);DN32:$3.6 - 0.75 = 2.85$(m)。其中,0.75 m的标高可以根据C卫生间给水管道轴测图查到,详见图1.9。

（3）卫生间支管工程量计算

提示:

①水平段支管的工程量应在平面图上量取,垂直段的支管在轴测图中按照"终点标高－起点标高"的方法计算。切忌在轴测图上量取水平段支管的工程量,因为轴测图只是反应了管道的三维走向,并不能代表水平管道的实际长度。

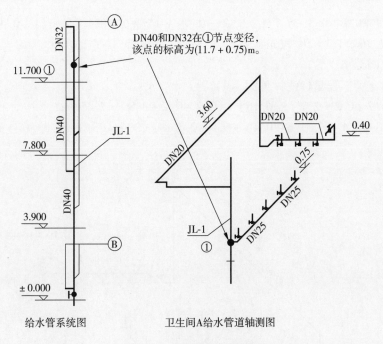

图 1.9　节点图②大样图

②在平面图上量取管道的水平长度时,应事先了解图纸的比例。本栋楼卫生间平面大样图的比例为 1:100。

③由于本教材的清单计价根据《广西壮族自治区安装工程消耗量定额》,所以卫生洁具的管道工程量计算规则按照《广西壮族自治区安装工程消耗量定额》的规定执行,冷水管道安装计算到与洗脸盆、洗手盆、洗涤盆、坐便器连接的角阀处。

a. A 卫生间给水支管

A 卫生间支管工程量标注详见图 1.10。

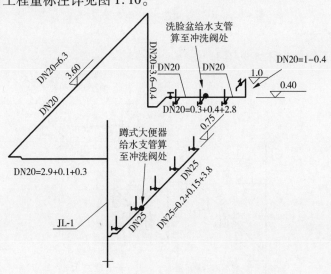

图 1.10　A 卫生间给水支管工程量标注

DN25:0.2 + 0.15 + 3.8 = 4.15(m);共 3 个卫生间:4.15 × 3 = 12.45(m)

DN20:$2.9+0.1+0.3+6.3+\downarrow(3.6-0.4)+0.3+0.4+2.8+\uparrow(1-0.4)=16.9(\text{m})$;
共 3 个卫生间:$16.9\times3=50.7(\text{m})$

b. B 卫生间给水支管

B 卫生间支管工程量标注详见图 1.11。

DN25:$(0.2+0.2+2.7+\uparrow0.15)+(0.2+0.2+3.8)=7.45(\text{m})$

DN20:$0.3+0.4+\uparrow(3.6-0.4)+6.4+0.1+\downarrow(3.6-0.4)+0.3+0.4+2.8+\uparrow(1-0.4)=17.7(\text{m})$

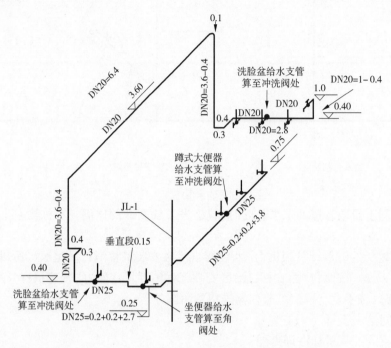

图 1.11   B 卫生间给水支管工程量标注

c. C 卫生间给水支管

C 卫生间支管工程量标注详见图 1.12。

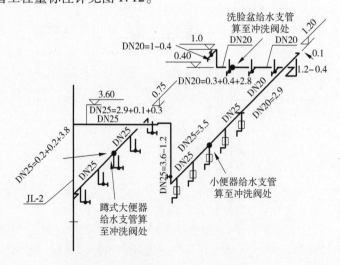

图 1.12   C 卫生间给水支管工程量标注

DN25：$[2.9+0.1+0.5+\downarrow(3.6-1.2)+3.5]+(0.2+0.2+3.8)=13.6(m)$；共 3 个卫生间：$13.6\times3=40.8(m)$

DN20：$2.9+0.1+\downarrow(1.2-0.4)+0.3+0.4+2.8+\uparrow(1.0-0.4)=7.9(m)$；共 3 个卫生间：$7.9\times3=23.7(m)$

d. D 卫生间给水支管

D 卫生间支管工程量标注详见图 1.13。

DN25：$[0.2+0.2+1+\uparrow(0.4-0.25)+1.7]+(0.2+0.2+3.8)=7.45(m)$

DN20：$\uparrow(1.2-0.4)+0.3+0.4+6.4+0.1+\downarrow(1.2-0.4)+0.3+0.4+2.8+\uparrow(1.0-0.4)=12.9(m)$

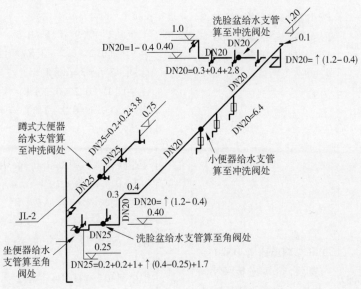

图 1.13　D 卫生间给水支管工程量标注

2）给水管道的清单列项

给水管道的清单列项与工程量计算如表 1.3 所示。

表 1.3　给水管道的清单列项与工程量计算表

序号	清单编号	项目名称	单位	工程量计算式
1	031001006001	PP-R 塑料给水管 DN50 室内安装，热熔连接，PN = 1.0 MPa，含管道消毒冲洗及试压	m	JL2 埋地：$9+1.5=10.5$ JL2 立管：$(3.9+0.75)-(-1.2)=5.85$ $\sum 16.35$
2	031001006002	PP-R 塑料给水管 DN40 室内安装，热熔连接，PN = 1.0 MPa，含管道消毒冲洗及试压	m	JL1 埋地：$9+1.5=10.5$ JL1 立管：$(11.7+0.75)-(-1.2)=13.65$ JL2 立管：$(11.7+0.75)-(3.9+0.75)=7.8$ $\sum 31.95$

续表

序号	清单编号	项目名称	单位	工程量计算式
3	031001006003	PP-R 塑料给水管 DN32 室内安装,热熔连接,PN = 1.0 MPa,含管道消毒冲洗及试压	m	JL1 立管:3.6 - 0.75 = 2.85 JL2 立管:3.6 - 0.75 = 2.85 $\sum$ 5.7
4	031001006004	PP-R 塑料给水管 DN25 室内安装,热熔连接,PN = 1.0 MPa,含管道消毒冲洗及试压	m	卫生间 A:0.2 + 0.15 + 3.8 = 4.15;共 3 个 A 卫生间:4.15 × 3 = 12.45 卫生间 B:(0.2 + 0.2 + 2.7 + ↑0.15) + (0.2 + 0.2 + 3.8) = 7.45 卫生间 C:[2.9 + 0.1 + 0.5 + ↓(3.6 - 1.2) + 3.5] + (0.2 + 0.2 + 3.8) = 13.6;共 3 个 C 卫生间:13.6 × 3 = 40.8 卫生间 D:[0.2 + 0.2 + 1 + ↑(0.4 - 0.25) + 1.7] + (0.2 + 0.2 + 3.8) = 7.45 $\sum$ 60.15
5	031001006005	PP-R 塑料给水管 DN20 室内安装,热熔连接,PN = 1.0 MPa,含管道消毒冲洗及试压	m	卫生间 A:2.9 + 0.1 + 0.3 + 6.3 + ↓(3.6 - 0.4) + 0.3 + 0.4 + 2.8 + ↑(1 - 0.4) = 16.9;共 3 个 A 卫生间:16.9 × 3 = 50.7 卫生间 B:0.3 + 0.4 + ↑(3.6 - 0.4) + 6.4 + 0.1 + ↓(3.6 - 0.4) + 0.3 + 0.4 + 2.8 + ↑(1 - 0.4) = 17.7 卫生间 C:2.9 + 0.1 + ↓(1.2 - 0.4) + 0.3 + 0.4 + 2.8 + ↑(1.0 - 0.4) = 7.9;共 3 个 C 卫生间 7.9 × 3 = 23.7 卫生间 D:↑(1.2 - 0.4) + 0.3 + 0.4 + 6.4 + 0.1 + ↓(1.2 - 0.4) + 0.3 + 0.4 + 2.8 + ↑(1.0 - 0.4) = 12.9 $\sum$ 105

1.1.7 给水管道的清单计价

以广西安装工程消耗量定额为例,给水管道的清单计价如表 1.4 所示。

表 1.4 给水管道清单计价

序号	项目编码/ 定额编号	项目名称/定额名称	单位	工程量
1	031001006001	PP-R 塑料给水管 DN50 室内安装,热熔连接,PN = 1.0 MPa,含管道消毒冲洗及试压	m	16.35

序号	项目编码/ 定额编号	项目名称/定额名称	单位	工程量
	B9-0118	PP-R 塑料给水管 DN50,热熔连接	10 m	1.64
2	031001006002	PP-R 塑料给水管 DN40 室内安装,热熔连接, PN=1.0 MPa,含管道消毒冲洗及试压	m	32.95
	B9-0117	PP-R 塑料给水管 DN40,热熔连接	10 m	3.30
3	031001006003	PP-R 塑料给水管 DN32 室内安装,热熔连接, PN=1.0 MPa,含管道消毒冲洗及试压	m	5.7
	B9-0116	PP-R 塑料给水管 DN32,热熔连接	10 m	0.57
4	031001006004	PP-R 塑料给水管 DN25 室内安装,热熔连接, PN=1.0 MPa,含管道消毒冲洗及试压	m	60.15
	B9-0115	PP-R 塑料给水管 DN25,热熔连接	10 m	6.02
5	031001006005	PP-R 塑料给水管 DN20 室内安装,热熔连接, PN=1.0 MPa,含管道消毒冲洗及试压	m	105
	B9-0114	PP-R 塑料给水管 DN20,热熔连接	10 m	10.5

由于塑料管安装定额是以公称外径来划分定额步距的,而这份设计图纸的给水管道是以公称直径来表示,下面附上给水塑料管公称外径与公称直径的对应关系,见表1.5。

表 1.5   给水塑料管外径与公称直径对应关系

塑料管外径(dn)/mm	20	25	32	40	50	63	75	90	110
公称直径(DN)/mm	15	20	25	32	40	50	65	80	100

任务 1.2   排水管道识图、列项与算量计价

本任务以 5 号教学楼给排水系统施工图为载体,讲解排水管道的识图、列项与工程量计算的方法,具体的任务描述如下:

任务名称	排水管道识图、列项与算量计价	学时数/节	4
教学环境	工程造价理实一体化实训室、造价工作室	授课对象	高职工程管理类专业 二年级学生
项目载体	5 号教学楼给排水系统		

续表

教学目标	知识目标:熟悉排水管道工程量清单、消耗量定额相关知识;熟悉工程量计算规则与方法。 能力目标:能依据施工图,利用工具书编制给排水管道工程量清单及清单计价表。 素质目标:培养科学严谨的职业态度,以及精益求精、勤勉尽职、团结协作的职业精神。
应知应会	一、学生应知的知识点: 1.常用排水管道的材质、连接方式及安装基本技术要求。 2.排水管道工程量清单项目设置的内容及注意事项。 3.排水管道工程量清单项目特征描述的内容。 4.排水管道工程量清单计价注意事项。 二、学生应会的技能点: 1.会计算排水管道工程量。 2.能编制排水管道工程量清单。 3.能对排水管道进行工程量清单计价。
重点、难点	教学重点:工程量清单项目的编制、工程量计算及定额套价。 教学难点:卫生间排水管道工程量的计算。
教学方法	1.项目教学法;2.任务驱动法;3.线上线下混合教学法;4.小组讨论法
教学实施	1.任务资讯:学生完成该学习任务需要掌握的相关知识或需要查阅的信息。 2.任务分析:教师布置任务,通过项目教学法引导学生完成给排水施工图的识读。 3.任务实施:教师引导学生以小组学习的方式完成学习任务,要求学生在课前预习,线上完成微课、动画及PPT等教学资源的观看,线下由教师引导学生按照学习任务的要求掌握给水系统的识图、列项、算量及计价等基本技能。
考核评价	1.云平台线上提问考核。 2.课堂完成给定案例、成果展示,实行自评及小组互评。 3.课程累计评价、多方评价,综合评定成绩。

➤ 任务资讯

1.2.1 排水管道系统的组成

排水系统的组成1　排水系统的组成2

1)排水管道

排水管道包括器具排水管、排水横支管、立管、排出管和通气管,具体见室内污水排水系统组成示意图1.14。

2)通气管道

通气管是把管道内产生的有害气体排至大气中,以免影响室内的环境卫生。通气管道的形式(见图1.15)如下:

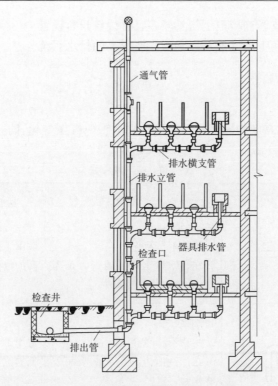

图 1.14 室内污水排水系统组成示意图

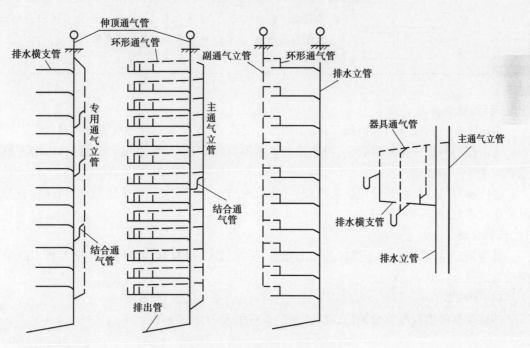

图 1.15 通气管道形式示意图

①伸顶通气管:立管最高处的检查口以上部分。

②专用通气管:当立管设计流量大于临界流量时设置,且每隔二层与立管相通。

③结合通气管:连接排水立管与通气管的管道。

④安全通气管:横支管连接卫生器具较多且管线较长时设置。

⑤卫生器具通气管:卫生标准及控制噪声要求高的排水系统。

管道常用的管件

3) 排水管道常用的管件

(1) 存水弯

存水弯是利用一定高度的静水压力来抵抗排水管内气压变化,防止管内气体进入室内的措施。常用存水弯见表1.6。

表1.6　存水弯样式

名称		示意图	优缺点	适用条件
管式存水弯	P形		1.小型 2.污物不易停留 3.在存水弯上设置通气管是理想、安全的存水弯装置	适用于所接的排水横管标高较高的位置
	S形		1.小型 2.污物不易停留 3.在冲洗时容易引起虹吸而破坏水封	适用于所接的排水横管标高较低的位置
	U形		1.有碍横支管的水流 2.污物容易停留,一般在U形两侧设置清扫口	适用于水平横支管

(2) 清通装置

清通装置包括检查口和清扫口,其作用是方便疏通,在排水立管和横管上都有设置。

①清扫口装设在排水横管上,当连接的卫生器具较多时,横管末端应设清扫口,用于单向清通排水管道的维修口。

②检查口是带有可开启检查盖的配件,装设在排水立管及较长水平管段上,可作检查和双向清通管道之用。

(3) 地漏

地漏属于排水装置,用于排除地面的积水,厕所、淋浴房及其他需经常从地面排水的房间应设置地漏。

(4) 伸缩节

伸缩节是补偿吸收管道轴向、横向、角向受热引起的伸缩变形。

1.2.2　常用的排水管

1)塑料排水管

(1)硬聚氯乙烯塑料管(PVC-U 管)

建筑排水用硬聚氯乙烯管的材质为硬聚氯乙烯,公称外径 dn 有 40 mm、50 mm、75 mm、110 mm 和 160 mm,壁厚 2~4 mm。PVC-U 排水管用公称外径×壁厚的方法表示规格,连接方式为承插粘接。

PVC-U 排水管道适用于建筑室内排水系统,当建筑高度≥100 m 时不宜采用塑料排水管,可选用柔性抗震金属排水管,如铸铁排水管。

(2)双壁波纹管

双壁波纹管分为高密度聚乙烯(HDPE)双壁波纹管和聚氯乙烯(U-PVC)双壁波纹管。它是一种用料省、刚性高、弯曲性优良,具有波纹状外壁、光滑内壁的管材。其连接形式为挤压夹紧、热熔合、电熔合。

2)铸铁管

排水铸铁管一般采用柔性抗震接口排水铸铁管。此类铸铁管采用橡胶圈密封、螺栓紧固,在内水压下具有良好的挠曲性、伸缩性,适用于高层建筑室内排水管,对地震区尤为合适。

1.2.3　排水管的安装

室内排水管道的安装

1)管道安装工艺流程

室内排水系统管道安装根据图纸要求并结合实际情况,按预留口位置测量尺寸,绘制加工草图。其工艺流程为:安装准备→预制加工→干管安装→立管安装→支管安装→卡件固定→封口堵洞→闭水试验→通水试验。

2)管道安装技术要求

PVC塑料排水管安装

①隐蔽或埋地的排水管道在隐蔽前必须做灌水试验,其灌水高度应不低于底层卫生器具的上边缘或底层地面高度。

②生活污水管道的坡度必须符合设计或规范规定。

③排水塑料管必须按设计要求及位置装设伸缩节。如设计无要求时,伸缩节间距不得大于 4 m。

④高层建筑物内管径≥110 mm 的明设立管以及穿越墙体处的横管应按设计要求设置阻火圈或防火套管。

⑤排水主立管及水平干管管道均应做通球试验,通球球径不小于排水管道管径的 2/3,通球率必须达到 100%。

⑥在生活污水管道上应设置的检查口或清扫口。

1.2.4 常用的排水管道工程量清单项目(该节内容同1.1.4节,本处略)

➤ 任务分析

1.2.5 排水管道识图

排水管道的识图宜从水流出的方向开始,即器具排水管→排水横支管→立管→排出管(见图1.14)。

1)支管识图

从图1.15—图1.18中可以了解到,A、B、C、D 4个卫生间的排水横支管的标高均为 - 0.3 m,即上层卫生间楼地面往下 0.3 m 处敷设。蹲式大便器、坐式大便器的器具排水管为 DN100,其余卫生洁具(包括洗脸盆、污水池、小便器、地漏、清扫口)的器具排水管的管径均为 DN50。

2)立管识图

本栋楼的排水系统共有两根立管:一根是敷设在女卫生间的 PL-1;另一根是敷设在男卫生间的 PL-2。排水立管的起点标高为 - 1.4 m,终点标高为 15.1 m,在标高 15.1 m 处伸出外墙去接透气帽。

3)排出管识图

PL-1 排出管敷设在①轴和②轴之间,埋深为 - 1.4 m;PL-2 排出管敷设在⑨轴和⑩轴之间,埋深为 - 1.4 m。

➤ 任务实施

1.2.6 排水管道的清单列项和工程量计算

1)排水管道工程量的计算

根据2013清单规范,管道清单工程量按设计图示管道中心线以长度计算。具体的排水管道工程量计算方法如下:

(1)卫生间支管工程量计算

提示:

①水平段支管的工程量应在平面图上量取,垂直段的支管在轴测图中按照"终点标高 - 起点标高"的方法计算。切忌在轴测图上量取水平段支管的工程量,因为轴测图只是反应了管道的三维走向,并不能代表水平管道的实际长度。

②在平面图上量取管道的水平长度时,应事先了解图纸的比例。本栋楼卫生间平面大样图的比例为 1:100。

③由于本教材的清单计价根据《广西壮族自治区安装工程消耗量定额》,所以卫生洁具的

管道工程量计算规则按照《广西壮族自治区安装工程消耗量定额》的规定执行,所有卫生洁具的排水管算至楼地面。

　　a. A 卫生间排水支管

A 卫生间排水支管工程量标注详见图 1.16。

DN100:$4.2+(0.3\uparrow+0.6)\times5=8.7(\mathrm{m})$;共 3 个 A 卫生间:$8.7\times3=26.1(\mathrm{m})$

DN50:$2.5+1+1.9+1.3+0.3\uparrow\times7=8.8(\mathrm{m})$;共 3 个 A 卫生间:$8.8\times3=26.4(\mathrm{m})$

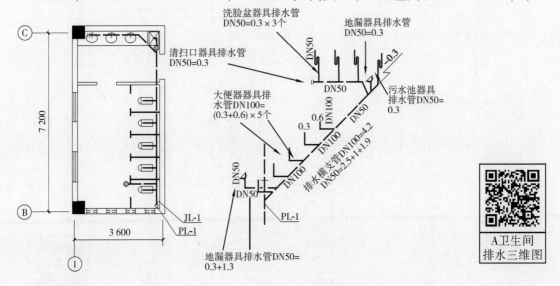

图 1.16　A 卫生间排水支管工程量标注

　　b. B 卫生间排水支管

B 卫生间支管工程量标注详见图 1.17。

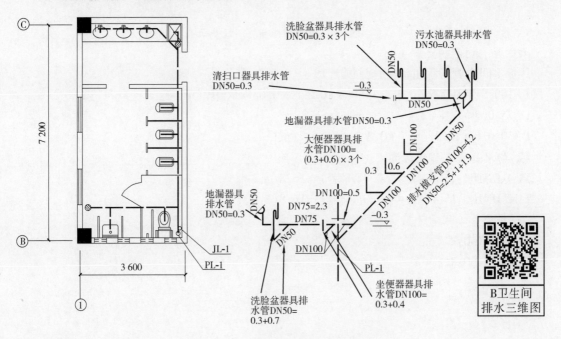

图 1.17　B 卫生间排水支管工程量标注

DN100:4.2 +0.5 +0.4 +0.3↑ +(0.3↑ +0.6)×3 =8.1(m)

DN75:2.3 m

DN50:2.5 +1 +1.9 +0.7 +0.3↑ ×3 =8.5(m)

c.C 卫生间排水支管

C 卫生间支管工程量标注详见图1.18。

DN100:6.1 +(0.3↑ +0.6)×5 =10.6(m);共3 个 C 卫生间:10.6 ×3 =31.8(m)

DN75:2.9 +0.4 +0.4 +3.4 =7.1(m);共3 个 C 卫生间:7.1 ×3 =21.3(m)

DN50:0.6 +1 +2 +0.3↑ ×13 =7.5(m);共3 个 C 卫生间:7.5 ×3 =22.5(m)

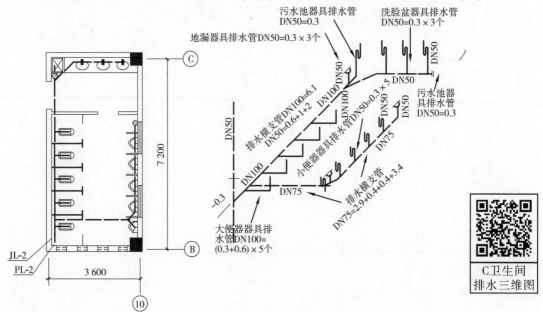

图 1.18 C 卫生间排水支管工程量标注

d.D 卫生间排水支管

D 卫生间支管工程量标注详见图1.19。

DN100:6.1 +0.5 +0.3↑ +0.4 +(0.3↑ +0.6)×3 =10(m)

DN75:0.7 +0.4 +3.4 =4.5(m)

DN50:0.6 +1 +2 +0.7 +0.3↑ ×8 =6.7(m)

(2)排水立管工程量计算

PL-1 DN100:15.1 +1.4 +0.3(穿墙) =16.8(m)

PL-2 DN100:15.1 +1.4 +0.3(穿墙) =16.8(m)

(3)排出管工程量计算

PL-1 DN150:8.5 m

PL-2 DN150:8.5 m

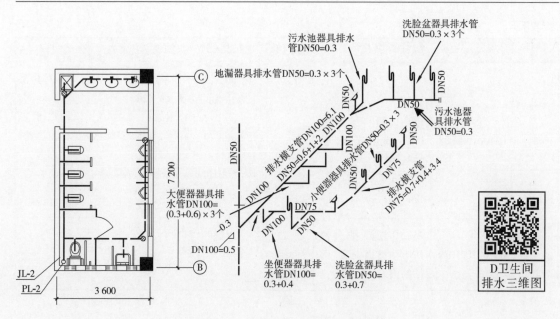

图 1.19　D 卫生间排水支管工程量标注

2)排水管道的清单列项

排水管道的清单列项与工程量计算如表 1.7 所示。

表 1.7　排水管道的清单列项与工程量计量表

序号	清单编号	项目名称	单位	工程量计算式
1	031001006006	PVC-U 塑料排水管 DN100 室内安装,承插粘接	m	卫生间 A:4.2 +(0.3↑ +0.6)×5 =8.7;共 3 个 A 卫生间:8.7×3 =26.1 卫生间 B:4.2 +0.5 +0.4 +0.3↑ +(0.3↑ + 0.6)×3 =8.1 卫生间 C:6.1 +(0.3↑ +0.6)×5 =10.6;共 3 个 C 卫生间:10.6×3 =31.8 卫生间 D:6.1 +0.5 +0.3↑ +0.4 +(0.3↑ + 0.6)×3 =10 PL-1 DN100:15.1 +1.4 +0.3(穿墙)=16.8 PL-2 DN100:15.1 +1.4 +0.3(穿墙)=16.8 ∑109.6
2	031001006007	PVC-U 塑料排水管 DN75 室内安装,承插粘接	m	卫生间 B:2.3 卫生间 C:2.9 +0.4 +0.4 +3.4 =7.1;共 3 个 C 卫生间:7.1×3 =21.3 卫生间 D:0.7 +0.4 +3.7 =4.5 ∑28.1

续表

序号	清单编号	项目名称	单位	工程量计算式
3	031001006008	PVC-U 塑料排水管 DN50 室内安装,承插粘接	m	卫生间 A:2.5 + 1 + 1.9 + 1.3 + 0.3↑ ×7;共 3 个 A 卫生间:8.8×3 =26.4 卫生间 B:2.5 + 1 + 1.9 + 0.7 + 0.3↑ ×38 =8.5 卫生间 C:0.6 + 1 + 2 + 0.3↑ ×13 =7.5;共 3 个 C 卫生间:7.5×3 =22.5 卫生间 D:0.6 + 1 + 2 + 0.7 + 0.3↑ ×8 =6.7 $\sum$ 64.9
4	031001006009	PVC-U 塑料排水管 DN150 室内安装,承插粘接	m	PL-1 DN150:8.5 PL-2 DN150:8.5 $\sum$ 17

1.2.7 排水管道的清单计价

以广西安装工程消耗量定额为例,排水管道的清单计价如表 1.8 所示。

表 1.8 排水管道清单计价表

序号	项目编码/定额编号	项目名称/定额名称	单位	工程量
1	031001006006	PVC-U 塑料排水管 DN100 室内安装,承插粘接	m	109.6
	B9-0150	PVC-U 塑料排水管 DN100 室内安装,承插粘接	10 m	10.96
2	031001006007	PVC-U 塑料排水管 DN75 室内安装,承插粘接	m	28.1
	B9-0149	PVC-U 塑料排水管 DN75 室内安装,承插粘接	10 m	2.81
3	031001006008	PVC-U 塑料排水管 DN50 室内安装,承插粘接	m	64.9
	B9-0148	PVC-U 塑料排水管 DN50 室内安装,承插粘接	10 m	6.49
4	031001006009	PVC-U 塑料排水管 DN150 室内安装,承插粘接	m	17
	B9-0151	PVC-U 塑料排水管 DN150 室内安装,承插粘接	10 m	1.7

任务 1.3 管道附件识图、列项与算量计价

管道附件是指安装在给排水管道上的阀门、过滤器、补偿器、软接头、水表及阻火圈等附件。本任务以 5 号教学楼给排水系统施工图为载体,讲解管道附件的识图、列项与工程量计算的方法,具体的任务描述如下:

任务名称	管道附件识图、列项与算量计价	学时数/节	4
教学环境	工程造价理实一体化实训室、造价工作室	授课对象	高职工程管理类专业二年级学生
项目载体	5 号教学楼给排水系统		
教学目标	知识目标:熟悉管道附件工程量清单、消耗量定额相关知识;熟悉工程量计算规则与方法。 能力目标:能依据施工图,利用工具书编制阀门工程量清单及清单计价表。 素质目标:培养科学严谨的职业态度,以及精益求精、勤勉尽职、团结协作的职业精神。		
应知应会	一、学生应知的知识点: 1.常用阀门的种类、连接方式及安装基本技术要求。 2.阀门工程量清单项目设置的内容及注意事项。 3.阀门工程量清单项目特征描述的内容。 4.阀门工程量清单计价注意事项。 二、学生应会的技能点: 1.会计算阀门工程量; 2.会编阀门工程量清单; 3.会对阀门进行工程量清单计价。		
重点、难点	教学重点:工程量清单项目的编制、工程量计算及定额套价。 教学难点:阀门连接方式的判断。		
教学方法	1.项目教学法;2.任务驱动法;3.线上线下混合教学法;4.小组讨论法		
教学实施	1.任务资讯:学生完成该学习任务需要掌握的相关知识或需要查阅的信息。 2.任务分析:教师布置任务,通过项目教学法引导学生完成阀门施工图的识读。 3.任务实施:教师引导学生以小组学习的方式完成学习任务,要求学生在课前预习,线上完成微课、动画及 PPT 等教学资源的观看,线下由教师引导学生按照学习任务的要求掌握阀门的识图、列项、算量及计价等基本技能。		
考核评价	1.云平台线上提问考核。 2.课堂完成给定案例、成果展示,实行自评及小组互评。 3.课程累计评价,多方评价,综合评定成绩。		

➤ 任务资讯

1.3.1　认识常用的管道附件

常用阀门的识别

管道附件按功能分为计量装置、控制装置、补偿装置、减震装置、伸缩装置和保护装置等。

(1)计量装置

常用的计量表是水表。水表是测量水流量的仪表,大多是水的累计流量测量,一般分为容积式水表和速度式水表两类。

（2）控制装置

常见的管道控制装置有阀门、水龙头及其附件等。阀门有各种各样，如开断用的有截止阀、闸阀、球阀、蝶阀等；止回用的有止回阀；调节用的有调节阀、减压阀；分配用的有三通旋塞、分配阀、滑阀等。

（3）补偿装置

常见的补偿装置有补偿器，其作用是补偿并吸收管道轴向、横向、角向热变形，主要用于保证管道的安全运行，常被运用在工业管道中。

（4）减震装置

常见的减震装置有橡胶软接头，其作用是吸收设备振动，减少设备振动对管道的影响，可大大降低管道系统的震动和噪声。

（5）伸缩装置

伸缩装置通俗叫作伸缩器，管道运行中要求自由伸缩，一旦越过其最大伸缩量就要有限位保护，必须确保管道的安全运行。

1.3.2 常用阀门水表的安装

常用阀门的
连接方式

阀门的连接方式主要有螺纹连接、法兰连接、沟槽连接等。采用螺纹连接的阀门称为螺纹阀，采用法兰连接的阀门称为法兰阀，采用沟槽连接的阀门则称为沟槽阀。

（1）螺纹阀安装

螺纹阀是指与管道采用螺纹相连接的阀门，如螺纹连接的闸阀、截止阀等均称为螺纹阀门。小口径的阀门一般多为螺纹连接。

（2）法兰阀安装

螺纹阀安装

法兰阀安装

法兰阀是指与管道采用法兰相连接的阀门，如法兰连接的闸阀、截止阀等均称为法兰阀门。与管道相接的法兰可分为焊接法兰、螺纹法兰和沟槽法兰。采用焊接法兰连接阀门称为焊接法兰阀，采用螺纹法兰连接的阀门称为螺纹法兰阀。螺纹法兰是一种非焊接法兰，可在一些现场不允许焊接的管线上使用，如衬塑钢管等。沟槽法兰阀一般用在消防给水管道上。

沟槽阀安装

塑料阀安装

（3）沟槽阀安装

沟槽阀是指与管道采用沟槽连接的阀门，有沟槽闸阀、沟槽蝶阀等。

水表安装

（4）塑料阀门安装

塑料阀门的类型主要有球阀、蝶阀、止回阀、隔膜阀、闸阀和截止阀等，其原料主要有 ABS、PVC-U、PVC-C、PB、PE、PP 和 PVDF 等。塑料阀门常用热熔连接、粘接连接和热风焊连接。

（5）水表安装

按照连接方式，水表分为螺纹水表和法兰水表。用于户内的水表多为小口径，一般采用螺纹连接；用于小区总表的水表多为大口径，一般采用法兰连接。

阀门安装与
算量

水表安装与
算量

1.3.3　常用管道附件的清单项目

1)工程量清单项目设置及工程量计算规则

工程量清单项目设置及工程量计算规则应按表1.9的规定执行。

表 1.9　常用管道附件清单项目

项目编码	项目名称	项目特征	计量单位	工程量计算规则	工程内容
031003001	螺纹阀门	1. 类型 2. 材质	个	按设计图示数量计算	1. 安装 2. 压力试验 3. 调试
031003002	螺纹法兰阀门	3. 型号、规格 4. 压力等级			
031003003	焊接法兰阀门	5. 连接形式 6. 焊接方法			
031003004	带短管甲乙阀门	1. 材质 2. 型号、规格 3. 压力等级 4. 连接形式 5. 接口方式及材质			1. 安装 2. 压力试验
031003005	塑料阀门	1. 型号、规格 2. 压力等级 3. 连接形式			
031003006	减压器	1. 材质 2. 型号、规格 3. 压力等级 4. 连接形式 5. 附件配置	个(组)		
031003007	疏水器				
031003008	除污器(过滤器)	1. 材质 2. 型号、规格 3. 压力等级 4. 连接形式	个		
031003009	补偿器	1. 类型 2. 材质 3. 型号、规格 4. 压力等级 5. 连接形式			
031003010	软接头(软管)	1. 材质 2. 型号、规格 3. 压力等级 4. 连接形式	个		
031003011	法兰		副(片)		
031003012	倒流防止器		个		

续表

项目编码	项目名称	项目特征	计量单位	工程量计算规则	工程内容
031003013	水表	1.型号、规格 2.连接形式 3.附件配置	组(个)	按设计图示数量计算	安装
031003014	热量表	1.类型 2.型号、规格 3.连接形式	块		
031003015	消能装置	1.材质 2.型号、规格 3.连接形式	个		
031003016	浮标液面计	1.型号、规格 2.连接形式	组		
031003017	浮漂水位标尺	型号、规格	套		
桂031003018	浮球阀	1.材质 2.型号、规格 3.压力等级 4.连接形式	个		1.安装 2.压力试验 3.调试
桂031003019	液压水位控制阀	1.材质 2.型号、规格 3.压力等级 4.连接形式			
桂031003020	沟槽阀门	1.材质 2.型号、规格 3.压力等级			1.安装 2.压力试验
桂031003021	电子水处理仪、离子棒	1.名称 2.型号、规格			
桂031003022	阻火圈	1.材质 2.规格			安装
桂031003023	吸水喇叭口				1.制作安装 2.压力试验
桂031003024	通气管		根		安装

注:1.法兰阀门安装包括法兰连接,不得另计。阀门安装如仅为一侧法兰连接时,应在项目特征中描述。

2.塑料阀门连接形式需注明热熔连接、粘接、热风焊接等方式。

3.减压器规格按高压侧管道规格描述。

4.减压器、疏水器、水表等项目以"组"为单位计算时,项目特征应根据设计要求描述附件配置情况,或根据××图集或××施工图做法描述。

5.吸水喇叭口,其口径规格按下口公称直径描述。

2)工程量清单项目特征描述方法

管道附件安装,是按类型、材质、型号、规格、压力等级、连接形式、焊接方法等不同特征设置清单项目。编制工程量清单时,应明确描述这些特征,以便计价。

①阀门的类型可以根据阀门的不同用途进行区分,如开断作用、止回作用、调节作用、分配作用、安全作用。

②材质是指该阀门是用什么材质做成的,常见的有钢阀门。

③型号、规格用以区分各种阀门或同种阀门的不同形式,如阀门的口径。

④管道附件规格除了要描述型号规格以外,还要描述公称压力。

⑤连接方式应描述清楚是螺纹连接、螺纹法兰、焊接法兰、沟槽连接等。

⑥焊接形式指当阀门采用焊接连接时,用的是什么的焊接形式进行焊接,常见的有电弧焊。

总之,管道附件安装清单项目,除了管道安装外,还包括有管道附件安装过程中可能发生的压力试验、调试。编制清单的人员必须根据拟建工程,结合实际情况,将需要发生的工作内容在管道安装的清单中描述清楚。

➤ **任务分析**

1.3.4　管道附件识图

从给水管道的系统图可以了解到,DN50 截止阀有 1 个,控制 JL2 立管介质的开断;DN40 截止阀有 1 个,控制 JL1 立管介质的开断;从 A 卫生间给水管道大样图了解到,DN25 截止阀有 1 个,DN20 截止阀有 1 个;从 B 卫生间给水管道大样图了解到,DN25 截止阀有 1 个;从 C 卫生间给水管道大样图了解到,DN25 截止阀有 2 个;从 D 卫生间给水管道大样图了解到,DN25 截止阀有 2 个。

➤ **任务实施**

1.3.5　管道附件的清单列项和工程量计算

1)工程量计算

根据 2013 清单规范,阀门清单工程量按设计图示数量计算。

DN50 截止阀:1 个(JL2 立管)

DN40 截止阀:1 个(JL1 立管)

DN25 截止阀:1×3(A 卫生间)+2(B 卫生间)+2×3(C 卫生间)+2(D 卫生间)=13(个)

DN20 截止阀:1 个(A 卫生间)

2)管道附件的清单列项

管道附件的清单列项与工程量如表 1.10 所示。

表 1.10　管道附件的清单列项与工程量

序号	清单编号	项目名称	单位	工程量
1	031003001001	截止阀 DN50 PN = 1.0 MPa,螺纹连接	个	1
2	031003001002	截止阀 DN40 PN = 1.0 MPa,螺纹连接	个	1
3	031003001003	截止阀 DN25 PN = 1.0 MPa,螺纹连接	个	13
4	031003001004	截止阀 DN20 PN = 1.0 MPa,螺纹连接	个	1

1.3.6　管道附件的清单列项和工程量计算

以广西安装工程消耗量定额为例,管道附件的清单计价如表 1.11 所示。

表 1.11　管道附件清单计价表

序号	项目编码/定额编号	项目名称/定额名称	单位	工程量
1	031003001001	截止阀 DN50 PN = 1.0 MPa,螺纹连接	个	1
	B9-0319	截止阀 DN50,螺纹连接	个	1
2	031003001002	截止阀 DN40 PN = 1.0 MPa,螺纹连接	个	1
	B9-0318	截止阀 DN40,螺纹连接	个	1
3	031003001003	截止阀 DN25 PN = 1.0 MPa,螺纹连接	个	13
	B9-0316	截止阀 DN25,螺纹连接	个	13
4	031003001003	截止阀 DN20 PN = 1.0 MPa,螺纹连接	个	1
	B9-0315	截止阀 DN20,螺纹连接	个	1

任务 1.4　卫生洁具识图、列项与算量计价

常用的卫生洁具有洗脸盆、洗涤盆安装、坐式大便器、蹲式大便器、小便器、淋浴器、地漏等。本任务以 5 号教学楼给排水系统施工图为载体,讲解常用卫生洁具的识图、列项与工程量计算的方法。具体的任务描述如下:

任务名称	卫生洁具识图、列项与算量计价	学时数/节	2
教学环境	工程造价理实一体化实训室、造价工作室	授课对象	高职工程管理类专业 二年级学生
项目载体	5 号教学楼给排水系统		
教学目标	知识目标:熟悉卫生洁具工程量清单、消耗量定额相关知识;熟悉工程量计算规则与方法。 能力目标:能依据施工图,利用工具书编制卫生洁具工程量清单及清单计价表。 素质目标:培养科学严谨的职业态度,以及精益求精、勤勉尽职、团结协作的职业精神。		

续表

应知应会	一、学生应知的知识点： 1.常用卫生洁具的种类、安装方式及安装范围。 2.卫生洁具工程量清单项目设置的内容及注意事项。 3.卫生洁具工程量清单项目特征描述的内容。 4.卫生洁具工程量清单计价注意事项。 二、学生应会的技能点： 1.会计算卫生洁具工程量。 2.会编制卫生洁具工程量清单。 3.会对卫生洁具进行工程量清单计价。
重点、难点	教学重点：工程量清单项目的编制、工程量计算及定额套价。 教学难点：卫生洁具安装的工作内容及范围。
教学方法	1.项目教学法；2.任务驱动法；3.线上线下混合教学法；4.小组讨论法
教学实施	1.任务资讯：学生完成该学习任务需要掌握的相关知识或需要查阅的信息。 2.任务分析：教师布置任务，通过项目教学法引导学生完成卫生洁具施工图的识读。 3.任务实施：教师引导学生以小组学习的方式完成学习任务，要求学生在课前预习，线上完成微课、动画及PPT等教学资源的观看，线下由教师引导学生按照学习任务的要求掌握卫生洁具的识图、列项、算量及计价等基本技能。
考核评价	1.云平台线上提问考核。 2.课堂完成给定案例、成果展示，实行自评及小组互评。 3.课程累计评价、多方评价，综合评定成绩。

➤ 任务资讯

1.4.1　常用卫生洁具的安装

1)卫生洁具安装工艺流程

立式洗脸盆
安装

安装准备→卫生洁具及配件检验→卫生洁具安装→卫生洁具配件预装→卫生洁具稳装→卫生洁具与墙、地缝隙处理→卫生洁具外观检查→通水试验。

2)常用卫生洁具的安装

（1）洗脸盆安装
洗脸盆分为托架式洗脸盆、台式洗脸盆、立式洗脸盆和挂式洗脸盆。

洗涤盆安装

（2）洗涤盆安装
洗涤盆一般指菜盆或者化验室的洗刷盆。

（3）坐式大便器安装
坐式大便器根据排水口的位置分下出水和后出水形式，冲洗方式为分体低位水箱和连体低位水箱;按冲洗的水力原理可分为冲洗式和虹吸式两种,坐式大便器都自带存水弯(水封)。

（4）蹲式大便器安装

蹲式大便器冲洗方式可分高位水箱式、低位水箱式、延时冲洗阀式等。

蹲式大便器安装　挂式小便器安装

（5）小便器安装

小便器设于男厕所内,有挂式、立式和小便槽三类。

（6）淋浴器安装

淋浴比使用浴缸的盆浴更省水、省空间,比较符合环保理念,故在普通家庭、公共浴场、更衣室等不便安设浴缸的地方,淋浴是首选。

（7）地漏安装

地漏是连接排水管道系统与室内地面的重要接口。作为住宅中

淋浴器安装　地漏安装

排水系统的重要部件,它的性能好坏直接影响室内空气的质量,对卫浴间的异味控制非常重要。

1.4.2　常用的卫生器具工程量清单项目

工程量清单项目设置及工程量计算规则,应按表 1.12 的规定执行。

表 1.12　卫生洁具清单项目

项目编码	项目名称	项目特征	计量单位	工程量计算规则	工程内容
031004001	浴缸	1. 材质 2. 型号、规格 3. 组装形式 4. 附件名称、材质、规格	套	按设计图示数量计算	1. 器具安装 2. 附件安装
031004003	洗脸盆				
031004004	洗涤盆				
031004006	大便器				
031004007	小便器				
031004008	其他成品卫生器具				
031004010	淋浴器	1. 材质 2. 型号、规格 3. 附件名称、材质			
031004011	淋浴间				
031004012	桑拿浴房				
031004014	给、排水附(配)件	1. 材质 2. 型号、规格 3. 安装方式	个		安装
桂 031004020	水龙头	1. 材质 2. 型号、规格			
桂 031004021	地漏				
桂 031004022	扫除口				
桂 031004023	雨水斗				

> 注:1.成品卫生器具项目中的附件安装,主要指给水附件包括水嘴、阀门、喷头、软管等,排水配件包括存水弯、排水栓、下水口以及配备的连接管等。
>
> 2.浴缸支座和浴缸周边的砌砖、瓷砖粘贴,应按第一册房屋建筑与装饰工程相关项目编码列项,功能性缸不含电机接线和调试,应按本册附录D电气设备安装工程相关项目编码列项。
>
> 3.洗脸盆适用于洗脸盆、洗发盆、洗手盆安装。
>
> 4.器具安装中若采用混凝土或砖基础,应按第一册房屋建筑与装饰工程相关项目编码列项。
>
> 5.给、排水附(配)件是指除了水龙头、地漏、地面扫除口、雨水斗以外的其他给、排水附(配)件。

➤ 任务分析

1.4.3 卫生洁具识图

根据设计说明中的卫生洁具的图例,结合卫生间平面大样图,可以了解到本栋楼有以下卫生洁具:蹲式大便器、坐式大便器、挂式小便器、台式洗脸盆、立柱式洗脸盆、地漏、清扫口、排水栓、水嘴。

➤ 任务实施

1.4.4 卫生洁具的清单列项和工程量计算

1)工程量计算

①卫生洁具清单工程量按设计图示数量计算。
②给排水附配件安装清单是指独立安装的水嘴、地漏、地面清扫口等。
蹲式大便器:5×3(A卫生间)+3(B卫生间)+5×3(C卫生间)+3(D卫生间)=36(组)
坐式大便器:1(B卫生间)+1(D卫生间)=2(组)
挂式小便器:5×3(C卫生间)+3(D卫生间)=18(组)
台式洗脸盆:3×3(A卫生间)+3(B卫生间)+3×3(C卫生间)+3(D卫生间)=24(组)
立柱式洗脸盆:1(B卫生间)+1(D卫生间)=2(组)
地漏DN50:2×3(A卫生间)+2(B卫生间)+3×3(C卫生间)+3(D卫生间)=20(个)
清扫口DN50:1×3(A卫生间)+1(B卫生间)+1×3(C卫生间)+1(D卫生间)=8(个)
排水栓dn32(带存水弯):1×3(A卫生间)+1(B卫生间)+1×3(C卫生间)+1(D卫生间)=8(个)
水嘴DN20:1×3(A卫生间)+1(B卫生间)+1×3(C卫生间)+1(D卫生间)=8(个)

2)卫生洁具的清单列项

卫生洁具的清单列项与工程量如表1.13所示。

表 1.13 卫生洁具的清单列项与工程量

序号	清单编号	项目名称	单位	工程量
1	031004006001	蹲式大便器,配 DN25 自闭式冲洗阀	组	36
2	031004006002	坐式大便器,水箱冲洗	组	2
3	031004007001	挂式小便器,配 DN15 自闭式冲洗阀	组	18
4	031004003001	台式洗脸盆,单冷	组	24
5	031004003002	立式洗脸盆,单冷	组	2
6	桂 0310040021001	地漏 DN50	个	20
7	桂 0310040022001	清扫口 DN50	个	8
8	031004014001	排水栓 dn32(带存水弯)	组	8
9	桂 0310040020001	水嘴 DN20	个	8

1.4.5 卫生洁具的清单计价

以广西安装工程消耗量定额为例,卫生洁具的清单计价如表 1.14 所示。

表 1.14 卫生洁具清单计价表

序号	项目编码/定额编号	项目名称/定额名称	单位	工程量
1	031004006001	蹲式大便器,配 DN25 自闭式冲洗阀	组	36
	B9-0556	蹲式大便器,配 DN25 自闭式冲洗阀	10 套	3.6
2	031004006002	坐式大便器,水箱冲洗	组	2
	B9-0557	坐式大便器,水箱冲洗	10 套	0.2
3	031004007001	挂式小便器,配 DN15 自闭式冲洗阀	组	18
	B9-0559	挂式小便器,配 DN15 自闭式冲洗阀	10 套	1.8
4	031004003001	台式洗脸盆,单冷	组	24
	B9-0542	台式洗脸盆,单冷	10 套	2.4
5	031004003002	立式洗脸盆,单冷	组	2
	B9-0538	立式洗脸盆,单冷	10 套	0.2
6	桂 0310040021001	地漏 DN50	个	20
	B9-0589	地漏 DN50	10 个	2
7	桂 0310040022001	清扫口 DN50	个	8
	B9-0605	清扫口 DN50	10 个	0.8
8	031004014001	排水栓 dn32(带存水弯)	组	8
	B9-0581	排水栓 dn32(带存水弯)	10 套	0.8
9	桂 0310040020001	水嘴 DN20	个	8
	B9-0579	水嘴 DN20	10 个	0.8

任务 1.5   管道附属工程识图、列项与算量计价

管道附属工程是指根据管道安装工艺要求和施工质量验收规范要求而完成的工作内容，主要包括管道防腐和防锈、管道套管、管道支吊架安装、管沟土方以及管道预压槽及凿槽刨沟、沟槽恢复等。本任务以 5 号教学楼给排水系统施工图为载体，讲解管道附属工程的识图、列项与工程量的计算方法。具体的任务描述如下：

任务名称	管道附属工程识图、列项与算量计价	学时数/节	4
教学环境	工程造价理实一体化实训室、造价工作室	授课对象	高职工程管理类专业二年级学生
项目载体	5 号教学楼给排水系统		
教学目标	知识目标：熟悉给排水管道安装的基本技术要求及其工程量清单、消耗量定额相关知识；熟悉工程量计算规则与方法。 能力目标：能依据施工图，利用工具书编制管道附属工程量清单及清单计价表。 素质目标：培养科学严谨的职业态度，以及精益求精、勤勉尽职、团结协作的职业精神。		
应知应会	一、学生应知的知识点： 1.常见的管道安装基本技术要求。 2.管道附属工程量清单项目设置的内容及注意事项。 3.管道附属工程量清单项目特征描述的内容。 4.管道附属工程量清单计价注意事项。 二、学生应会的技能点： 1.会计算管道附属工程量。 2.能编制管道附属工程量清单。 3.能对管道附属工程进行工程量清单计价。		
重点、难点	教学重点：工程量清单项目的编制、工程量计算及定额套价。 教学难点：管道安装的基本技术要求。		
教学方法	1.项目教学法；2.任务驱动法；3.线上线下混合教学法；4.小组讨论法		
教学实施	1.任务资讯：学生完成该学习任务需要掌握的相关知识或需要查阅的信息。 2.任务分析：教师布置任务，通过项目教学法引导学生完成阀门施工图的识读。 3.任务实施：教师引导学生以小组学习的方式完成学习任务，要求学生在课前预习，线上完成微课、动画及 PPT 等教学资源的观看，线下由教师引导学生按照学习任务的要求掌握管道附属工程的识图、列项、算量及计价等基本技能。		
考核评价	1.云平台线上提问考核。 2.课堂完成给定案例、成果展示，实行自评及小组互评。 3.课程累计评价、多方评价，综合评定成绩。		

➤ 任务资讯

1.5.1 管道安装附属工程

1)管道防腐

室内直埋给水金属管道(塑料管和复合管除外)应做防腐处理,埋地管道防腐层材质和结构应符合设计要求。埋地金属管道防腐的主要措施是刷沥青漆和包玻璃布,其做法通常有一般防腐、加强防腐和特加强防腐。

2)管道套管

管道套管列项与算量

(1)防水套管

管道穿过地下构筑物外墙、水池壁及屋面时,应采取防水措施。采用刚性防水套管还是柔性防水套管由设计选定,但对有严格防水要求的建筑物,必须采用柔性防水套管。

(2)普通套管

管道穿过墙壁和楼板,应设置金属或塑料套管。安装在楼板内的套管,其顶部应高出装饰地面 20 mm;安装在卫生间及厨房内的套管,其顶部应高出装饰地面 50 mm,底部应与楼板底面相平。穿过楼板的套管与管道之间的缝隙应采用阻燃密实材料和防水油膏填实,端面光滑。穿墙套管与管道之间的缝隙应采用阻燃密实材料和防水油膏填实,且端面光滑,管道的接口不得设在套管内。

3)管道支架

管道支架安装技术要求如下:
①采暖、给水及热水供应系统的金属管道立管管卡安装应符合下列规定:
a.楼层高度≤5 m,每层必须安装 1 个;
b.楼层高度>5 m,每层不得少于 2 个;
c.管卡安装高度距地面应为 1.5~1.8 m,2 个以上管卡应匀称安装,同一房间管卡应安装在同一高度上;
d.钢管水平安装的支、吊架间距不应大于规范的规定。
②采暖、给水及热水供应系统的塑料管及复合管垂直或水平安装的支架间距应符合规范的规定。采用金属制作的管道支架,应在管道与支架间加衬非金属垫或套管。

4)管沟土方

管道埋地敷设时需要进行管沟土方的开挖。

5)管道预压槽及凿槽刨沟、沟槽恢复

当管道暗敷在混凝土墙内或楼板内时,需要在混凝土墙或楼板内预压槽;当管道暗敷在砖墙内时,需要在砖墙上凿槽刨沟。

1.5.2　常用管道附属工程的工程量清单项目

1)工程量清单项目设置及工程量计算规则

工程量清单项目设置及工程量计算规则,应按表 1.15 的规定执行。

表 1.15　常用管道附属工程清单项目

项目编码	项目名称	项目特征	计量单位	工程量计算规则	工程内容
031002001	管道支架	材质	kg	按设计图质量计算	1. 制作 2. 安装
031003002	套管	1. 名称、类型 2. 材质 3. 规格	个	按设计图示数量计算	1. 制作 2. 安装 3. 除锈、刷油
桂 030413013	土方开挖	1. 土壤类别 2. 挖土深度	m³	按设计图示尺寸以体积计算,因工作面(或支挡土板)和放坡增加的工程量并入土方开挖工程量计算	土方开挖
桂 030413013	土方(砂)回填	填方材料品种	m³	按设计图示回填土方,以体积计算,应扣除管径在 200 mm 以上的管道、基础、垫层和各种构筑物所占的体积	1. 回填 2. 压实
030413002	凿(压)槽及恢复	1. 名称 2. 规格 3. 类型	m	按设计图示尺寸以长度计算	1. 凿(压)槽 2. 恢复处理 3. 现场清理
031201003	金属结构刷油	1. 油漆品种 2. 结构类型 3. 涂刷遍数、漆膜厚度	1. m² 2. kg	1. 以平方米计算,按设计图表示面积尺寸以面积计算 2. 以千克计量,按金属结构的理论质量计算	调配、涂刷

注:1. 单件支架质量 100 kg 以上的管道支吊架执行设备支架制作安装。

2. 成品支架安装执行相应管道支架或设备支架项目,不再计取制作费,支架本身价值含在综合单价中。

3. 套管制作安装,适用于穿基础、墙、楼板等部位的防水套管、填料套管、无填料套管及防火套管等,应分别列项。

4. 给排水管沟土方挖方工程量计算:设计有规定的,按设计规定尺寸计算;无设计规定的,按管道沟底宽(按管道外径加管沟施工每侧所需工程面宽度)乘以埋深计算。管沟施工每侧所需工作面宽度计算见表 1.17。

5. 计算管沟土方开挖工程量需放坡时,按施工组织设计规定计算;如无施工组织设计规定时,可按第一册房屋建筑与装饰工程附录 A 的表 A.1-3 放坡系数表计算。

6. 涂刷部位:指涂刷表面的部位,如:设备、管道等部位。

7. 结构类型:指涂刷金属结构的类型,如:一般钢结构、H 型钢制钢结构等类型。

8. 设备筒体、管道表面积:$S = \pi \times D \times L$,$\pi$—圆周率,$D$—直径,$L$—设备筒体高或管道延长米;设备筒体、管道表面积包括管件、阀门、法兰、人孔、管口凹凸部分;带封头的设备面积:$S = L \times \pi \times D + (D/2) \times \pi \times K \times N$,$K$—1.05,$N$—封头个数。

2)工程量清单项目特征描述方法

①管道支架制作安装项目适用于室内管道支架和室外管沟内管道支架,区分不同的支架材质来设置工程量清单项目,编制工程量清单时,应明确描述这些特征,以便计价。

②套管的制作安装时按照类型、材质、规格来设置工程量清单项目,编制工程量清单时,应明确描述这些特征,以便计价。

a. 类型是明确该套管是给给水管道设套管还是给排水管道设套管;

b. 材质是明确该套管是用什么材质做成,常见的材质有钢、塑料;

c. 规格是明确该套管的大小口径。

③土方开挖按照土壤类别和挖土深度来设置工程量清单项目,编制工程量清单时,应明确描述这些特征,以便计价。

a. 土壤类别是明确所挖的土质;

b. 挖土深度是明确所挖土方的深度。

④土方(砂)回填按照填方材料品种来设置工程量清单项目,编制工程量清单时,应明确描述这些特征,以便计价。

⑤凿(压)槽及恢复按照名称、规格、类型来设置工程量清单项目,编制工程量清单时,应明确描述这些特征,以便计价。

a. 名称是明确给什么管道凿槽;

b. 规格是明确凿槽的大小口径;

c. 类型是明确凿槽的地方,一般砖结构凿槽较多。

⑥金属结构按照油漆品种、结构类型、涂刷遍数、漆膜厚度来设置工程量清单项目,编制工程量清单时,应明确描述这些特征,以便计价。

a. 油漆品种是明确用的是什么油漆;

b. 结构类型是明确金属结构的类型;

c. 涂刷遍数、漆膜厚度是明确在该金属结构上涂刷油漆的遍数和涂刷漆膜的厚度。

➤ 任务分析

1.5.3 管道附属工程识图

1)套管识图

从设计说明了解到,给水管道穿过楼板和墙体,应预埋比穿越管道大一至两号的套管。从给水管道系统图了解到,JL-1 立管穿越楼板处应选用 DN50 塑料套管 4 个;JL-2 立管穿越楼板处应选用 DN50 塑料套管 2 个,DN65 塑料套管 2 个;JL-1 引入管穿墙处需要设置 1 个 DN50 穿墙塑料套管;JL-2 引入管穿墙处需要设置 1 个 DN65 穿墙塑料套管;A、B、C、D 卫生间分别要设置 1 个 DN25 穿墙套管。设计图纸给水管道的管径使用的是公称直径,塑料管的公称直径与公称外径的对照关系可以参照表1.5。

2)土方识图

从一层给排水平面图可以了解到,本栋楼需要计算管沟挖、填土方的管道有:JL-1 和 JL-2

的引入管,PL-1 和 PL-2 的排出管。

▶ 任务实施

1.5.4　管道附属工程清单列项和工程量计算

1)套管的清单列项和工程量计算

(1)工程量计算

根据 2013 清单规范,套管清单工程量按设计图示数量计算。

DN50(De63)穿楼板塑料套管:4(JL-1 立管)+2(JL-2 立管)=6(个)

DN50(De63)穿墙塑料套管:1 个(JL-1 引入管)

DN65(De75)穿楼板塑料套管:2 个(JL-2 立管)

DN65(De75)穿墙塑料套管:1 个(JL-2 引入管)

DN25(De32)穿墙塑料套管:8 个

(2)套管的清单列项

套管的清单列项与工程量如表 1.16 所示。

表 1.16　套管的清单列项与工程量

序号	清单编号	项目名称	单位	工程量
1	031002003001	穿楼板塑料套管制作安装 De63	个	6
2	031002003002	穿墙塑料套管制作安装 De63	个	1
3	031002003003	穿楼板塑料套管制作安装 De75	个	2
4	031002003004	穿墙塑料套管制作安装 De75	个	1
5	031002003005	穿墙塑料套管制作安装 De32	个	8

2)土方的清单列项和工程量计算

(1)工程量计算

①管沟开挖执行桂 030413013 清单项目,管沟回填执行桂 030413014 清单项目。

②管道挖土方根据其土壤类别以及挖方深度来决定是否需要计算放坡,即一类、二类土挖方在 1.2 m 内;三类土挖方在 1.5 m 内,不考虑放坡。

考虑放坡的计算公式:　　　　　　$V = h(b + kh)l$

式中:h——沟深;b——沟底宽;l——沟长;k——放坡系数(根据土的性质确定,人工开挖一般可取 0.3)。

不考虑放坡的计算公式:　　　　　　$V = hbl$

式中:h——沟深;b——沟底宽;l——沟长。

注意事项:计算沟深时,如果管道是室外埋地管道,设计管底标高要扣除室外地坪标高。

③管沟土方挖填工程量计算,施工图纸有具体规定的,按施工图纸要求尺寸计算;施工图纸无规定的,管沟宽度按管沟施工每侧所需工作面计算表计算。管沟施工每侧所需工作面宽

度可以参照表1.17。

表1.17　管沟施工每侧所需工作面宽度计算表　　　　　　　单位:mm

管道结构宽	混凝土管道基础90°	混凝土管道基础>90°	金属管道	塑料管道
300 以内	300	300	200	200
500 以内	400	400	300	300
1 000 以内	500	500	400	400
2 500 以内	600	500	400	500
2 500 以上	700	600	500	600

注:管道结构宽,有管座按管道基础外缘,无管座按管道外径计算,构筑物按基础外缘计算。

④根据前面的计算结果,可以了解到:JL-1 引入管(埋地部分)DN40 的工程量为 9 + 2.5 = 11.5(m);JL-2 引入管(埋地部分)DN50 的工程量为 9 + 2.5 = 11.5(m);排出管 PL-1 和 PL-2 DN150 的工程量合计为 17 m。从给水系统图了解到,给水引入管的标高为 – 1.2 m,排出管的标高为 – 1.4 m。

管沟土方 = 沟深 × 沟宽 × 管道长度,假设土方为三类土,详细工程量计算见图1.20。

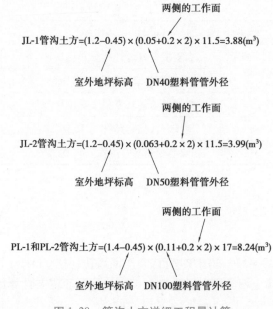

图1.20　管沟土方详细工程量计算

(2)土方的清单列项

土方的清单列项与工程量如表1.18所示。

表1.18　管沟土方的清单列项与工程量

序号	清单编号	项目名称	单位	工程量计算式
1	桂 030413013001	管沟土方开挖,三类土	m³	3.88 + 3.99 + 8.24 = 16.11
2	桂 030413014001	管沟土方回填,夯填	m³	3.88 + 3.99 + 8.24 = 16.11

1.5.5 管道附属工程清单计价

1)套管清单计价

以广西安装工程消耗量定额为例,套管的清单计价如表1.19所示。

表1.19 套管清单计价表

序号	项目编码/ 定额编号	项目名称/定额名称	单位	工程量	附注
1	031002003001	穿楼板塑料套管制作安装 De63	个	6	
	B9-0275	穿楼板塑料套管制作安装 De63	个	6	
2	031002003002	穿墙塑料套管制作安装 De63	个	1	
	B9-0275	穿墙塑料套管制作安装 De63	个	1	定额×0.5系数
3	031002003003	穿楼板塑料套管制作安装 De75	个	2	
	B9-0275	穿楼板塑料套管制作安装 De75	个	2	
4	031002003004	穿墙塑料套管制作安装 De75	个	1	
	B9-0275	穿墙塑料套管制作安装 De75	个	1	定额×0.5系数
5	031002003005	穿墙塑料套管制作安装 De32	个	8	
	B9-0272	穿墙塑料套管制作安装 De32	个	8	定额×0.5系数

注:定额中规定,一般过穿墙套管制作、安装,执行过楼板套管制作、安装相应项目,定额乘以0.5系数。

2)土方的清单计价

以广西安装工程消耗量定额为例,土方的清单计价如表1.20所示。

表1.20 土方清单计价表

序号	项目编码/定额编号	项目名称/定额名称	单位	工程量
1	桂030413013001	管沟土方开挖,三类土	m³	16.11
	B4-0782	人工挖沟槽,一般土	10 m³	1.61
2	桂030413014001	管沟土方回填,夯填	m³	16.11
	B4-0786	人工回填土方	10 m³	1.61

注:根据定额交底资料,给排水管道埋地敷设的管沟开挖、回填,应执行《电气设备安装工程》第八章相应项目。管沟回填土工程量计算应扣除管径大于 DN200 以上的管道、基础、垫层和各种构筑物所占的体积。本工程埋地管道的管径均小于DN200,因此管道回填土不用扣除管道所占的体积。

任务1.6 建筑给排水系统列项与算量计价综合训练

本任务以整套教学楼建筑给排水施工图为例,完成整个项目的列项与算量。

任务名称	建筑给排水系统列项与算量计价综合训练	学时数/节	4
教学环境	工程造价理实一体化实训室、造价工作室	授课对象	高职工程管理类专业二年级学生
项目载体	某教学楼给排水系统		
任务目标	本任务以某教学楼给排水系统施工图纸为例,训练学生编制工程量清单的完整性、系统性。		
任务描述	1.能根据图纸完整列出建筑给排水清单项目,做到不漏项、不重项,清单项目名称与描述正确。 2.能熟练识读施工图纸,会计算各清单子目工程量。		
重点、难点	教学重点:工程量清单项目编制的完整性。 教学难点:清单计价。		
教学方法	1.项目教学法;2.任务驱动法;3.小组讨论法		
教学实施	1.任务资讯:学生完成该学习任务需要掌握的相关知识或需要查阅的信息。 2.任务分析:教师布置任务,通过项目教学法引导学生完成给排水系统施工图的识读。 3.任务实施:教师引导学生以小组学习的方式完成学习任务,要求学生在课前预习,线上完成微课、动画及PPT等教学资源的观看,线下由教师引导学生按照学习任务的要求掌握给排水系统的识图、列项、算量与计价等基本技能。		

➤ 任务实施

本栋楼给排水工程的工程量清单列项及算量详见表1.21。

表1.21 给排水系统工程量清单计价表

序号	清单编号	项目名称	单位	工程量	附注
1	031001006001	PP-R塑料给水管DN50室内安装,热熔连接,PN=1.0 MPa,含管道消毒冲洗及试压	m	16.35	
	B9-0118	PP-R塑料给水管DN50,热熔连接	10 m	1.64	
2	031001006002	PP-R塑料给水管DN40室内安装,热熔连接,PN=1.0 MPa,含管道消毒冲洗及试压	m	31.95	
	B9-0117	PP-R塑料给水管DN40,热熔连接	10 m	3.20	
3	031001006003	PP-R塑料给水管DN32室内安装,热熔连接,PN=1.0 MPa,含管道消毒冲洗及试压	m	5.7	
	B9-0116	PP-R塑料给水管DN32,热熔连接	10 m	0.57	
4	031001006004	PP-R塑料给水管DN25室内安装,热熔连接,PN=1.0 MPa,含管道消毒冲洗及试压	m	60.15	

序号	清单编号	项目名称	单位	工程量	附注
	B9-0115	PP-R 塑料给水管 DN25,热熔连接	10 m	6.02	
5	031001006005	PP-R 塑料给水管 DN20 室内安装,热熔连接,PN=1.0 MPa,含管道消毒冲洗及试压	m	105	
	B9-0114	PP-R 塑料给水管 DN20,热熔连接	10 m	10.5	
6	031001006006	PVC-U 塑料排水管 DN100 室内安装,承插粘接	m	109.6	
	B9-0150	PVC-U 塑料排水管 DN100,承插粘接	10 m	10.96	
7	031001006007	PVC-U 塑料排水管 DN75 室内安装,承插粘接	m	28.1	
	B9-0149	PVC-U 塑料排水管 DN75,承插粘接	10 m	2.81	
8	031001006008	PVC-U 塑料排水管 DN50 室内安装,承插粘接	m	64.9	
	B9-0148	PVC-U 塑料排水管 DN50,承插粘接	10 m	6.49	
9	031003001001	截止阀 DN50 PN=1.0 MPa,螺纹连接	个	1	
	B9-0318	截止阀 DN50,螺纹连接	个	1	
10	031003001002	截止阀 DN40 PN=1.0 MPa,螺纹连接	个	1	
	B9-0317	截止阀 DN40,螺纹连接	个	1	
11	031003001003	截止阀 DN25 PN=1.0 MPa,螺纹连接	个	13	
	B9-0315	截止阀 DN25,螺纹连接	个	13	
12	031003001004	截止阀 DN20 PN=1.0 MPa,螺纹连接	个	1	
	B9-0314	截止阀 DN20,螺纹连接	个	1	
13	031002003001	穿楼板塑料套管制作安装 De63	个	6	
	B9-0275	穿楼板塑料套管制作安装 De63	个	6	
14	031002003002	穿墙塑料套管制作安装 De63	个	1	
	B9-0275	穿墙塑料套管制作安装 De63	个	1	定额×0.5 系数
15	031002003003	穿楼板塑料套管制作安装 De75	个	2	
	B9-0275	穿楼板塑料套管制作安装 De75	个	2	
16	031002003004	穿墙塑料套管制作安装 De75	个	1	
	B9-0275	穿墙塑料套管制作安装 De75	个	1	定额×0.5 系数
17	031002003005	穿墙塑料套管制作安装 De32	个	8	
	B9-0272	穿墙塑料套管制作安装 De32	个	8	定额×0.5 系数

续表

序号	清单编号	项目名称	单位	工程量	附注
18	031004006001	蹲式大便器,配 DN25 自闭式冲洗阀	组	36	
	B9-0556	蹲式大便器,配 DN25 自闭式冲洗阀	10 套	3.6	
19	031004006002	坐式大便器,水箱冲洗	组	2	
	B9-0557	坐式大便器,水箱冲洗	10 套	0.2	
20	031004007001	挂式小便器,配 DN15 自闭式冲洗阀	组	18	
	B9-0559	挂式小便器,配 DN15 自闭式冲洗阀	10 套	1.8	
21	031004003001	台式洗脸盆,单冷	组	24	
	B9-0542	台式洗脸盆,单冷	10 套	2.4	
22	031004003002	立式洗脸盆,单冷	组	2	
	B9-0538	立式洗脸盆,单冷	10 套	0.2	
23	桂 0310040021001	地漏 DN50	个	20	
	B9-0589	地漏 DN50	10 个	2.0	
24	桂 0310040022001	清扫口 DN50	个	8	
	B9-0605	清扫口 DN50	10 个	0.8	
25	031004014001	排水栓 dn32(带存水弯)	组	8	
	B9-0581	排水栓 dn32(带存水弯)	10 套	0.8	
26	桂 0310040020001	水嘴 DN20	个	8	
	B9-0579	水嘴 DN20	10 个	0.8	
27	桂 030413013001	管沟土方,人工挖沟槽,一般土	m³	16.11	
	B4-0782	人工挖沟槽,一般土	10 m³	1.61	
28	桂 030413014001	管沟土方回填,夯填	m³	16.11	
	B4-0786	人工回填土	10 m³	1.61	

项目 **2**
消火栓给水系统

本项目以某学校教学楼消火栓给水系统为例,讲解消火栓给水系统的识图、列项以及工程量计算。本项目的学习是通过 5 个学习任务来完成,具体的学习任务内容如下:

序号	任务名称	备注
任务2.1	消火栓给水管道识图、列项与算量计价	
任务2.2	管道附件识图、列项与算量计价	以某教学楼的消火栓给水局部的施工图为例完成各项任务。各任务建议在课内完成。
任务2.3	消火栓、水泵接合器、灭火器识图、列项与算量计价	
任务2.4	管道附属工程识图、列项与算量计价	
任务2.5	消火栓给水系统列项与算量计价综合训练	以某教学楼消火栓给水施工图为例,完成整个项目的列项与算量。该任务建议在课外完成。

任务 2.1 消火栓给水管道识图、列项与算量计价

本任务以 5 号教学楼消火栓系统施工图为载体,讲解消火栓管道的识图、列项与工程量计算的方法,具体的任务描述如下:

任务名称	消火栓给水管道识图、列项与算量计价	学时数/节	4
教学环境	工程造价理实一体化实训室、造价工作室	授课对象	高职工程管理类专业二年级学生
项目载体	5 号教学楼消火栓系统		
教学目标	知识目标:熟悉消火栓管道工程量清单、消耗量定额相关知识;熟悉工程量计算规则与方法。 能力目标:能依据施工图,利用工具书编制消火栓管道工程量清单及清单计价表。 素质目标:培养科学严谨的职业态度,以及精益求精、勤勉尽职、团结协作的职业精神。		

续表

应知应会	一、学生应知的知识点： 1.常用消火栓管道的材质、连接方式及安装基本技术要求。 2.消火栓管道工程量清单项目设置的内容及注意事项。 3.消火栓管道工程量清单项目特征描述的内容。 4.消火栓管道工程量清单计价注意事项。 二、学生应会的技能点： 1.会计算消火栓管道工程量。 2.能编制消火栓管道工程量清单。 3.能对消火栓管道工程量清单进行清单计价。
重点、难点	教学重点:工程量清单项目的编制、工程量计算及定额套价。 教学难点:消火栓管道工程量的计算。
教学方法	1.项目教学法;2.任务驱动法;3.线上线下混合教学法;4.小组讨论法
教学实施	1.任务资讯:学生完成该学习任务需要掌握的相关知识或需要查阅的信息。 2.任务分析:教师布置任务,通过项目教学法引导学生完成消火栓施工图的识读。 3.任务实施:教师引导学生以小组学习的方式完成学习任务,要求学生在课前预习,线上完成微课、动画及PPT等教学资源的观看,线下由教师引导学生按照学习任务的要求掌握消火栓系统的识图、列项、算量与计价等基本技能。
考核评价	1.云平台线上提问考核。 2.课堂完成给定案例、成果展示,实行自评及小组互评。 3.课程累计评价、多方评价,综合评定成绩。

➤ 任务资讯

2.1.1　消火栓给水系统的组成

如图 2.1 所示,消火栓给水系统包括消火栓设备(包括水枪、水龙带、消火栓、消火栓箱及消防报警按钮)、消防管道和水源等。当室外给水管网的水压不能满足室内消防要求时,消火栓给水系统还应当设置消防水泵、消防水泵接合器、水箱和水池。

2.1.2　消火栓给水系统常用管材

消火栓给水系统使用的管道材质为镀锌钢管(白铁管),其规格用公称直径"DN"表示,如 DN100,表示该管的公称直径为 100 mm。表 2.1 为常用焊接钢管、镀锌钢管的规格及参数。

根据水灭火系统设计规范,系统管道的连接应采用沟槽式连接件或丝扣、法兰连接;系统中直径≥DN100 mm 的管道,应采用法兰或沟槽式连接件连接,因此消火栓系统的管道连接通常是:公称直径≤DN80 mm 的镀锌钢管采用螺纹连接,公称直径≥DN100 mm 的镀锌钢管采用沟槽连接。

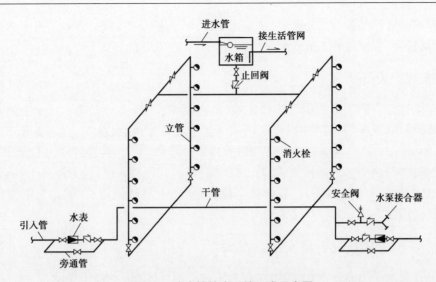

图 2.1 消火栓给水系统组成示意图

表 2.1 常用低压流体输送用焊接钢管规格(摘自 GB/T 3091—2015)

公称口径 (DN)	外径 D/mm	壁厚 t/mm	
		普通钢管	加厚钢管
6	10.2	2.0	2.5
8	3.5	2.5	2.8
10	17.2	2.5	2.8
15	21.3	2.8	3.5
20	26.9	2.8	3.5
25	33.7	3.2	4.0
32	42.4	3.5	4.0
40	48.3	3.5	4.5
50	60.3	3.8	4.5
65	76.1	4.0	4.5
80	88.9	4.0	5.0
100	114.3	4.0	5.0
125	139.7	4.0	5.5
150	165.1	4.5	6.0
200	219.1	6.0	7.0

注:表中的公称口径系近似内径的名义尺寸,不表示外径减去两倍壁厚所得的内径

1)管道螺纹连接

螺纹连接又称为丝扣连接,即将管端加工的外螺纹和管件的内螺纹紧密连接。它适用于所有镀锌钢管的连接,以及较小直径(公称直径 100 mm 以内)、较低工作压力(如 1 MPa 以内)焊接钢管的连接和带螺纹的阀类及设备接管的连接。

管道螺纹连接

螺纹连接的管件又称为丝扣管件,是采用KT30-6可锻铸铁铸造,并经车床车制内螺纹而成,俗称玛钢管件,有镀锌和不镀锌两类,分别用于白、黑铁管的连接。

2)管道卡箍(沟槽)连接

管道沟槽连接

卡箍连接件是一种新型的钢管连接方式,具有很多优点。《自动喷水灭火系统设计规范》提出,系统管道的连接应采用沟槽式连接件或丝扣、法兰连接;系统中直径≥100 mm的管道,应采用法兰或沟槽式连接件连接。卡箍连接的结构非常简单,包括卡箍(材料为球墨铸铁或铸钢)、密封圈(材料为橡胶)和螺栓紧固件。规格从DN25~DN600,配件除卡箍连接器外,还有变径卡箍、法兰与卡箍转换接头、丝扣与卡箍转换接头等。卡箍根据连接方式分为刚性接头和柔性接头。

2.1.3 消火栓给水系统管道安装技术要求

消防管道安装与算量

①系统管材应采用镀锌钢管,DN≤100 mm时用螺纹连接,当管子与设备、法兰阀门连接时应采用法兰连接;DN>100 mm时管道均采用法兰连接或沟槽式连接(卡套式),管子与法兰的焊接处应进行防腐处理。

②管道的安装要求横平竖直,支架间距的安装要求同室内给水管道。

③当管道穿越楼板或墙体时,应设套管。穿墙套管长度不得小于墙体厚度,穿楼板套管应高出楼板面50 mm,套管与穿管之间的间隙应用阻燃材料(可用麻丝)填塞。

④埋地敷设的金属管道应做防腐处理(一般做法是刷沥青漆和包玻璃布)。

2.1.4 消火栓给水管道工程量清单项目

1)消火栓给水管道清单项目及工程量计算规则

工程量清单项目设置及工程量计算规则,应按表2.2的规定执行。

表2.2 消火栓给水管道清单项目

项目编码	项目名称	项目特征	计量单位	工程量计算规则	工程内容
030901002	消火栓钢管	1.材质、规格 2.连接形式 3.镀锌钢管设计要求	m	按设计图示管道中心线(不扣除阀门、管件及各种组件所占长度)以延长米计算	1.管道及管件安装 2.钢管镀锌 3.压力试验 4.冲洗 5.管道标识

2)工程量清单项目特征描述方法

编制消火栓给水管道工程量清单时,应明确描述这些特征,以便计价:

①材质应描述清楚是镀锌钢管,规格应描述清楚管道的公称直径。

②连接形式应描述清楚是螺纹连接,或者是沟槽连接。

③钢管镀锌设计要求可以根据设计图纸进行描述,如内外壁均热镀锌等。

➤ 任务分析

2.1.5　消火栓管道识图

消火栓系统
识图与算量

1)消火栓系统整体识图

识读管道系统,首先要对整个系统的供水方式进行宏观把握,换句话说就是要整体了解管道系统的走向和连通关系。消火栓系统工程通常由两个水源供水,进入建筑物后由立管供给各层消火栓,需要特别注意的是消火栓系统在建筑物顶层会有一根干管连通所有立管,可以看出,消火栓系统在立面上形成一个环形的供水回路。因此,识读消火栓系统图应从流水方向进行识读,即供水水源→底层干管→立管→各层支管→顶层干管。从图 2.2 可以了解到,拟建建筑物东、西方ⓒ轴各有一个供水水源,分别由两根引入管引入,图纸标注$\frac{X}{1}$ $\frac{X}{2}$,引入管的管径为 DN100,埋地敷设,埋深为 −1.2 m(见图 2.4)。1 号引入管自西面进入建筑物后在①轴向上接入立管 XL-1,管径 DN100;2 号引入管自东面进入建筑物后在⑩轴向上接入立管 XL-6,管径 DN100。从图 2.3 可以了解到,两根干管在一层梁下连通,形成一根底层干管,管径为 DN100,干管分别在②、⑤、⑥、⑨轴接入立管 XL-2、XL-3、XL-4、XL-5,管径均为 DN100(见图 2.5)。6 根立管分别穿越各层供给 1~4 层的消火栓,在第 4 层的梁下由一根 DN100 管道彼此连通,形成顶层干管,各立管顶端各设置一个自动排气阀。

2)干管识图

消火栓系统最大的特点是:低层、顶层都会有一根干管将各立管相互连通,因此,要准确识读消火栓施工图,低层干管、顶层干管是系统中水平管道的识图要点。低层干管安装高度为 3.30 m,管径 DN100,连通 XL-1 至 XL-2;顶层干管安装高度为 15.00 m,管径 DN100,连通 XL-1 至 XL-2 末端。

3)立管识图

从图 2.2 可以了解到,本栋楼的消火栓系统立管有 6 根,分别在①、②、⑤、⑥、⑨、⑩轴与Ⓓ轴相交处。XL-1、XL-6 起点标高为 −1.2 m,终点标高为 15.00 m;XL-2、XL-3、XL-4、XL-5 起点标高为 3.30 m(见图 2.6),终点标高为 15.00 m(见图 2.7)。

4)支管识图

消火栓系统中的支管相对生活给排水较简单,本项目需要注意的是在一层的 6 个消火栓支管中,XL-2、XL-3、XL-4、XL-5 立管需要从一层梁下向下引入至该层消火栓(见图 2.8)。

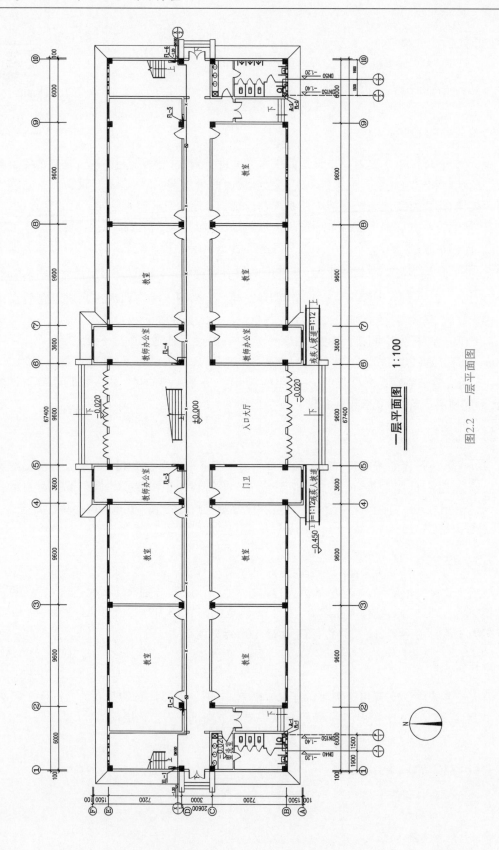

一层平面图 1:100

图2.2 一层平面图

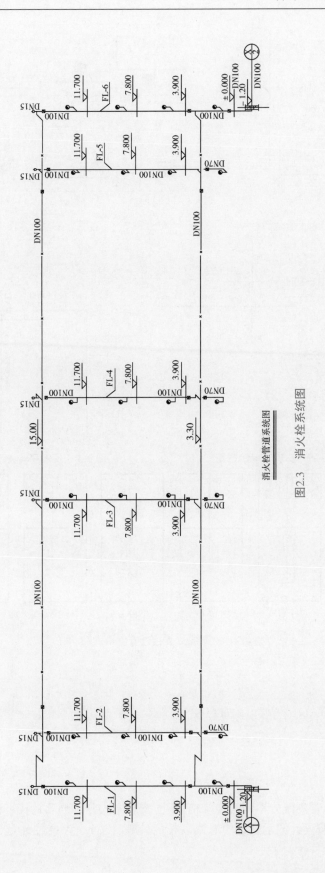

消火栓管道系统图

图2.3 消火栓系统图

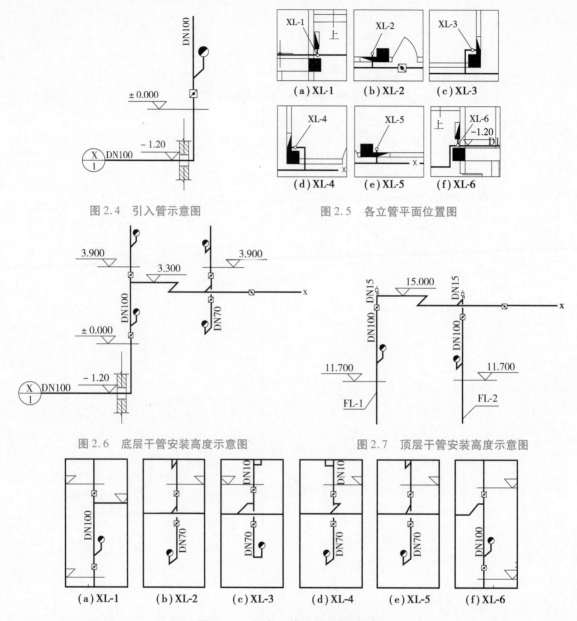

图 2.4 引入管示意图

图 2.5 各立管平面位置图

图 2.6 底层干管安装高度示意图

图 2.7 顶层干管安装高度示意图

图 2.8 一层各立管连通支管示意图

➤ 任务实施

2.1.6 消火栓管道的清单列项与算量

1)干管、立管工程量计算

(1)计算方法

管道工程量计算时要区分不同管径规格、不同安装方式分别列项计算。根据 2013 清单规范,管道清单工程量按设计图示管道中心线以长度计算,以"m"为单位计量,定额计量单位是

"10 m",计算管道长度时不扣除管件、阀门和部件所占长度。水平方向上的长度尽量利用轴线尺寸,轴线尺寸无法利用的再采用比例尺计量(见图2.2);垂直方向上的长度用高差计算,在系统图中找终点标高、起点标高尺寸数量(见图2.3)。

(2)注意事项

用比例尺计量时一定要先搞清楚平面图的比例,然后再做相关计算。

(3)干管工程量计算

根据一层平面图,可以量取:

$\frac{X}{1}$引入管(埋地部分)DN100 的工程量:3.4 m;

$\frac{X}{2}$引入管(埋地部分)DN100 的工程量:3.0 m;

低层干管 DN100 的工程量:4.5 + 0.9 + 63.4 + 0.9 + 0.3 + 0.6 + 0.9 + 0.3 + 0.9 + 0.4 + 0.6 = 73.7(m)。

根据四层平面图,可以量取顶层干管 DN100 的工程量:3.1 + 0.9 + 63.4 + 0.9 + 0.3 + 0.6 + 0.9 + 0.3 + 0.9 + 0.4 + 0.6 = 72.3(m)。

(4)立管工程量计算

立管工程量利用标注高程差计算(终点标高 - 起点标高)。根据消火栓管道系统图,可以计算出立管工程量:

XL-1 DN100 工程量:15 - (-1.2) = 16.2(m),XL-6 立管工程量同 XL-1;

XL-2 DN100 工程量:15 - 3.3 = 11.7(m),XL-3、XL-4、XL-5 立管工程量同 XL-2。

2)支管工程量计算

(1)计算方法

支管的长度等于水平段长度与竖直段长度之和,如图2.9 所示。

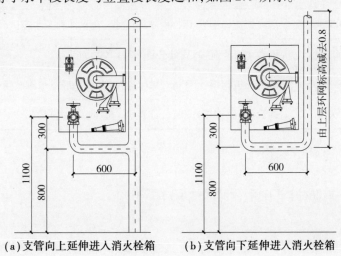

(a)支管向上延伸进入消火栓箱   (b)支管向下延伸进入消火栓箱

图 2.9 消火栓支管示意图

(2)注意事项

依据系统图确定支管的走向,是向上延伸或是向下延伸进入消火栓箱。

本项目一层的 6 个消火栓支管中,XL-2、XL-3、XL-4、XL-5 立管需要从一层梁下向下引入至该层消火栓(见图2.8)。因此,该项目支管工程量 DN65 为(3.3 - 0.8)×4 + 0.9×24 = 31.6(m)。

3)消火栓管道的清单列项

消火栓管道的清单列项与工程量如表2.3所示。

表2.3 消火栓管道的清单列项与工程量计算表

序号	清单编号	项目名称	单位	工程量
1	030901002001	消火栓镀锌钢管 DN100,沟槽连接,含水冲洗及水压试验	m	引入管埋地:3.4 + 3.0 = 6.4 低层顶层干管:73.7 + 72.3 = 146 XL-1 立管:16.2;XL-2 立管:11.7 XL-3 立管:11.7;XL-4 立管:11.7 XL-5 立管:11.7;XL-6 立管:16.2 ∑ 231.6
2	030901002002	消火栓镀锌钢管 DN65,螺纹连接,含水冲洗及水压试验	m	(3.3 - 0.8)×4 + 0.9×24 = 31.6

2.1.7 消火栓管道的清单计价

以广西安装工程消耗量定额为例,消火栓管道的清单计价如表2.4所示。

表2.4 消火栓管道清单计价表

序号	项目编码/定额编号	项目名称/定额名称	单位	工程量
1	030901002001	消火栓镀锌钢管 DN100,沟槽连接,含水冲洗及水压试验	m	231.6
	B9-0038	钢管(沟槽连接)安装公称直径(100 mm 以内)	10 m	2.32
2	030901002002	消火栓镀锌钢管 DN65,螺纹连接,含水冲洗及水压试验	m	31.6
	B9-0006	钢管(螺纹连接)安装公称直径(65 mm 以内)	10 m	3.16

任务2.2 管道附件识图、列项与算量计价

管道附件是指安装在消火栓管道上的阀门、过滤器、补偿器、软接头等附件。本任务以5号教学楼消火栓系统施工图为载体,主要讲解阀门的识图、列项与工程量计算的方法。具体的任务描述如下:

任务名称	管道附件识图、列项与算量计价	学时数(节)		2
教学环境	工程造价理实一体化实训室、造价工作室	授课对象		高职工程管理类专业二年级学生
项目载体	5 号教学楼消火栓系统			
教学目标	知识目标:熟悉管道附件工程量清单、消耗量定额相关知识;熟悉工程量计算规则与方法。能力目标:能依据施工图,利用工具书编制阀门工程量清单及清单计价表。素质目标:培养科学严谨的职业态度,以及精益求精、勤勉尽职、团结协作的职业精神。			
应知应会	一、学生应知的知识点:1.常用阀门的种类、连接方式及安装基本技术要求。2.阀门工程量清单项目设置的内容及注意事项。3.阀门工程量清单项目特征描述的内容。4.阀门工程量清单计价注意事项。二、学生应会的技能点:1.会计算阀门工程量;2.会编阀门工程量清单;3.会对阀门进行工程量清单计价。			
重点、难点	教学重点:工程量清单项目的编制、工程量计算及定额套价。教学难点:阀门连接方式的判断。			
教学方法	1.项目教学法;2.任务驱动法;3.线上线下混合教学法;4.小组讨论法			
教学实施	1.任务资讯:学生完成该学习任务需要掌握的相关知识或需要查阅的信息。2.任务分析:教师布置任务,通过项目教学法引导学生完成阀门施工图的识读。3.任务实施:教师引导学生以小组学习的方式完成学习任务,要求学生在课前预习,线上完成微课、动画及 PPT 等教学资源的观看,线下由教师引导学生按照学习任务的要求掌握阀门的识图、列项、算量及计价等基本技能。			
考核评价	1.云平台线上提问考核;2.课堂完成给定案例、成果展示,实行自评及小组互评;3.课程累计评价、多方评价,综合评定成绩。			

➤ 任务资讯

2.2.1　认识常用的管道附件

详见 1.3.1 认识常用的管道附件,此处略。

2.2.2　常用阀门水表的安装

详见 1.3.2 常用阀门水表的安装,此处略。

2.2.3　常用管道附件的清单项目

详见 1.3.3 常用管道附件的清单项目,此处略。

▶**任务分析**

2.2.4 阀门识图

消火栓系统使用最多的是蝶阀(见图2.10),自动排气阀(见图2.11)。本项目蝶阀有DN70和DN100,自动排气阀有DN15。

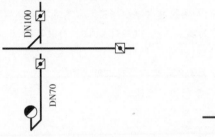 

图2.10 蝶阀示意图　　　　图2.11 自动排气阀示意图

▶**任务实施**

2.2.5 阀门的清单列项与工程量计算

(1)工程量计算

根据2013清单规范,阀门清单工程量按设计图示数量计算。

DN15自动排气阀:6个(XL-1~XL-6立管末端);DN65蝶阀:4个;DN100蝶阀:18个。

(2)阀门的清单列项

阀门的清单列项与工程量如表2.5所示。

表2.5 阀门的清单列项与工程量计算表

序号	清单编号	项目名称	单位	工程量
1	031003001001	自动排气阀DN15,螺纹连接	个	6
2	桂031003020001	蝶阀DN65,沟槽连接	个	4
3	桂031003020002	蝶阀DN100,沟槽连接	个	18

2.2.6 阀门清单计价

以广西安装工程消耗量定额为例,阀门清单计价如表2.6所示。

表2.6 阀门清单计价表

序号	项目编码/定额编号	项目名称/定额名称	单位	工程量
1	031003001001	自动排气阀DN15,螺纹连接	个	6
	B9-0322	自动排气阀公称直径(15 mm)以内	个	6

序号	项目编码/定额编号	项目名称/定额名称	单位	工程量
2	桂031003020001	蝶阀DN65,沟槽连接	个	4
	B9-0390	沟槽阀门安装公称直径（65 mm以内）	个	4
3	桂031003020002	蝶阀DN100,沟槽连接	个	18
	B9-0392	沟槽阀门安装公称直径（100 mm以内）	个	18

任务2.3　消火栓、水泵接合器、灭火器识图、列项与算量计价

消火栓、水泵接合器、灭火器均属于消火栓系统的灭火设备。本任务以5号教学楼消火栓系统施工图为载体,主要讲解消火栓、水泵接合器、灭火器识图、列项与工程量计算的方法。具体的任务描述如下:

任务名称	消火栓、水泵接合器、灭火器识图、列项与算量计价	学时数(节)	2
教学环境	工程造价理实一体化实训室、造价工作室	授课对象	高职工程管理类专业二年级学生
项目载体	5号教学楼消火栓系统		
教学目标	知识目标:熟悉消火栓、水泵接合器、灭火器工程量清单、消耗量定额相关知识;熟悉工程量计算规则与方法。 能力目标:能依据施工图,利用工具书编制消火栓、水泵接合器、灭火器工程量清单及清单计价表。 素质目标:培养科学严谨的职业态度,以及精益求精、勤勉尽职、团结协作的职业精神。		
应知应会	一、学生应知的知识点: 1.室内消火栓、室外消火栓、试验消火栓、水泵接合器、灭火器的作用及组成。 2.室内消火栓、室外消火栓、水泵接合器安装基本技术要求。 3.消火栓、水泵接合器、灭火器工程量清单项目设置的内容及注意事项。 4.消火栓、水泵接合器、灭火器工程量清单项目特征描述的内容。 5.消火栓水泵接合器、灭火器、工程量清单计价注意事项。 二、学生应会的技能点: 1.会计算消火栓、水泵接合器、灭火器工程量; 2.会编消火栓、水泵接合器、灭火器工程量清单; 3.会对消火栓、水泵接合器、灭火器进行工程量清单计价。		
重点、难点	教学重点:工程量清单项目的列项、工程量计算。 教学难点:消火栓、水泵接合器、灭火器工程量清单计价。		
教学方法	1.项目教学法;2.任务驱动法;3.线上线下混合教学法;4.小组讨论法		

续表

教学实施	1.任务资讯:学生完成该学习任务需要掌握的相关知识或需要查阅的信息; 2.任务分析:教师布置任务,通过项目教学法引导学生完成消火栓、水泵接合器、灭火器施工图的识读; 3.任务实施:教师引导学生以小组学习的方式完成学习任务,要求学生在课前预习,线上完成微课、动画及 PPT 等教学资源的观看,线下由教师引导学生按照学习任务的要求掌握消火栓、水泵接合器、灭火器的识图、列项、算量及计价等基本技能。
考核评价	1.云平台线上提问考核; 2.课堂完成给定案例、成果展示,实行自评及小组互评; 3.课程累计评价、多方评价,综合评定成绩。

➤ 任务资讯

室内消火栓

2.3.1　认识消火栓系统

（1）室内消火栓

室内消火栓是一种安装于室内的消防供水设施,由水枪、水带和消火栓组成,均安装于消火栓箱内。

①水枪是灭火的主要工具之一,其作用是收缩水流,产生击灭火焰的充实水柱。水枪喷口直径有 13 mm、16 mm 和 19 mm 3 种,另一端设有和水龙带连接的接口,其口径为 50 mm 和 65 mm 两种。

②水龙带有麻织水龙带和橡胶水龙带两种,麻织水龙带耐折叠性能较好。水龙带的长度有 10 m、15 m、20 m 和 25 m 4 种。

③消火栓是一个带内扣接头的阀门,分为单出口和双出口。消防用水流量小于 3L/S 时,用 50 mm 的消火栓;消防用水流量大于 3L/S 时,用 65 mm 的消火栓。双出口消火栓的直径不小于 65 mm。

（2）室外消火栓

室外消火栓是一种室外地上消防供水设施,用于向消防车供水或直接与水龙带、水枪连接进行灭火,是室外必备消防供水的专用设施。它上部露出地面,标志明显,使用方便。室外消火栓由本体、弯管、阀座、阀瓣、排水阀、阀杆和接口等零部件组成。

室外消火栓

室外消火栓有地下式和地上式两种。地下式常用的型号有 SX65-1.0、SX100-1.0 型或 SX65-1.6、SX100-1.6 型,地上式有 SS100-1.0、SS150-1.0 型和 SS100-1.6、SS150-1.6 型。

试验消火栓

室内消火栓与试验消火栓区别

（3）试验消火栓

试验消火栓是一种安装于屋顶的消防供水设施,由消火栓接口和压力表组成。其主要作用有两个:一是检测出该消火栓系统在该屋顶处的流量和压力(充实水柱)是否满足使用效果和符合规范要求;二是保护建筑物免受临近建筑物火灾的影响。

（4）消防水泵接合器

水泵接合器是连接消防车向室内消防给水系统加压供水的装置，一端由消防给水管网水平干管引出，另一端设于消防车易于靠近的地方。

（5）灭火器

干粉灭火器是灭火器的一种，灭火器内充装的是干粉灭火剂。干粉灭火剂是用于灭火的干燥且易于流动的微细粉末，由具有灭火效能的无机盐和少量的添加剂经干燥、粉碎、混合而成微细固体粉末组成。干粉灭火剂一般分为 BC 干粉灭火剂和 ABC 干粉两大类，可有效地扑灭易燃和可燃液体、可燃气体、电气设备和一般固体物质火灾。

2.3.2 室内消火栓安装技术要求

安装消火栓水龙带时，水龙带与水枪和快速接头绑扎好后，应根据箱内构造将水龙带挂放在箱内的挂钉、托盘或支架上。

箱式消火栓的安装应符合下列规定：

①栓口应朝外，并安装在门轴侧。

②栓口中心距地面为 1.1 m，允许偏差 ±20 mm。

③阀门中心距箱侧面为 140 mm，距箱后内表面为 100 mm，允许偏差 ±5 mm。

④消火栓箱体安装的垂直度允许偏差为 3 mm。

2.3.3 消火栓、水泵接合器、灭火器的清单项目

1）消火栓、水泵接合器、灭火器清单项目及工程量计算规则

工程量清单项目设置及工程量计算规则，应按表 2.7 的规定执行。

表 2.7 消火栓、水泵接合器、灭火器清单项目

项目编码	项目名称	项目特征	计量单位	工程量计算规则	工程内容
030901010	室内消火栓	1. 安装方式 2. 型号、规格 3. 附件材质、规格	套	按设计图示数量计算	1. 箱体及消火栓安装 2. 配件安装
030901011	室外消火栓				1. 安装 2. 配件安装
桂 030901016	试验消火栓	型号、规格			安装
030901012	消防水泵接合器	1. 安装方式 2. 型号、规格 3. 附件材质、规格			1. 安装 2. 附件安装
030901013	灭火器	1. 形式 2. 型号、规格 3. 安装方式	具（个、车、套）		安装

续表

> 注:1. 室内消火栓,包括消火栓箱、消火栓、水枪、水龙带、水龙带接扣、挂架;落地消火栓箱包括箱内手提式灭火器。
> 2. 室外消火栓,安装方式分为地上式、地下式;地上式消火栓安装包括地上式消火栓、法兰接管、弯管底座;地下式消火栓安装包括地下式消火栓、法兰接管、弯管底座或消火栓三通。
> 3. 消防水泵接合器,包括地上式、地下式、墙壁式;地上式消防水泵接合器包括消防接口本体、止回阀、安全阀、闸(蝶)阀、弯管底座;地下式消防水泵接合器包括消防接口本体、止回阀、安全阀、闸(蝶)阀、弯管底座、标牌。

2)工程量清单项目特征描述方法

(1)室内消火栓工程量清单项目特征描述

编制室内消火栓工程量清单时,应明确描述这些特征,以便计价:

①安装方式应描述清楚室内消火栓箱体是明装还是暗装。

②型号、规格,应根据设计图纸进行描述。

③附件材质、规格,应描述清楚消火栓箱体的材质、箱内的配置,如水龙带的材质、长度,水枪口径的规格,消火栓栓口的规格等。

(2)室外消火栓工程量清单项目特征描述

编制室外消火栓工程量清单时,应明确描述这些特征,以便计价:

①安装方式应描述清楚是地上式还是地下式。

②型号、规格应根据设计图纸进行描述。

③附件材质、规格应根据设计图纸进行描述。

(3)试验消火栓工程量清单项目特征描述

试验消火栓是《建设工程量计算规范广西壮族自治区实施细则(修订本)》中增设的一个清单项目,编制试验消火栓工程量清单时,应明确描述这些特征,以便计价:

①应根据设计图纸描述清楚名称、规格、型号。

②压力表的安装、压力表弯管的制作安装清单项目应另执行《自动化控制仪表安装工程》的相关清单项目。

(4)水泵接合器工程量清单项目特征描述

编制水泵接合器工程量清单时,应明确描述以下特征,以便计价:

①安装方式应描述清楚是地上式、地下式还是墙壁式。

②型号、规格应根据设计图纸进行描述。

③附件材质、规格应根据设计图纸进行描述。

(5)灭火器工程量清单项目特征描述

编制灭火器工程量清单时,应明确描述以下特征,以便计价:

①应描述清楚灭火器的设置形式,如单独设置或者是两两装箱,或者是推车式等。

②型号、规格应根据设计图纸进行描述。

③安装方式指灭火器的安装方式,如放置式、挂墙式、悬吊式等。

➤任务分析

2.3.4　消火栓、水泵接合器、灭火器识图

本消火栓系统施工图中有室内单出口消火栓,未见室外消火栓和试验消火栓、水泵接合器、灭火器。

➤任务实施

2.3.5　消火栓的清单列项与工程量计算

(1)工程量计算

本消火栓系统施工图中只有 24 个室内单出口消火栓,未见室外消火栓和试验消火栓、水泵接合器、灭火器。

(2)消火栓的清单列项

消火栓的清单列项与工程量如表 2.8 所示。

表 2.8　消火栓清单列项与工程量计算表

序号	清单编号	项目名称	单位	工程量
1	030901010001	室内铝合金白玻璃消火栓箱,暗装,箱内配置:单出口消火栓 DN65,水带长 25 m,水枪 ϕ19 mm	套	24

2.3.6　消火栓清单计价

以广西安装工程消耗量定额为例,消火栓清单计价如表 2.9 所示。

表 2.9　消火栓清单计价表

序号	项目编码/定额编号	项目名称/定额名称	单位	工程量
1	030901010001	室内铝合金白玻璃消火栓箱,暗装,箱内配置:单出口消火栓 DN65,水带长 25 m,水枪 ϕ19 mm	套	24
	B9-0832	室内消火栓安装（暗装）公称直径(65 mm 以内)单栓	套	24

任务 2.4　管道附属工程识图、列项与算量计价

管道附属工程是指根据管道安装工艺要求和施工质量验收规范要求而完成的工作内容,主要包括管道防腐和防锈、管道套管、管道支吊架安装、管沟土方以及管道预压槽及凿槽刨沟、沟槽恢复等。本任务以 5 号教学楼消火栓系统施工图为载体,讲解管道附属工程的识图、列项与工程量的计算方法。具体的任务描述如下:

任务名称	管道附属工程识图、列项与算量计价	学时数(节)		2
教学环境	工程造价理实一体化实训室、造价工作室	授课对象		高职工程管理类专业二年级学生
项目载体	5号教学楼消火栓系统			
教学目标	知识目标:熟悉给排水管道安装的基本技术要求及其工程量清单、消耗量定额相关知识;熟悉工程量计算规则与方法。 能力目标:能依据施工图,利用工具书编制管道附属工程量清单及清单计价表。 素质目标:培养科学严谨的职业态度,以及精益求精、勤勉尽职、团结协作的职业精神。			
应知应会	一、学生应知的知识点: 1.常见的管道安装基本技术要求。 2.管道附属工程量清单项目设置的内容及注意事项。 3.管道附属工程量清单项目特征描述的内容。 4.管道附属工程量清单计价注意事项。 二、学生应会的技能点: 1.会计算管道附属工程量。 2.能编制管道附属工程量清单。 3.能对管道附属工程进行工程量清单计价。			
重点、难点	教学重点:工程量清单项目的编制、工程量计算及定额套价。 教学难点:管道安装的基本技术要求。			
教学方法	1.项目教学法;2.任务驱动法;3.线上线下混合教学法;4.小组讨论法。			
教学实施	1.任务资讯:学生完成该学习任务需要掌握的相关知识或需要查阅的信息。 2.任务分析:教师布置任务,通过项目教学法引导学生完成阀门施工图的识读。 3.任务实施:教师引导学生以小组学习的方式完成学习任务,要求学生在课前预习,线上完成微课、动画及PPT等教学资源的观看,线下由教师引导学生按照学习任务的要求掌握管道附属工程的识图、列项、算量及计价等基本技能。			
考核评价	1.云平台线上提问考核; 2.课堂完成给定案例、成果展示,实行自评及小组互评; 3.课程累计评价、多方评价,综合评定成绩。			

➤ 任务资讯

2.4.1 管道安装附属工程

1)管道防腐

室内直埋给水金属管道(塑料管和复合管除外)应做防腐处理,埋地管道防腐层材质和结构应符合设计要求。埋地金属管道防腐的主要措施是刷沥青漆和包玻璃布,其做法通常有一般防腐、加强防腐和特加强防腐。

2)管道套管

（1）防水套管

管道穿过地下构筑物外墙、水池壁及屋面时,应采取防水措施。采用刚性防水套管还是柔性防水套管由设计选定,但对有严格防水要求的建筑物,必须采用柔性防水套管。

（2）普通套管

管道穿过墙壁和楼板,应设置金属或塑料套管。安装在楼板内的套管,其顶部应高出装饰地面 20 mm;安装在卫生间及厨房内的套管,其顶部应高出装饰地面 50 mm,底部应与楼板底面相平。穿过楼板的套管与管道之间的缝隙应采用阻燃密实材料和防水油膏填实,端面光滑。穿墙套管与管道之间的缝隙应用阻燃密实材料和防水油膏填实,且端面光滑,管道的接口不得设在套管内。

3)管道支架

管道支架安装技术要求如下:

①采暖、给水及热水供应系统的金属管道立管管卡安装应符合下列规定:

a.楼层高度≤5 m,每层必须安装 1 个;

b.楼层高度>5 m,每层不得少于 2 个;

c.管卡安装高度,距地面应为 1.5～1.8 m,2 个以上管卡应匀称安装,同一房间管卡应安装在同一高度上;

d.钢管水平安装的支、吊架间距不应大于规范的规定。

②采暖、给水及热水供应系统的塑料管及复合管垂直或水平安装的支架间距应符合规范的规定。采用金属制作的管道支架,应在管道与支架间加衬非金属垫或套管。

4)管沟土方

管道埋地敷设时需要进行管沟土方的开挖。

2.4.2　常用管道附属工程的工程量清单项目

1)工程量清单项目设置及工程量计算规则

工程量清单项目设置及工程量计算规则,应按表2.10 的规定执行。

表 2.10　常用管道附属工程清单项目

项目编码	项目名称	项目特征	计量单位	工程量计算规则	工程内容
031002001	管道支架	材质	kg	按设计图质量计算	1.制作 2.安装
031003002	套管	1.名称、类型 2.材质 3.规格	个	按设计图示数量计算	1.制作 2.安装 3.除锈、刷油

续表

项目编码	项目名称	项目特征	计量单位	工程量计算规则	工程内容
桂 030413013	土方开挖	1. 土壤类别 2. 挖土深度	m³	按设计图示尺寸以体积计算,因工作面(或支挡土板)和放坡增加的工程量并入土方开挖工程量计算	土方开挖
桂 030413013	土方(砂)回填	填方材料品种	m³	按设计图示回填土方,以体积计算,应扣除管径在200 mm以上的管道、基础、垫层和各种构筑物所占的体积	1. 回填 2. 压实
031201001	管道刷油	1. 油漆品种 2. 涂刷遍数、漆膜厚度 3. 标志色方式、品种	m²	按设计图示表面积尺寸以面积计算	调配、涂刷
031201003	金属结构刷油	1. 油漆品种 2. 结构类型 3. 涂刷遍数、漆膜厚度	1. m² 2. kg	1. 以平方米计算,按设计图表示面积尺寸以面积计算 2. 以千克计量,按金属结构的理论质量计算	调配、涂刷
桂 031211003	金属结构除锈	1. 除锈级别 2. 除锈方式	1. m² 2. kg	按设计图质量计算	除锈

注:1. 单件支架质量100 kg以上的管道支吊架执行设备支架制作安装。

2. 成品支架安装执行相应管道支架或设备支架项目,不再计取制作费,支架本身价值含在综合单价中。

3. 套管制作安装,适用于穿基础、墙、楼板等部位的防水套管、填料套管、无填料套管及防火套管等,应分别列项。

4. 给排水管沟土方挖方工程量计算:设计有规定的,按设计规定尺寸计算;无设计规定的,按管道沟底宽(按管道外径加管沟施工每侧所需工程面宽度)乘以埋深计算。管沟施工每侧所需工作面宽度计算见表1.17。

5. 计算管沟土方开挖工程量需放坡时,按施工组织设计规定计算;如无施工组织设计规定时,可按第一册房屋建筑与装饰工程附录A的表A.1-3放坡系数表计算。

6. 涂刷部位:指涂刷表面的部位,如设备、管道等部位。

7. 结构类型:指涂刷金属结构的类型,如:一般钢结构、H型钢制钢结构等类型。

8. 设备筒体、管道表面积:$S = \pi \times D \times L$,$\pi$—圆周率,$D$—直径,$L$—设备筒体高或管道延长米;设备筒体、管道表面积包括管件、阀门、法兰、人孔、管口凹凸部分;带封头的设备面积:$S = L \times \pi \times D + (D/2) \times \pi \times K \times N$,$K$—1.05,$N$—封头个数。

2)工程量清单项目特征描述方法

①管道支架制作安装项目,适用于室内管道支架和室外管沟内管道支架,区分不同的支架材质以设置工程量清单项目,编制工程量清单时,应明确描述这些特征,以便计价。

②套管的制作安装按照类型、材质、规格来设置工程量清单项目,编制工程量清单时,应明确描述这些特征,以便计价:

a.类型是明确该套管是刚性(柔性)防水套管或者是过楼板套管、穿墙套管。

b.材质是明确该套管是用什么材质做成,常见的材质有钢、塑料。

c.规格:如果是刚性(柔性)防水套管,应按穿越管道的管径描述其规格;如果是过楼板套管、穿墙套管,则按其规格套管本身的管径描述。

③土方开挖按照土壤类别和挖土深度来设置工程量清单项目,编制工程量清单时,应明确描述这些特征,以便计价:

a.土壤类别是明确所挖的土质。

b.挖土深度是明确所挖土方的深度。

④土方(砂)回填按照填方材料品种来设置工程量清单项目,编制工程量清单时,应明确描述土方特征,以便计价:

⑤金属结构按照油漆品种、结构类型、涂刷遍数、漆膜厚度来设置工程量清单项目,编制工程量清单时,应明确描述以下特征,以便计价。

a.油漆品种是明确用的是什么油漆;

b.结构类型是明确金属结构的类型;

c.涂刷遍数、漆膜厚度是明确在该金属结构上涂刷油漆的遍数和涂刷漆膜的厚度。

⑥管道刷油按照油漆品种、涂刷遍数、漆膜厚度、标志色方式、品种来设置工程量清单项目,编制工程量清单时,应明确描述以下特征,以便计价:

a.油漆品种应明确用的是什么油漆;

b.涂刷遍数、漆膜厚度应明确在管道上涂刷油漆的遍数和涂刷漆膜的厚度;

c.标志色方式、品种应根据设计图纸进行描述。

⑦金属结构除锈是《建设工程量计算规范广西壮族自治区实施细则(修订本)》中增设的一个清单项目,管道支架的除锈可以使用此清单项目,编制管道支架除锈工程量清单时,应明确描述这些特征,以便计价:

a.除锈的级别:应明确是除轻锈还是中锈,或者是重锈;

b.除锈方式:应明确除锈的方式,如手工除锈或者机械除锈等。

➤ **任务实施**

2.4.3　附属工程的清单列项与工程量计算

1)管道刷油

(1)管道刷油的清单列项与工程量计算

①管道刷油工程量计算:

a.计算公式:按照圆柱展开表面积计算公式计算刷油工程量。

$$S = \pi \times D \times L \times 10^{-3}$$

S——刷油工程量,单位 m^2;

D——管道外径,单位 mm;

L——管道长度,单位 m。

b.计算方法:先计算管道长度,然后根据钢管外径对照表(见表2.11)查询对应的外径大小,代入上述公式计算。

表2.11 钢管外径对照表　　　　　单位:mm

DN	外径	DN	外径	DN	外径
15	21.3	20	26.8	25	33.5
32	42.3	40	48	50	60
65	75.5	80	88.5	100	114
125	140	150	165	200	216

本项目中:

DN100 管道刷油工程量:$3.14 \times 114 \times 231.6 \times 10^{-3} = 82.90 (m^2)$;

DN70 管道刷油工程量:$3.14 \times 75.5 \times 31.6 \times 10^{-3} = 7.50 (m^2)$。

②管道刷油清单列项:

消火栓管道刷油清单列项与工程量如表2.12所示。

表2.12 消火栓管道刷油的清单列项与工程量计算表

序号	清单编号	项目名称	单位	工程量
1	031201001001	室内消火栓镀锌钢管刷管道调和漆两遍	m^2	DN100 管道刷油工程量: $3.14 \times 114 \times 231.6 \times 10^{-3} = 82.90$; DN70 管道刷油工程量: $3.14 \times 75.5 \times 31.6 \times 10^{-3} = 7.50$ $\sum 90.4$

(2)管道刷油清单计价

以广西安装工程消耗量定额为例,消火栓管道刷油的清单计价如表2.13所示。

表2.13 消火栓管道刷油清单计价表

序号	项目编码/定额编号	项目名称/定额名称	单位	工程量
1	031201001001	室内消火栓镀锌钢管刷管道调和漆两遍	m^2	90.4
	B11-0060	管道刷油调和漆第一遍	$10\ m^2$	9.04
	B11-0061	管道刷油调和漆第二遍	$10\ m^2$	9.04

2)管道支架制作安装算量与列项计价

(1)管道支架制作工程量的计算
①管道支架工程量计算方法 1
管道支吊架样式可参照图 2.12 管道支吊架样式示意图。

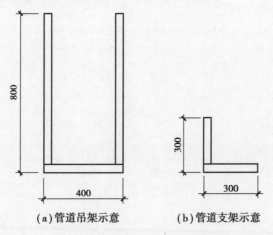

(a)管道吊架示意　　　　(b)管道支架示意

图 2.12　管道支吊架样式示意图

计算方法:先计算出每个支架的质量,再根据施工规范计算出支架的数量,最后计算支架的总质量,即为管道支架的工程量。

计算方法举例:钢管支架工程量以"kg"为单位计量,定额计量单位是"100 kg"。在计算支吊架的质量时,首先根据管道的规格找出支吊架的间距。钢管垂直安装时支架间距规定:楼层高度≤5 m,每层必须安装 1 个,楼层高度>5 m,每层不得少于 2 个;钢管水平安装时吊架间距不应大于表 2.14 钢管管道支架最大间距的规定。接着根据管道长度 L 和支架间距 b 计算支架的个数 $n(n=L/b)$,再根据支架的形状尺寸计算单个支架所用型钢的尺寸,利用表 2.15 常用钢材理论质量表查询所用型钢的规格尺寸和其比重,计算出单个支架质量 m,然后计算每种管道上所采用的支架质量的合计数 $G'=m\times n$,最后求出所有支架的质量 $G=\sum G'=\sum m\times n$。

表 2.14　钢管管道支架最大间距

公称直径/mm		15	20	25	32	40	50	70	80	100	125	150	200	250	300
支架最大间距(m)	保温	2	2.5	2.5	2.5	3	3	4	4	4.5	6	7	7	8	8.5
	不保温	2.5	3	3.5	4	4.5	5	6	6	6.5	7	8	9.5	11	12

表 2.15　常用钢材理论质量表

角钢(等边)		槽钢		工字钢		扁钢		圆钢	
规格	kg/m	规格	kg/m	规格	kg/m	规格	kg/m	规格/mm	kg/m
20×3	0.889	5#	5.438	10#	11.261	16×2	0.25	8	0.395
25×3	1.124	6.3#	6.634	12#	13.987	20×3	0.47	10	0.617
30×3	1.373	6.5#	6.709	12#B	14.223	25×3	0.59	12	0.888

续表

角钢（等边）		槽钢		工字钢		扁钢		圆钢	
规格	kg/m	规格	kg/m	规格	kg/m	规格	kg/m	规格/mm	kg/m
40×4	2.422	8#	8.046	14#	16.890	30×3	0.71	14	1.21
50×5	3.77	10#	10.007	16#	20.513	40×4	1.26	16	1.58
63×6	5.721	12#A	12.059	18#	24.143	50×5	1.96	18	2.00
70×7	7.398	12#B	12.318	20#	27.929	60×6	2.83	20	2.47
75×7	7.976	14#	14.535	20#B	36.524	70×7	3.85	22	2.98
75×8	9.030	14#B	16.733	22#	33.070	80×8	5.02	24	3.55
80×8	9.658	16#	17.240	22#B	36.524	90×9	6.36	25	3.85
80×10	11.874	16#B	19.752	24#	37.477	100×10	7.85	28	4.83
90×8	10.946	18#	20.174	24#B	41.245	100×8	6.28	30	5.55

本项目 U 形管道支架主要为低层干管吊架,顶层干管吊架;L 形为立管支架。吊架间距取 6 m,立管支架每层 1 个。

U 形吊架个数:146/6 = 24.33(个),取整数 25 个;U 形吊架工程量:(0.8×2 +0.4)×25× 2.422 = 121.1(kg)

L 形支架个数:4×6 = 24(个);L 形支架工程量:(0.3 +0.3)×24×2.422 = 34.88(kg)

②管道支架工程量计算方法 2

采用方法 1 计算管道支架工程量时,比较繁杂,费时费力。我们可以根据广西安装消耗量定额附录中的管道支架含量表查阅每十米管道支架含量进行计算,则比较简单。管道支架含量表见表 2.16。

本工程 DN100 的立管工程量为 39.6 m,DN100 敷设在梁底的横管工程量为 146 m,查阅表 2.16 得:DN100 钢管(不保温)的立管支架含量为 3.37 kg/10 m,DN100 钢管(不保温)的横管支架含量为 11.1 kg6/10 m,则本工程 DN100 管道支架的工程量 = 3.37×(39.6/10) + 11.16×(146/10) = 176.28(kg),其计算结果略高于方法 1。

表 2.16 室内钢管、铸铁、塑料管道支架用量参考表 单位:kg/10 m

序号	公称直径（mm 以内）	钢管保温				铸铁排水管道		塑料排水管道
		不保温		保温		横管	立管	横管
		横管	立管	横管	立管	—	—	—
1	15	5.02	2.72	9.88	6.53	—	—	—
2	20	4.28	2.37	5.03	3.27	—	—	—
3	25	4.37	2.47	5.12	3.37	—	—	—
4	32	4.46	2.57	5.21	3.43	—	—	—
5	40	4.55	2.63	7.33	3.47	—	—	—

序号	公称直径（mm 以内）	钢管保温				铸铁排水管道		塑料排水管道
		不保温		保温		横管	立管	横管
		横管	立管	横管	立管	—	—	—
6	50	8.37	2.73	9.42	3.63	19.13	11.62	46.64
7	65	10.89	2.93	12.15	3.83	25.00	—	50.01
8	80	10.98	3.20	12.24	3.97	25.19	11.72	41.98
9	100	11.16	3.37	12.33	4.20	25.55	11.79	34.84
10	125	12.40	5.30	13.71	6.40	28.03	15.33	32.34
11	150	14.60	7.37	16.36	9.20	32.43	21.90	30.41
12	200	20.50	12.80	22.71	14.67	46.02	22.07	34.52
13	250	21.45	21.40	23.66	24.80	47.93	22.24	28.76
14	300	32.94	36.18	36.18	26.03	61.26	—	37.76

注:1. 此表支架角钢均按单管计算用量,如与实际不符时可另行计算;

2. 此表参照《3S402 室内管道支架及吊架图集》及施工现场制作方式进行测算;

3. 横管支架按梁下支架为主考虑,给水支架垂直长度,非保温管道平均按 0.4 m(梁底下)计算,保温管道平均按 0.45 m(梁底下)计算。排水支架垂直长度平均按 0.5 m(梁底下)计算;

4. 支架间距,小管以规范为参考,大管以现场实际测算为参考。

（2）消火栓管道支吊架清单列项

消火栓管道支吊架清单列项与工程量如表 2.17 所示。

表 2.17　消火栓管道支吊架清单列项与工程量计算表

序号	清单编号	项目名称	单位	工程量
1	0310020011001	管道支架制作安装 L40×40×4	kg	U 形吊架工程量: $(0.8×2+0.4)×25×2.422=121.1$ L 形支架工程量: $(0.3+0.3)×24×2.422=34.88$ $\sum 155.98$

（3）管道支架制作安装的清单计价

以广西安装工程消耗量定额为例,消火栓管道支吊架的清单计价如表 2.18 所示。

表 2.18　消火栓管道支吊架清单计价表

序号	项目编码/定额编号	项目名称/定额名称	单位	工程量
1	0310020011001	管道支架制作安装	kg	155.98
	B9-0208	管道支架制作、安装	100 kg	1.56

3)管道支架除锈

(1)管道支架除锈的列项与工程量计算

如无特殊情况,管道除锈可按人工除轻锈一遍考虑,其工程量按 kg 计算,等于管道支架制作安装的工程量。管道支架除锈的清单列项,见表 2.19。

表 2.19　管道支吊架除锈清单列项与工程量计算表

序号	清单编号	项目名称	单位	工程量
1	桂 031211003001	管道支架人工除轻锈一遍	kg	155.98

(2)管道支架除锈的清单计价

以广西安装工程消耗量定额为例,消火栓管道支吊架除锈的清单计价如表 2.20 所示。

表 2.20　管道支吊架除锈清单计价表

序号	项目编码/定额编号	项目名称/定额名称	单位	工程量
1	桂 031211003001	管道支架人工除轻锈一遍	kg	155.98
	B11-0007	管道支架人工除轻锈一遍	100 kg	1.56

4)管道支架刷油

(1)管道支架刷油的列项与工程量计算

管道支架刷油工程量按 kg 计算,等于管道支架制作安装的工程量。

管道支架刷油的清单列项,根据设计图纸说明,支架先刷红丹防锈漆两遍,再刷调和漆两遍。支架刷油的油漆品种不同,可以合并在同一个清单里,也可以按油漆的品种分开列取清单,分开列取清单的方式更有利于结算(见表 2.21)。

表 2.21　管道支吊架刷油清单列项与工程量计算表

序号	清单编号	项目名称	单位	工程量
1	031201003001	支架刷红丹防锈漆两遍	kg	155.98(同支架工程量)
2	031201003002	支架刷调和漆两遍	kg	155.98(同支架工程量)

(2)管道支架刷油的清单计价

以广西安装工程消耗量定额为例,消火栓管道支吊架刷油的清单计价如表 2.22 所示。

表 2.22　管道支吊架刷油清单计价表

序号	项目编码/定额编号	项目名称/定额名称	单位	工程量
1	031201003001	支架刷红丹防锈漆两遍	kg	155.98
	B11-0117	金属结构刷油一般钢结构红丹防锈漆第一遍	100 kg	1.56
	B11-0118	金属结构刷油一般钢结构红丹防锈漆第二遍	100 kg	1.56
2	031201003002	支架刷调和漆两遍	kg	155.98

序号	项目编码/定额编号	项目名称/定额名称	单位	工程量
	B11-0126	金属结构刷油一般钢结构调和漆第一遍	100 kg	1.56
	B11-0127	金属结构刷油一般钢结构调和漆第二遍	100 kg	1.56

5)套管

(1)套管的清单列项与工程量计算

①套管识图

从设计说明了解到,管道穿过楼板和墙体,应预埋比穿越管道大一至两号的套管。从系统图了解到,XL-1 ~ XL-6 立管穿楼板处应选用 DN150 钢套管;低层干管穿墙处应选用 DN150 钢套管;顶层干管穿墙处应选用 DN150 钢套管。

②套管的工程量计算

根据 2013 清单规范,套管清单工程量按设计图示数量计算。

XL-1 ~ XL-6 立管 DN100 穿楼板处,需要设置过楼板套管,选取 DN150 钢套管:4 + 4 + (3 × 4) = 20(个);低层干管 DN100 穿过墙体处需要设置穿墙套管,选取 DN150 钢套管 6 个;XL-1 ~ XL-6 立管穿过屋面处需要设置刚性防水套管,选取 DN100 刚性防水套管 6 个。

③套管的清单列项

套管的清单列项与工程量如表 2.23 所示。

表 2.23　套管的清单列项与工程量计算表

序号	清单编号	项目名称	单位	工程量
1	031002003001	过楼板钢套管制作、安装 DN150	个	20
2	031002003002	穿墙钢套管制作、安装 DN150	个	6
3	031002003003	刚性防水套管制作、安装 DN100	个	6

(2)套管清单计价

以广西安装工程消耗量定额为例,套管清单计价如表 2.24 所示。

表 2.24　套管清单计价表

序号	项目编码/定额编号	项目名称/定额名称	单位	工程量	附注
1	031002003001	过楼板钢套管制作、安装 DN150	个	20	
	B9-0264	过楼板钢套管制作、安装公称直径(150 mm 以内)	个	20	
2	031002003002	穿墙钢套管制作、安装 DN150	个	6	
	B9-0264	穿墙钢套管制作、安装公称直径(150 mm 以内)	个	6	D × 0.5
3	031002003003	刚性防水套管制作、安装 DN100	个	6	
	B9-0237	刚性防水套管制作 公称直径　(100 mm 以内)	个	6	
	B9-0253	刚性防水套管安装 公称直径　(150 mm 以内)	个	6	

6) 土方

(1) 土方的清单列项与工程量计算

① 土方工程量计算

a. 管沟开挖执行桂 030413013 清单项目,管沟回填执行桂 030413014 清单项目。

b. 管道挖土方根据其土壤类别以及挖方深度来决定是否需要计算放坡。即一类、二类土挖方在 1.2 m 内,三类土挖方在 1.5 m 内,不考虑放坡。

考虑放坡的计算公式:$V = h(b + kh)l$

式中:h——沟深;b——沟底宽;l——沟长;k——放坡系数,根据土的性质确定,人工开挖一般可取 0.3。

不考虑放坡的计算公式:$V = hbl$

式中:h——沟深;b——沟底宽;l——沟长。

注意:计算沟深时,如果管道是室外埋地管道,设计管底标高要扣除室外地坪标高。

c. 管沟土方挖填工程量计算,施工图纸有具体规定的,按施工图纸要求尺寸计算;施工图纸无规定的,管沟宽度按管沟施工每侧所需工作面计算表计算。管沟施工每侧所需工作面宽度可以参照表 2.25。

表 2.25 管沟施工每侧所需工作面宽度计算表　　　　　　　　　单位:mm

管道结构宽	混凝土管道基础90°	混凝土管道基础 >90°	金属管道	塑料管道
300 以内	300	300	200	200
500 以内	400	400	300	300
1 000 以内	500	500	400	400
2 500 以内	600	500	400	500
2 500 以上	700	600	500	600

注:管道结构宽,有管座按管道基础外缘,无管座按管道外径计算,构筑物按基础外缘计算。

d. 根据前面的计算结果,可以了解到:消火栓系统的埋地引入管 DN100 工程量为 6.4 m,引入管的标高为 -1.2 m,扣除室外地坪标高 -0.45 m,得到管沟土方的沟深 0.75 m,根据表 2.25 查出管道的工作面为 0.2 m,则沟底宽度 = 0.114(管道外径) + 0.2 × 2 = 0.514(m),则管沟土方 = 沟深 × 沟宽 × 管道长度 = 0.75 × 0.514 × 6.4 = 2.47(m³)。

② 土方的清单列项

土方的清单列项与工程量如表 2.26 所示。

表 2.26 管沟土方工程量清单

序号	清单编号	项目名称	单位	工程量计算式
1	桂 030413013001	管沟土方开挖,三类土	m³	0.75 × 0.514 × 6.4 = 2.47(m³)
2	桂 030413014001	管沟土方回填,夯填	m³	0.75 × 0.514 × 6.4 = 2.47(m³)

(2) 土方的清单计价

以广西安装工程消耗量定额为例,土方的清单计价如表 2.27 所示。

表 2.27　土方清单计价表

序号	项目编码/定额编号	项目名称/定额名称	单位	工程量
1	桂 030413013001	管沟土方开挖,三类土	m³	2.47
	B4-0782	人工挖沟槽,一般土	10 m³	0.25
2	桂 030413014001	管沟土方回填,夯填	m³	2.47
	B4-0786	人工回填土方	10 m³	0.25

注:根据定额交底资料,给排水管道埋地敷设的管沟开挖、回填,应执行《电气设备安装工程》第八章相应项目。管沟回填土工程量计算应扣除管径大于 DN200 以上的管道、基础、垫层和各种构筑物所占的体积。本工程埋地管道的管径均小于DN200,所以管道回填土不用扣除管道所占的体积。

任务 2.5　消火栓给水系统列项与算量计价综合训练

本任务以整套教学楼消火栓系统施工图为例,完成整个项目的列项与算量。

任务名称	消火栓给水系统列项与算量计价综合训练	学时数(节)	4
教学环境	工程造价理实一体化实训室、造价工作室	授课对象	高职工程管理类专业二年级学生
项目载体	某教学楼消火栓给水系统		
任务目标	本任务以某教学楼消火栓给水系统施工图纸为例,训练学生编制工程量清单的完整性、系统性。		
任务描述	1.能根据图纸完整列出消火栓给水系统清单项目,做到不漏项、不重项,清单项目名称与描述正确。 2.能熟练识读施工图纸,会计算各清单子目工程量。		
重点、难点	教学重点:工程量清单项目编制的完整性。 教学难点:清单计价。		
教学实施	1.项目教学法;2.任务驱动法;3.小组讨论法		
考核评价	1.任务资讯:学生完成该学习任务需要掌握的相关知识或需要查阅的信息。 2.任务分析:教师布置任务,通过项目教学法引导学生完成消火栓给水系统施工图的识读。 3.任务实施:教师引导学生以小组学习的方式完成学习任务,要求学生在课前预习,线上完成微课、动画及 PPT 等教学资源的观看,线下由教师引导学生按照学习任务的要求掌握消火栓给水系统的识图、列项、算量与计价等基本技能。		

任务实施

本栋楼消火栓系统工程的工程量清单及计价表详见表2.28,工程量计算表详见表2.29。

表2.28 消火栓系统工程量清单及计价表

序号	清单编号	项目名称及特征描述	单位	工程量
1	030901002001	室内消火栓镀锌钢管 DN100,沟槽连接,含水冲洗及水压试验	m	231.6
	B9-0038	钢管（沟槽连接)安装 公称直径(100 mm以内)	10 m	23.16
2	030901002002	室内消火栓镀锌钢管 DN65,螺纹连接,含水冲洗及水压试验	m	31.6
	B9-0006	钢管(螺纹连接)安装 公称直径 (65 mm以内)	10 m	3.16
3	031201001001	室内消火栓镀锌钢管刷管道调和漆两遍	m²	90.4
	B11-0060	管道刷油调和漆第一遍	10 m²	9.04
	B11-0061	管道刷油调和漆第两遍	10 m²	9.04
4	0310020011001	管道支架制作安装	kg	155.98
	B9-0208	管道支架制作、安装	100 kg	1.56
5	桂031211003001	管道支架人工除轻锈一遍	kg	155.98
	B11-0007	管道支架人工除轻锈一遍	100 kg	1.56
6	031201003001	支架刷红丹漆两遍	kg	155.98
	B11-0117	金属结构刷油 一般钢结构 红丹防锈漆第一遍	100 kg	1.56
	B11-0118	金属结构刷油 一般钢结构 红丹防锈漆第两遍	100 kg	1.56
7	031201003002	支架刷调和漆两遍	kg	155.98
	B11-0126	金属结构刷油 一般钢结构 调和漆第一遍	100 kg	1.56
	B11-0127	金属结构刷油 一般钢结构 调和漆第两遍	100 kg	1.56
8	030901010001	室内单栓单出口铝合金白玻璃消火栓箱明装 800×600×200,DN65,水带长25 m,水枪ϕ19 mm	套	24
	B9-0830	室内消火栓安装（明装) 公称直径(65 mm以内) 单栓	套	24
9	031003001001	自动排气阀 DN15,螺纹连接	个	6
	B9-0322	自动排气阀 公称直径(15 mm)以内	个	6
10	桂031003020001	蝶阀 DN65,沟槽连接	个	4
	B9-0390	沟槽阀门安装 公称直径 (65 mm以内)	个	4
11	桂031003020002	蝶阀 DN100,沟槽连接	个	18
	B9-0392	沟槽阀门安装 公称直径 (100 mm以内)	个	18
12	031002003001	过楼板钢套管制作、安装 DN150	个	26

续表

序号	清单编号	项目名称及特征描述	单位	工程量
	B9-0264	过楼板钢套管制作、安装 公称直径(150 mm 以内)	个	26
	031002003002	穿墙钢套管制作、安装 DN150	个	6
	B9-0264	穿墙钢套管制作、安装 公称直径(150 mm 以内)	个	6
13	031002003002	刚性防水套管制作、安装 DN100	个	6
	B9-0237	刚性防水套管制作 公称直径 （100 mm 以内）	个	6
	B9-0253	刚性防水套管安装 公称直径 （150 mm 以内）	个	6
14	桂 030413013001	管沟土方开挖,三类土	m³	2.47
	B4-0782	人工挖沟槽,一般土	10 m³	0.25
15	桂 030413014001	管沟土方回填,夯填	m³	2.47
	B4-0786	人工回填土方	10 m³	0.25

表 2.29 工程量计算表

序号	清单编号	项目名称	单位	工程量
1	030901002001	室内消火栓镀锌钢管 DN100,沟槽连接,含水冲洗及水压试验	m	引入管埋地:3.4 + 3.0 = 6.4 低层顶层干管:73.7 + 72.3 = 146 XL-1 立管:16.2;XL-2 立管:11.7 XL-3 立管:11.7;XL-4 立管:11.7 XL-5 立管:11.7;XL-6 立管:16.2 $\sum$ 231.6
2	030901002002	室内消火栓镀锌钢管 DN65,螺纹连接,含水冲洗及水压试验	m	$(3.3 - 0.8) \times 4 + 0.9 \times 24 = 31.6$
3	031201001001	室内消火栓镀锌钢管刷调和漆两遍	m²	DN100 管道刷油工程量: $3.14 \times 114 \times 231.6 \times 10^{-3} = 82.90$ DN70 管道刷油工程量: $3.14 \times 75.5 \times 31.6 \times 10^{-3} = 7.50$ $\sum$ 90.4
4	0310020011001	管道支架制作安装 L40 × 40 × 4	kg	U 形吊架工程量: $(0.8 \times 2 + 0.4) \times 25 \times 2.422 = 121.1$ L 形支架工程量: $(0.3 + 0.3) \times 24 \times 2.422 = 34.88$ $\sum$ 155.98
5	桂 030413013001	管沟土方开挖,三类土	m³	$0.75 \times 0.514 \times 6.4 = 2.47$

项目**3**
自动喷淋给水系统

本项目以某住宅楼地下室自动喷淋给水系统为例,讲解本项目的识图、列项以及工程量计算。本项目学习通过 4 个任务来完成,具体的学习任务内容如下:

序号	任务名称	备注
任务 3.1	自动喷淋给水系统管道识图、列项与算量计价	以某自动喷淋给水系统局部施工图纸为例完成各项任务,各任务建议在课内完成
任务 3.2	自动喷淋给水系统组件识图、列项与算量计价	
任务 3.3	管道附属工程识图、列项与算量计价	
任务 3.4	自动喷淋给水系统列项与算量计价综合训练	以某工程地下室消防自动喷淋系统施工图为例,完成整个项目的列项与算量,本任务建议在课外完成

任务 3.1　自动喷淋给水系统管道识图、列项与算量计价

本任务以某住宅楼地下室自动喷淋给水系统为载体,讲解喷淋管道的识图、列项与工程量计算的方法,具体的任务描述如下:

任务名称	自动喷淋给水系统管道识图、列项与算量计价	学时数(节)	4
教学环境	工程造价理实一体化实训室、造价工作室	授课对象	高职工程管理类专业二年级学生
项目载体	某住宅楼地下室自动喷淋给水系统		
教学目标	知识目标:熟悉自动喷淋给水管道工程量清单、消耗量定额相关知识;熟悉工程量计算规则与方法。 能力目标:能依据施工图和工具书编制工程量清单及清单计价。 素质目标:培养科学严谨的职业态度,以及精益求精、勤勉尽职、团结协作的职业精神。		

续表

应知应会	一、学生应知的知识点： 1.常用喷淋给水管道的材质、连接方式及安装基本技术要求； 2.喷淋给水管道工程量清单项目设置的内容及注意事项； 3.喷淋给水管道工程量清单项目特征描述的内容； 4.喷淋给水管道工程量清单计价注意事项。 二、学生应会的技能点： 1.会计算喷淋给水管道工程量； 2.能编制喷淋给水管道工程量清单； 3.能对喷淋给水管道工程量清单进行清单计价。
重点、难点	教学重点：工程量清单项目的编制、工程量计算及定额套价。 教学难点：喷淋给水管道工程量的计算。
教学方法	1.项目教学法；2.任务驱动法；3.线上线下混合教学法；4.小组讨论法
教学实施	1.任务资讯：学生完成该学习任务需要掌握的相关知识或需要查阅的信息。 2.任务分析：教师布置任务，通过项目教学法引导学生完成喷淋施工图的识读。 3.任务实施：教师引导学生以小组学习的方式完成学习任务，要求学生在课前预习，线上完成微课、动画及PPT等教学资源的观看，线下由教师引导学生按照学习任务的要求掌握喷淋给水系统的识图、列项、算量与计价等基本技能。
考核评价	1.云平台线上提问考核； 2.课堂完成给定案例、成果展示，实行自评及小组互评； 3.课程累计评价、多方评价，综合评定成绩。

➤ 任务资讯

自动喷淋给水系统组成

3.1.1　自动喷淋给水系统简介

1）自动喷淋给水系统的分类

自动喷淋给水系统按喷头开闭形式分为闭式自动喷水灭火系统和开式自动喷水灭火系统。前者有湿式、干式、干湿式和预作用自动灭火系统之分；后者有雨淋喷水、水幕和水喷雾灭火系统之分。每种自动喷水灭火系统适用于不同的范围。

2）湿式自动喷水灭火系统的组成及工作原理

（1）系统的组成

以湿式自动喷水灭火系统为例。该系统具有自动探测、报警和喷水的功能，也可以与火灾自动报警装置联合使用。之所以称为湿式自动喷水灭火系统，是由于其供水管路和喷头内始终充满有压水。系统由闭式喷头、管道系统、湿式报警阀、报警装置和供水设施等组成。自动喷水灭火系统有两个基本功能：一是在火灾发生后自动喷水灭火；二是能发出警报。系统由水源、自动喷淋泵、供水管网、湿式报警装置、闭式喷头、信号蝶阀、水流开关、末端试水装置和自动喷淋消防水泵结合器组成(见图3.1)。

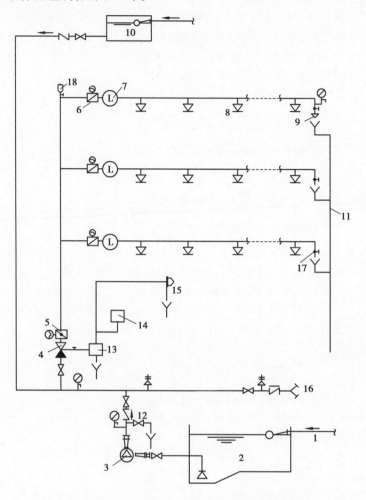

图 3.1　湿式自动喷水给水系统组成示意图

1—消防水池进水管;2—消防水池;3—喷淋水泵;4—湿式报警阀;5—系统检修阀(信号阀);
6—信号控制阀;7—水流指示器;8—闭式喷头;9—末端试水装置;10—屋顶水箱;
11—试水排水管;12—试验放水阀;13—延迟器;14—压力开关;15—水力警铃;
16—水泵接合器;17—试水阀;18—自动排气阀

（2）系统的工作原理

发生火灾时,火焰或高温气流使闭式喷头的热敏感元件动作,喷头开启,喷水灭火。此时,管网中的水由静止变为流动,使水流指示器动作送出电信号,在报警控制器上指示某一区域已在喷水。由于喷头开启持续喷水泄压造成湿式报警阀上部水压低于下部水压,在压力差的作用下,原来处于关闭状态的湿式报警阀就自动开启,压力水通过报警阀流向灭火管网,同时打开通向水力警铃的通道,水流冲击水力警铃发出声响报警。控制中心根据水流指示器或压力开关的报警信号,自动启动消防水泵向系统加压供水,达到持续自动喷水灭火的目的。

3.1.2　常用管材及连接方式

详见 2.1.2 消火栓系统的常用管材,此处略。

3.1.3　喷淋管网的安装技术要求

①热镀锌钢管安装应采用螺纹、沟槽式管件或法兰连接,管道连接后不应减小过水横断面面积。

②管网安装前应校直管道,并清除管道内部的杂物;在具有腐蚀性的场所,安装前应按设计要求对管道、管件等进行防腐处理;安装时应随时清除管道内部的杂物。

③法兰连接可采用焊接法兰或螺纹法兰。焊接法兰焊接处应做防腐处理,并宜重新镀锌后再连接。

④管道的安装位置应符合设计要求,当设计无要求时,管道的中心线与梁、柱、楼板等的最小距离应符合表 3.1 的规定。

表 3.1　管道的中心线与梁、柱、楼板的最小距离

公称直径/mm	25	32	40	50	70	80	100	125	150	200
距离/m	40	40	50	60	70	80	100	125	150	200

⑤管道支架、吊架、防晃支架的安装应符合下列要求:

a. 管道应固定牢固,管道支架或吊架之间的距离不应大于表 3.2 的规定;

表 3.2　管道支架或吊架之间的距离

公称直径/mm	25	32	40	50	70	80	100	125	150	200	250	300
距离/m	3.5	4.0	4.5	5.0	6.0	6.0	6.5	7.0	8.0	9.5	11.0	12.0

b. 管道支架、吊架、防晃支架的形式、材质、加工尺寸及焊接质量等,应符合设计要求和国家现行有关标准的规定;

c. 管道支架、吊架的安装位置不应妨碍喷头的喷水效果;管道支架、吊架与喷头之间的距离不宜小于 300 mm;与末端喷头之间的距离不宜大于 750 mm;

d. 配水支管上每一直管段、相邻两喷头之间的管段设置的吊架均不宜少于 1 个,吊架的间距不宜大于 3.6 m;

e. 当管道的公称直径≥50 mm 时,每段配水干管或配水管设置防晃支架不应少于 1 个,且防晃支架的间距不宜大于 15 m;当管道改变方向时,应增设防晃支架;

f. 竖直安装的配水干管除中间用管卡固定外,还应在其始端和终端设防晃支架或采用管卡固定,其安装位置距地面或楼面的距离宜为 1.5 ~ 1.8 m。

⑥管道穿过建筑物的变形缝时,应采取抗变形措施。穿过墙体或楼板时应加设套管,套管长度不得小于墙体厚;穿过楼板的套管,其顶部应高出装饰地面 20 mm;穿过卫生间或厨房楼板的套管,其顶部应高出装饰地面 50 mm,且套管底部应与楼板底面相平。套管与管道的间隙应采用不燃材料填塞密实。

⑦管道横向安装宜设 0.002 ~ 0.005 的坡度,且应坡向排水管;当周围区域难以利用排水

管将水排净时,应采取相应的排水措施。当喷头数量≤5只时,可在管道低凹处加设堵头;当喷头数量>5只时,宜装设带阀门的排水管。

⑧配水干管、配水管应做红色或红色环圈标志。红色环圈标志的宽度不应<20 mm,间隔不宜>4 m,在一个独立的单元内环圈不宜少于2处。

3.1.4 自动喷淋给水管道工程量清单项目

1)自动喷淋给水管道清单项目及工程量计算规则

工程量清单项目设置及工程量计算规则,应按表3.3的规定执行。

表3.3 喷淋管道清单项目

项目编码	项目名称	项目特征	计量单位	工程量计算规则	工程内容
030901001	水喷淋钢管	1.材质、规格 2.连接形式 3.镀锌钢管设计要求	m	按设计图示管道中心线(不扣除阀门、管件及各种组件所占长度)以延长米计算	1.管道及管件安装 2.钢管镀锌 3.压力试验 4.冲洗 5.管道标识

2)工程量清单项目特征描述方法

编制喷淋管道工程量清单时,应明确描述这些特征,以便计价:
①材质应描述清楚是镀锌钢管,规格应描述清楚管道的公称直径。
②连接形式应描述清楚是螺纹连接,或者是沟槽连接。
③钢管镀锌设计要求可以根据设计图纸进行描述,如内外壁均热镀锌等。

➤ 任务分析

3.1.5 自动喷淋给水管道识图

1)自动喷淋给水系统整体识图

识读自动喷水灭火系统,首先要对整个系统的供水方式进行宏观把握,换句话说就是要整体了解管道系统的走向和连通关系。自动喷水灭火系统水源通常来源于水泵房的自动喷淋泵,连通湿式报警阀组输送至需要安装自动喷淋的楼层,需要特别注意的是自动喷水灭火系统通常是一个自动喷淋阀组对应一根喷淋立管,进入楼层后支管延伸至各个喷淋头。可以看出,自动喷水灭火系统的识读重点应放在安装自动喷淋的楼层。识读自动喷水灭火系统施工图应从流水方向进行识读,即供水水源→湿式报警阀组→立管→各层支管→末端试水装置。从图3.2可以了解到,拟建建筑物①轴与Ⓛ轴相交处为该项目自喷水源接口,由水泵房供水(见图3.3),引入管的管径为DN100。接入湿式报警阀组向上接入立管ZL-1,管径DN100,立管延伸到地下室梁板下引出支管分配到该层各个喷淋头。

2)立管识图

从平面图可以了解到,本栋楼的自动喷水灭火系统只有一套湿式报警阀组,因此该系统立管只有一个 ZL-1(见图 3.4),在①轴与⑪轴相交处,起点标高为 -3.9 m,连通湿式报警阀组形成立管,延伸至地下室梁板下引出支管分配到该层各个喷淋头。

3)支管识图

自动喷水灭火系统的支管延伸至各喷头,因此楼层中支管的识读是自动喷水灭火系统的重点。本项目只有地下室安装喷头,沿流水方向逐个识读支管管径、延伸方向以及喷头数量。

➤ **任务实施**

3.1.6　自动喷淋给水系统管道列项与工程量计算

(1)立管工程量计算

立管工程量计算利用标注高程差计算(终点标高 - 起点标高)。
根据湿式报警阀组所在位置确定 ZL-1 位置,可以计算出立管工程量:
ZL-1 DN100 工程量:0 - (-3.9) =3.9(m)

(2)支管工程量计算

①计算方法:支管的长度等于水平段长度与竖直段长度之和。
②注意事项:依据平面图、系统图确定喷头安装朝向。
根据平面图量取本项目支管工程量:
DN100 工程量:9.6 +13.2 +5.6 +3.3 +9.3 +(5.8 +5.0)(接水泵接合器管) =51.8(m)
DN80 工程量:4.7(m)
DN65 工程量:2.5 +7.0 +2.6 =12.1(m)
DN50 工程量:0.8 +5.5 +6.0 =12.3(m)
DN40 工程量:6.0 +2.3 +4.2 +3.4 +3.4 +3.0 =22.3(m)
DN32 工程量:3.0 ×6 +3.6 ×2 +1.0 +3.4 +2.6 +3.0 +1.8 ×4 =42.4(m)
DN25 工程量:3.0 ×1 +2.0 ×2 +1 +3.6 +1 +3.6 ×2 +2.6 +1.2 +2.3 +3.8 +3.3 +0.9 ×2 +0.6 ×2 +1.6 ×4 +3.5 ×2 +3.0 ×3 +1.6 =60(m)
根据《自动喷水灭火系统设计规范》(GB 50084—2017),喷头溅水盘与吊顶、顶棚、楼板、屋面板的距离不小于 75 mm,不大于 150 mm(见图 3.5)。本项目选用向上喷头,因此确定连接喷头竖向短管的长度约 0.7 m。地下室共 65 个喷头。竖向短管 DN25 工程量为:连接喷头竖向短管的长度约 0.7 m。地下室共 65 个喷头,竖向短管 DN25 工程量为:0.7 ×65 =45.5(m)。

(3)自动喷淋给水系统管道的清单列项

自动喷淋给水系统管道的清单列项与工程量如表 3.4 所示。

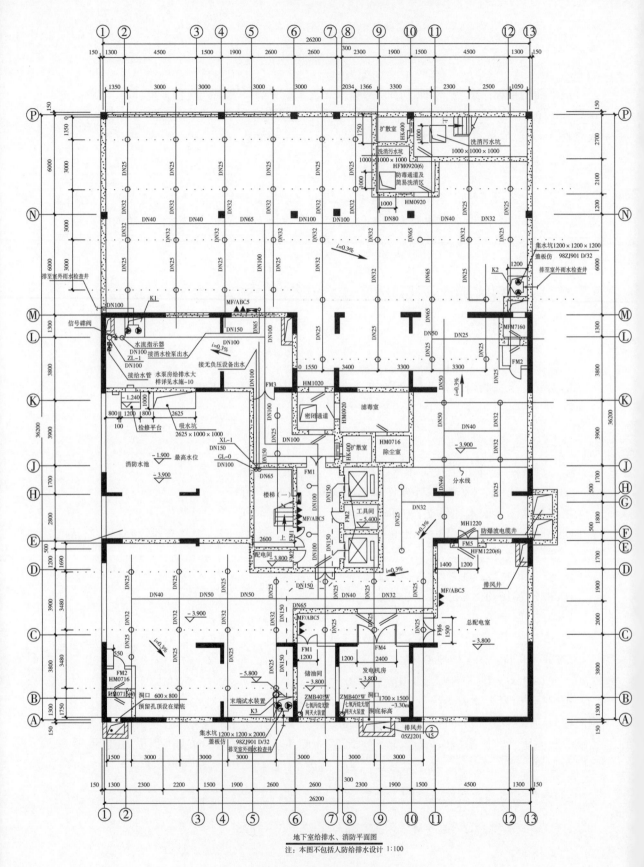

地下室给排水、消防平面图
注：本图不包括人防给排水设计 1:100

图3.2 地下室平面图

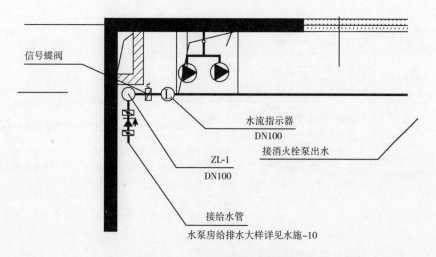

图3.3 湿式报警阀平面位置

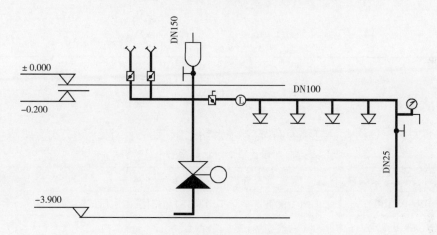

图3.4 自动喷水灭火系统原理图

表3.4 自动喷淋给水系统管道的清单列项与工程量计算表

序号	清单编号	项目名称	单位	工程量
1	030901001001	室内水喷淋镀锌钢管 DN100,沟槽连接,含水压试验,水冲洗	m	立管:$0-(-3.9)=3.9$ 横管:$9.6+13.2+5.6+3.3+9.3+5.8+5.0=51.8$ $\sum 55.7$
2	030901001002	室内水喷淋镀锌钢管 DN80,螺纹连接,含水压试验,水冲洗	m	4.7
3	030901001003	室内水喷淋镀锌钢管 DN65,螺纹连接,含水压试验,水冲洗	m	$2.5+7.0+2.6=12.1$

续表

序号	清单编号	项目名称	单位	工程量
4	030901001004	室内水喷淋镀锌钢管 DN50,螺纹连接,含水压试验,水冲洗	m	$0.8 + 5.5 + 6.0 = 12.3$
5	030901001005	室内水喷淋镀锌钢管 DN40,螺纹连接,含水压试验,水冲洗	m	$6.0 + 2.3 + 4.2 + 3.4 + 3.4 + 3.0 = 22.3$
6	030901001006	室内水喷淋镀锌钢管 DN32,螺纹连接,含水压试验,水冲洗	m	$3.0 \times 6 + 3.6 \times 2 + 1.0 + 3.4 + 2.6 + 3.0 + 1.8 \times 4 = 42.4$
7	030901001007	室内水喷淋镀锌钢管 DN25,螺纹连接,含水压试验,水冲洗	m	水平管:$3.0 \times 1 + 2.0 \times 2 + 1 + 3.6 + 1 + 3.6 \times 2 + 2.6 + 1.2 + 2.3 + 3.8 + 3.3 + 0.9 \times 2 + 0.6 \times 2 + 1.6 \times 4 + 3.5 \times 2 + 3.0 \times 3 + 1.6 = 60$ 竖向短管:$0.7 \times 65 = 45.5$ $\sum 105.5$

3.1.7 清单计价

以广西安装工程消耗量定额为例,自动喷淋给水管道的清单计价如表3.5所示。

表3.5 自动喷淋给水管道清单计价表

序号	项目编码/定额编号	项目名称/定额名称	单位	工程量
1	030901001001	室内水喷淋镀锌钢管 DN100,沟槽连接,含水压试验,水冲洗	m	55.7
	B9-0038	钢管(沟槽连接)安装 公称直径(100 mm 以内)	10 m	5.57
2	030901001002	室内水喷淋镀锌钢管 DN80,螺纹连接,含水压试验,水冲洗	m	4.7
	B9-0007	钢管(螺纹连接)安装 公称直径(80 mm 以内)	10 m	0.47
3	030901001003	室内水喷淋镀锌钢管 DN65,螺纹连接,含水压试验,水冲洗	m	12.1
	B9-0006	钢管(螺纹连接)安装 公称直径(65 mm 以内)	10 m	1.21
4	030901001004	室内水喷淋镀锌钢管 DN50,螺纹连接,含水压试验,水冲洗	m	12.3
	B9-0005	钢管(螺纹连接)安装 公称直径(50 mm 以内)	10 m	1.23
5	030901001005	室内水喷淋镀锌钢管 DN40,螺纹连接,含水压试验,水冲洗	m	22.3
	B9-0004	钢管(螺纹连接)安装 公称直径(40 mm 以内)	10 m	2.23
6	030901001006	室内水喷淋镀锌钢管 DN32,螺纹连接,含水压试验,水冲洗	m	42.4
	B9-0003	钢管(螺纹连接)安装 公称直径(32 mm 以内)	10 m	4.24
7	030901001007	室内水喷淋镀锌钢管 DN25,螺纹连接,含水压试验,水冲洗	m	105.5
	B9-0002	钢管(螺纹连接)安装 公称直径(25 mm 以内)	10 m	10.55

任务3.2 自动喷淋给水系统组件识图、列项与算量计价

湿式自动喷淋灭火系统的组件包括喷头、湿式报警阀组、水流指示器、信号蝶阀、末端试水装置及水泵接合器等。本任务以某住宅楼地下室喷淋系统施工图为载体,主要讲解喷淋系统组件的识图、列项与工程量计算的方法。具体的任务描述如下:

任务名称	自动喷淋给水系统组件识图、列项与算量计价	学时数(节)	4
教学环境	工程造价理实一体化实训室、造价工作室	授课对象	高职工程管理类专业 二年级学生
项目载体	某住宅楼地下室喷淋系统		
教学目标	知识目标:熟悉喷淋系统组件工程量清单、消耗量定额相关知识;熟悉工程量计算规则与方法。 能力目标:能依据施工图,利用工具书编制喷淋系统组件工程量清单及清单计价表。 素质目标:培养科学严谨的职业态度,以及精益求精、勤勉尽职、团结协作的职业精神。		
应知应会	一、学生应知的知识点: 1.喷淋组件的组成及作用; 2.喷淋组件工程量清单项目设置的内容及注意事项; 3.喷淋组件工程量清单项目特征描述的内容; 4.喷淋组件工程量清单计价注意事项。 二、学生应会的技能点: 1.会计算喷淋组件工程量; 2.会编喷淋组件工程量清单; 3.会对喷淋组件进行工程量清单计价。		
重点、难点	教学重点:喷淋系统组件工程量清单项目的编制、工程量计算及定额套价。 教学难点:喷淋系统组件的计价。		
教学方法	1.项目教学法;2.任务驱动法;3.线上线下混合教学法;4.小组讨论法		
教学实施	1.任务资讯:学生完成该学习任务需要掌握的相关知识或需要查阅的信息。 2.任务分析:教师布置任务,通过项目教学法引导学生完成喷淋组件施工图的识读。 3.任务实施:教师引导学生以小组学习的方式完成学习任务,要求学生在课前预习,线上完成微课、动画及PPT等教学资源的观看,线下由教师引导学生按照学习任务的要求掌握喷淋组件的识图、列项、算量及计价等基本技能。		
考核评价	1.云平台线上提问考核; 2.课堂完成给定案例、成果展示,实行自评及小组互评; 3.课程累计评价、多方评价,综合评定成绩。		

➤ 任务资讯

3.2.1 喷淋各组件的作用

（1）喷头

喷头可分为闭式喷头和开式喷头。

①闭式喷头：喷口用由热敏元件组成的释放机构封闭，当达到一定温度时能自动开启，如玻璃球爆炸、易熔合金脱离。其构造按溅水盘的形式和安装位置有直立型、下垂型、边墙型、普通型、吊顶型和干式下垂型洒水喷头之分（见图3.5）。

②开式喷头：根据用途分为开启式、水幕式、喷雾式。

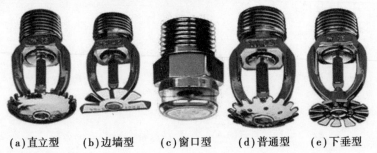

（a）直立型　　（b）边墙型　　（c）窗口型　　（d）普通型　　（e）下垂型

图3.5　各式喷头

（2）湿式报警阀

湿式报警阀是用来开启和关闭管网的水流，传递控制信号至控制系统并启动水力警铃直接报警的装置（见图3.6）。

图3.6　湿式报警阀

（3）水流报警装置

水流报警装置主要有水力警铃（见图3.7）、水流指示器（见图3.8）和压力开关，其中水力警铃和压力开关属于成套湿式报警阀组的组成部分。

图 3.7　水力警铃　　　　　　　　　图 3.8　水流指示器

①水力警铃。它主要用于湿式喷水灭火系统,宜装在报警阀附近(连接管不宜超过 6 m)。其作用原理:当报警阀打开消防水源后,具有一定压力的水流冲动叶轮打铃报警。水力警铃不得由电动报警装置取代。

②水流指示器。水流指示器是自动喷水灭火系统中的辅助报警装置,一般安装在系统各分区的配水干管或配水管上,可将水流动的信号转换为电信号,对系统实施监控、报警的作用。该水流指示器是由本体、微动开关、桨板和法兰(或螺纹)三通等组成。

③压力开关。作用原理:在水力警铃报警的同时,依靠警铃管内水压的升高自动接通电触点,完成电动警铃报警,向消防控制室传送电信号或启动消防水泵。

(4)信号阀

信号阀是常应用于自动喷水消防管路系统,用来监控供水管路,远距离地指示阀门开度,见图 3.9。

图 3.9　信号阀　　　　　　　　　图 3.10　自动排气阀

(5)末端试水装置

末端试水装置是指安装在系统管网或分区管网的末端,检验系统启动、报警及联动等功能的装置。

(6)水泵接合器

水泵接合器是连接消防车向室内消防给水系统加压供水的装置,一端由消防给水管网水平干管引出,另一端设于消防车易于接近的地方。

(7)自动排气阀

自动排气阀安装于立管的顶端,用于排出管道内的气体,保证管内气压平衡。排气阀的安装应在系统管网试压和冲洗合格后进行;排气阀应安装在配水干管顶部、配水管的末端,且应确保无渗漏(见图 3.10)。

3.2.2 喷淋组件安装技术要求

1)喷头的安装技术要求

喷头安装应符合下列技术要求,其安装示意图见图3.11和图3.12。

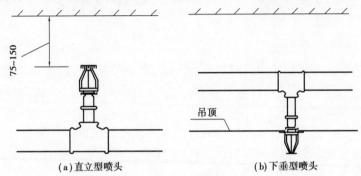

(a)直立型喷头　　　　　(b)下垂型喷头

图3.11　直立型喷头安装示意图

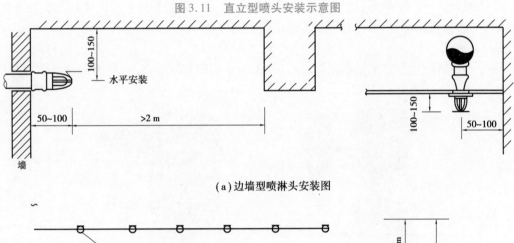

(a)边墙型喷淋头安装图

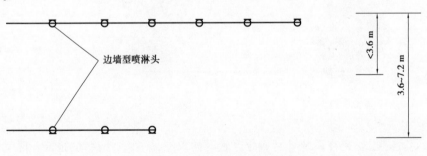

(b)边墙型喷淋头布置图

图3.12　边墙型喷头安装示意图

①喷头安装应在系统试压、冲洗合格后进行。

②喷头安装时,不得对喷头进行拆装、改动,并严禁给喷头附加任何装饰性涂层。

③喷头安装应使用专用扳手,严禁利用喷头的框架施拧;喷头的框架、溅水盘产生变形或释放原件损伤时,应采用规格、型号相同的喷头更换。

④安装在易受机械损伤处的喷头,应加设喷头防护罩。

⑤喷头安装时,溅水盘与吊顶、门、窗、洞口或障碍物的距离应符合设计要求。

⑥安装前检查喷头的型号、规格、使用场所,应符合设计要求。

⑦当喷头的公称直径小于 10 mm 时,应在配水干管或配水管上安装过滤器。

⑧喷头溅水盘与吊顶、顶棚、楼板、屋面板的距离不宜 <75 mm,并不宜 >150 mm;当楼板、屋面板为耐火极限≥0.5 h 的非燃烧体时,其距离不宜 >300 mm;当喷头为吊顶型喷头时可不受上述距离限制。

2)报警阀组安装

报警阀组的安装应在供水管网试压、冲洗合格后进行。安装时应先安装水源控制阀、报警阀,然后进行报警阀辅助管道的连接。水源控制阀、报警阀与配水干管的连接,应使水流方向一致。报警阀组安装的位置应符合设计要求;当设计无要求时,报警阀组应安装在便于操作的明显位置,距室内地面高度宜为 1.2 m;两侧与墙的距离不应 <0.5 m;正面与墙的距离不应 <1.2 m;报警阀组凸出部位之间的距离不应 <0.5 m。安装报警阀组的室内地面应有排水设施。

(1)报警阀组附件的安装要求

①压力表应安装在报警阀上便于观测的位置;

②排水管和试验阀应安装在便于操作的位置;

③控制阀安装应便于操作,且应有明显开闭标志和可靠的锁定设施;

④在报警阀与管网之间的供水干管上,应安装由控制阀、检测供水压力和流量用的仪表、排水管道组成的系统流量压力检测装置,其过水能力应与系统过水能力一致;干式报警阀组、雨淋报警阀组应安装检测时水流不进入系统管网的信号控制阀门。

(2)湿式报警阀组的安装要求

①应使报警阀前后的管道中能顺利充满水,压力波动时,水力警铃不应发生误报警。

②报警水流通路上的过滤器应安装在延迟器前,且便于排渣操作的位置。

3)水流指示器的安装

①水流指示器的安装应在管道试压和冲洗合格后进行,其规格、型号应符合设计要求。

②水流指示器应使电器元件部位竖直安装在水平管道上侧,其动作方向应和水流方向一致;安装后的水流指示器浆片、膜片应动作灵活,不应与管壁发生碰擦。

4)信号阀安装

信号阀应安装在水流指示器前的管道上,与水流指示器之间的距离不宜小于 300 mm。

5)末端试水装置安装

末端试水装置和试水阀的安装位置应便于检查、试验,并应有相应排水能力的排水设施。

3.2.3 喷淋组件的清单项目

1)喷头清单项目及工程量计算规则

工程量清单项目设置及工程量计算规则,应按表3.6的规定执行。

表 3.6 喷淋组件工程量清单项目

项目编码	项目名称	项目特征	计量单位	工程量计算规则	工程内容
030901003	水喷淋（雾）喷头	1.安装部位 2.材质、型号、规格 3.连接形式	个	按设计图示数量计算	1.安装 2.装饰盘 3.严密性试验
030901004	报警装置	1.名称 2.规格,型号	组		1.安装 2.调试 3.压力试验 4.调试
030901006	水流指示器	1.规格、型号 2.连接形式	个		
030901008	末端试水装置	1.规格 2.组装形式	组		
030901012	消防水泵接合器	1.安装方式 2.型号、规格 3.附件材质、规格	套		
031003001	螺纹阀门	1.类型 2.材质 3.型号、规格 4.压力等级 5.连接形式 6.焊接方法	个		
桂 030901015	信号阀	1.规格,型号 2.连接形式	个		

注:1.水喷淋(雾)喷头安装部位应区分有吊顶、无吊顶、隐藏式。

2.报警装置适用于湿式报警装置、干湿两用报警装置、电动雨淋报警装置、预作用报警装置等报警装置。报警装置安装包括装置配管(除水力警铃进水管)的安装,水力警铃进水管并入消防管道工程量中。湿式报警装置包括:湿式阀、供水压力表、装置压力表、试验阀、泄放试验阀、泄放试验管、试验管流量计、过滤器、延时器、水力警铃、报警截止阀、漏斗、压力开关。

2)工程量清单项目特征描述方法

编制工程量清单时,应明确描述这些特征,以便计价。

（1）喷头

①安装部位应区分有吊顶、无吊顶、隐藏式,描述清楚。

②材质、规格、型号按设计图纸描述清楚。

③连接形式指喷头的安装形式,如直立型、边墙型等。

（2）报警装置

①名称应根据设计图纸描述清楚,如湿式报警装置、干湿两用报警装置。

②规格、型号:规格指阀门的管径,型号应根据设计图纸确定。

（3）水流指示器

①规格、型号:规格指水流指示器的管径,型号应根据设计图纸确定。

②连接形式,如法兰连接、马鞍型连接、沟槽连接等。

（4）末端试水装置

①规格指末端试水装置的管径。

②组装形式指末端试水装置配置的阀门。

（5）信号阀

①规格、型号按设计图纸描述清楚,规格指信号阀的管径。

②连接形式:指阀门的连接方式,如沟槽连接、法兰连接等。

（6）水泵接合器工程量清单项目特征描述

编制水泵接合器工程量清单时,应明确描述这些特征,以便计价。

➤ 任务分析

3.2.4　喷淋组件的识图

1）喷头的识图

消防喷淋头用于消防喷淋系统,当发生火灾时,水通过喷淋头溅水盘洒出进行灭火。目前喷头分为下垂型喷头、直立型喷头、边墙型洒水喷头等（见图 3.14）。特别注意的是喷头大小规格在定额里面是 DN15。

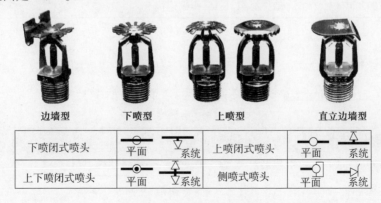

图 3.14　喷头实物及图例

2)其他喷淋组件的识图

其他喷淋组件有湿式报警阀组、信号蝶阀、末端试水装置、水流指示器、自动排气阀等(见图3.15)。

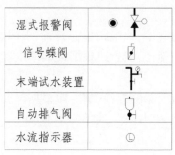

湿式报警阀	
信号蝶阀	
末端试水装置	
自动排气阀	
水流指示器	

图3.15 其他喷淋组件图例

➤ **任务实施**

3.2.5 喷淋组件的清单列项与工程量计算

根据2013清单规范,喷淋组件清单工程量按设计图示数量计算(见表3.7)。

表3.7 喷淋组件清单列项与工程量计算表

序号	清单编号	项目名称	单位	工程量
1	030901004001	湿式报警阀组DN100,法兰连接,含接线	组	2
2	030901006001	水流指示器DN100,法兰连接,含接线	个	1
3	030901008001	末端试水装置DN25安装	组	1
4	桂030901015001	信号蝶阀DN100,沟槽连接,含接线	个	1
5	030901003001	水喷淋直立型喷头DN15安装(无吊顶)	个	65
6	030901012001	消防水泵接合器安装地上式DN150	个	2
7	031003001001	自动排气阀DN15,螺纹连接	个	1

3.2.6 清单计价

以广西安装工程消耗量定额为例,喷淋组件的清单计价如表3.8所示。

表3.8 喷淋组件清单计价表

序号	项目编码/定额编号	项目名称/定额名称	单位	工程量
1	030901004001	湿式报警阀组DN100,法兰连接,含接线	组	2
	B9-0804	湿式报警装置安装公称直径(100 mm以内)	组	2
	B4-0367	一般小型电器检查接线	台	1
2	030901006001	水流指示器DN100,法兰连接,含接线	个	1

序号	项目编码/定额编号	项目名称/定额名称	单位	工程量
	B9-0814	水流指示器安装法兰连接 DN100 mm 以内	个	1
	B4-0367	一般小型电器检查接线	台	1
3	030901008001	末端试水装置 DN25 安装	组	1
	B9-0827	末端试水装置安装公称直径(25 mm 以内)	组	1
4	桂 030901015001	信号蝶阀 DN100,沟槽连接,含接线	个	1
	B9-0392	沟槽阀门安装公称直径(100 mm 以内)	个	1
	B4-0367	一般小型电器检查接线	台	1
5	030901003001	水喷淋直立型喷头 DN15 安装(无吊顶)	个	65
	B9-0799	喷头安装公称直径 15 mm 以内无吊顶	个	65
6	030901012001	消防水泵接合器安装地上式 DN150	个	2
	B9-0844	消防水泵接合器安装地上式 150	个	2
7	031003001001	自动排气阀 DN15,螺纹连接	个	1
	B9-0322	自动排气阀公称直径(15 mm)以内	个	1

任务 3.3　管道附属工程识图、列项与算量计价

　　管道附属工程是指根据管道安装工艺要求和施工质量验收规范要求而完成的工作内容,主要包括管道防腐和防锈、管道套管、管道支吊架安装、管沟土方以及管道预压槽及凿槽刨沟、沟槽恢复等。本任务以 5 号教学楼消火栓系统施工图为载体,讲解管道附属工程的识图、列项与工程量的计算方法。具体的任务描述如下:

任务名称	管道附属工程识图、列项与算量计价	学时数(节)	4
教学环境	工程造价理实一体化实训室、造价工作室	授课对象	高职工程管理类专业二年级学生
项目载体	某住宅楼地下室喷淋系统		
教学目标	知识目标:熟悉喷淋管道安装的基本技术要求及其工程量清单、消耗量定额相关知识;熟悉工程量计算规则与方法。能力目标:能依据施工图,利用工具书编制管道附属工程量清单及清单计价表。素质目标:培养科学严谨的职业态度,以及精益求精、勤勉尽职、团结协作的职业精神。		
应知应会	一、学生应知的知识点:1.常见的管道安装基本技术要求。2.管道附属工程量清单项目设置的内容及注意事项。3.管道附属工程量清单项目特征描述的内容。		

续表

应知应会	4.管道附属工程量清单计价注意事项。 二、学生应会的技能点: 1.会计算管道附属工程量; 2.能编制管道附属工程量清单; 3.能对管道附属工程进行工程量清单计价。
重点、难点	教学重点:工程量清单项目的编制、工程量计算及定额套价。 教学难点:管道安装的基本技术要求。
教学方法	1.项目教学法;2.任务驱动法;3.线上线下混合教学法;4.小组讨论法
教学实施	1.任务资讯:学生完成该学习任务需要掌握的相关知识或需要查阅的信息。 2.任务分析:教师布置任务,通过项目教学法引导学生完成阀门施工图的识读。 3.任务实施:教师引导学生以小组学习的方式完成学习任务,要求学生在课前预习,线上完成微课、动画及PPT等教学资源的观看,线下由教师引导学生按照学习任务的要求掌握管道附属工程的识图、列项、算量及计价等基本技能。
考核评价	1.云平台线上提问考核; 2.课堂完成给定案例、成果展示,实行自评及小组互评; 3.课程累计评价、多方评价,综合评定成绩。

➤ 任务资讯

3.3.1 管道安装附属工程

1)管道防腐

室内直埋给水金属管道(塑料管和复合管除外)应做防腐处理,埋地管道防腐层材质和结构应符合设计要求。埋地金属管道防腐的主要措施是刷沥青漆和包玻璃布,其做法通常有一般防腐、加强防腐和特加强防腐。

2)管道套管

(1)防水套管

管道穿过地下构筑物外墙、水池壁及屋面时,应采取防水措施。采用刚性防水套管还是柔性防水套管由设计选定,但对有严格防水要求的建筑物,必须采用柔性防水套管。

(2)普通套管

管道穿过墙壁和楼板,应设置金属或塑料套管。安装在楼板内的套管,其顶部应高出装饰地面20 mm;安装在卫生间及厨房内的套管,其顶部应高出装饰地面50 mm,底部应与楼板底面相平。穿过楼板的套管与管道之间缝隙应用阻燃密实材料和防水油膏填实,端面光滑。穿墙套管与管道之间缝隙应用阻燃密实材料和防水油膏填实,且端面光滑,管道的接口不得设在套管内。

3)管道支架

管道支架安装技术要求:

①采暖、给水及热水供应系统的金属管道立管管卡安装应符合下列规定:

a.楼层高度≤5 m,每层必须安装1个;

b.楼层高度>5 m,每层不得少于2个;

c.管卡安装高度,距地面应为1.5~1.8 m,2个以上管卡应匀称安装,同一房间管卡应安装在同一高度上;

d.钢管水平安装的支、吊架间距不应大于规范的规定。

②采暖、给水及热水供应系统的塑料管及复合管垂直或水平安装的支架间距应符合规范的规定。采用金属制作的管道支架,应在管道与支架间加衬非金属垫或套管。

4)管沟土方

管道埋地敷设时需要进行管沟土方的开挖。

3.3.2 常用管道附属工程的工程量清单项目

1)工程量清单项目设置及工程量计算规则

工程量清单项目设置及工程量计算规则,应按表3.9的规定执行(本表摘自建设工程工程量清单计价规范(GB 50854~50862—2013)附录中相应的表)。

表3.9 常用管道附属工程清单项目

项目编码	项目名称	项目特征	计量单位	工程量计算规则	工程内容
031002001	管道支架	材质	kg	按设计图质量计算	1.制作 2.安装
031003002	套管	1.名称、类型 2.材质 3.规格	个	按设计图示数量计算	1.制作 2.安装 3.除锈、刷油
桂030413013	土方开挖	1.土壤类别 2.挖土深度	m³	按设计图示尺寸以体积计算,因工作面(或支挡土板)和放坡增加的工程量并入土方开挖工程量计算	土方开挖
桂030413013	土方(砂)回填	填方材料品种	m³	按设计图示回填土方,以体积计算,应扣除管径在200 mm以上的管道、基础、垫层和各种构筑物所占的体积	1.回填 2.压实

续表

项目编码	项目名称	项目特征	计量单位	工程量计算规则	工程内容
031201001	管道刷油	1. 油漆品种 2. 涂刷遍数、漆膜厚度 3. 标志色方式、品种	m^2	按设计图示表面积尺寸以面积计算	调配、涂刷
031201003	金属结构刷油	1. 油漆品种 2. 结构类型 3. 涂刷遍数、漆膜厚度	1. m^2 2. kg	1. 以平方米计算,按设计图表示面积尺寸以面积计算 2. 以千克计量,按金属结构的理论质量计算	调配、涂刷
桂 031211003	金属结构除锈	1. 除锈级别 2. 除锈方式	1. m^2 2. kg	按设计图质量计算	除锈

注:1. 单件支架质量 100 kg 以上的管道支吊架执行设备支架制作安装。

2. 成品支架安装执行相应管道支架或设备支架项目,不再计取制作费,支架本身价值含在综合单价中。

3. 套管制作安装,适用于穿基础、墙、楼板等部位的防水套管、填料套管、无填料套管及防火套管等,应分别列项。

4. 给排水管沟土方挖方工程量计算:设计有规定的,按设计规定尺寸计算;无设计规定的,按管道沟底宽(按管道外径加管沟施工每侧所需工程面宽度)乘以埋深计算。管沟施工每侧所需工作面宽度计算见表 1.17。

5. 计算管沟土方开挖工程量需放坡时,按施工组织设计规定计算;如无施工组织设计规定时,可按第一册房屋建筑与装饰工程附录 A 的表 A.1 - 3 放坡系数表计算。

6. 涂刷部位:指涂刷表面的部位,如设备、管道等部位。

7. 结构类型:指涂刷金属结构的类型,如一般钢结构、H 型钢制钢结构等类型。

8. 设备筒体、管道表面积:$S = \pi \times D \times L$,$\pi$—圆周率,$D$—直径,$L$—设备筒体高或管道延长米;设备筒体、管道表面积包括管件、阀门、法兰、人孔、管口凹凸部分;带封头的设备面积:$S = L \times \pi \times D + (D/2) \times \pi \times K \times N$,$K$—1.05,$N$—封头个数。

2) 工程量清单项目特征描述方法

①管道支架制作安装项目,适用于室内管道支架和室外管沟内管道支架,区分不同的支架材质来设置工程量清单项目,编制工程量清单时,应明确描述这些特征,以便计价。

②套管的制作安装按照类型、材质、规格来设置工程量清单项目,编制工程量清单时,应明确描述这些特征,以便计价:

a. 类型是明确该套管是刚性(柔性)防水套管还是过楼板套管,或者是穿墙套管。

b. 材质是明确该套管是用什么材质做成,常见的材质有钢、塑料。

c. 规格:如果是刚性(柔性)防水套管,应按穿越管道的管径描述其规格;如果是过楼板套管、穿墙套管,则按套管本身的管径描述其规格。

③土方开挖按照土壤类别和挖土深度来设置工程量清单项目,编制工程量清单时,应明确描述这些特征,以便计价:

a.土壤类别是明确所挖的土质;

b.挖土深度是明确所挖土方的深度。

④土方(砂)回填按照填方材料品种来设置工程量清单项目,编制工程量清单时,应明确描述土方特征,以便计价。

⑤金属结构按照油漆品种、结构类型、涂刷遍数、漆膜厚度来设置工程量清单项目,编制工程量清单时,应明确描述这些特征,以便计价:

a.油漆品种是明确用的是什么油漆;

b.结构类型是明确金属结构的类型;

c.涂刷遍数、漆膜厚度是明确在该金属结构上涂刷油漆的遍数和涂刷漆膜的厚度。

⑥管道刷油按照油漆品种、涂刷遍数、漆膜厚度、标志色方式、品种来设置工程量清单项目,编制工程量清单时,应明确描述这些特征,以便计价:

a.油漆品种应明确用的是什么油漆;

b.涂刷遍数、漆膜厚度应明确在管道上涂刷油漆的遍数和涂刷漆膜的厚度;

c.标志色方式、品种应根据设计图纸进行描述。

⑦金属结构除锈是《建设工程量计算规范广西壮族自治区实施细则(修订本)》中增设的一个清单项目,管道支架的除锈可以使用此清单项目,编制管道支架除锈工程量清单时,应明确描述这些特征,以便计价:

a.除锈的级别:应明确是除轻锈还是中锈,或者是重锈;

b.除锈方式:应明确除锈的方式,例如是手工除锈还是机械除锈等。

➢ 任务实施

3.3.3　附属工程的清单列项与工程量计算

1)管道刷油

(1)管道刷油工程量计算

自动喷淋管道刷油计算可参照 2.4.3 中的公式及计算方法,本项目中:

DN100 管道刷油工程量:$3.14 \times 114 \times 55.7 \times 10^{-3} = 19.94(m^2)$

DN80 管道刷油工程量:$3.14 \times 88.5 \times 4.7 \times 10^{-3} = 1.31(m^2)$

DN65 管道刷油工程量:$3.14 \times 75.5 \times 12.1 \times 10^{-3} = 2.87(m^2)$

DN50 管道刷油工程量:$3.14 \times 60 \times 12.3 \times 10^{-3} = 2.32(m^2)$

DN40 管道刷油工程量:$3.14 \times 48 \times 22.3 \times 10^{-3} = 3.36(m^2)$

DN32 管道刷油工程量:$3.14 \times 42.3 \times 42.4 \times 10^{-3} = 5.63(m^2)$

DN25 管道刷油工程量:$3.14 \times 33.5 \times 105.5 \times 10^{-3} = 11.10(m^2)$

(2)消防自动喷淋系统管道刷油清单列项

自动喷淋系统管道刷油清单列项与工程量如表 3.10 所示。

表 3.10　自动喷淋系统管道刷油的清单列项与工程量计算表

序号	清单编号	项目名称	单位	工程量
1	031201001001	管道刷红色调和漆两遍	m²	DN100 管道刷油工程量： $3.14 \times 114 \times 55.7 \times 10^{-3} = 19.94$； DN80 管道刷油工程量： $3.14 \times 88.5 \times 4.7 \times 10^{-3} = 1.31$； DN65 管道刷油工程量： $3.14 \times 75.5 \times 12.1 \times 10^{-3} = 2.87$ DN50 管道刷油工程量： $3.14 \times 60 \times 12.3 \times 10^{-3} = 2.32$ DN40 管道刷油工程量： $3.14 \times 48 \times 22.3 \times 10^{-3} = 3.36$ DN32 管道刷油工程量： $3.14 \times 42.3 \times 42.4 \times 10^{-3} = 5.63$ DN25 管道刷油工程量： $3.14 \times 33.5 \times 105.5 \times 10^{-3} = 11.10$ $\sum 46.52$

（3）清单计价

以广西安装工程消耗量定额为例，自动喷淋管道刷油的清单计价如表 3.11 所示。

表 3.11　管道刷油清单计价表

序号	项目编码/定额编号	项目名称/定额名称	单位	工程量
1	031201001001	管道刷红色调和漆两遍	m²	46.52
	B11-0060	管道刷油调和漆第一遍	10 m²	4.65
	B11-0061	管道刷油调和漆第二遍	10 m²	4.65

2）管道支架列项与工程量计算

（1）管道支架工程量计算方法 1

自动喷淋系统管道支架计算类似消火栓系统管道支架计算，可参照 2.4.3 节所述。

本项目地下室水平管道钢管 DN80 ~ 100 的支架主要为 U 形吊架，水平支管的支架为 I 形，立管的支架为 L 形。吊架间距取 6 m，立管支架每层 1 个。由于 DN50 共 12.3 m，DN40 共 22.3 m，DN32 共 42.4 m，DN25 水平管共 60 m，故管道支架工程量计算如下：

U 形吊架个数：$(9.6 + 13.2 + 5.6 + 3.3 + 9.3 + 4.7 + 2.5 + 7.0 + 2.6)/6 = 9.63$，取整数 10 个；U 形吊架工程量：$(0.8 \times 2 + 0.4) \times 10 \times 2.422 = 48.44（\text{kg}）$。

L 形支架个数：1 个；L 形支架工程量：$(0.3 + 0.3) \times 1 \times 2.422 = 1.45（\text{kg}）$。

I 形支架个数：$4 + 6 + 15 + 20 = 45$ 个；I 形支架工程量：$0.8 \times 45 \times 2.422 = 87.19（\text{kg}）$。

（2）管道支架工程量计算方法 2

根据广西工程安装消耗量定额附录中的管道支架用量表（见表 2.16）和喷淋管道工程量来计算,计算结果见表 3.12,其计算结果略高于方法 1 的计算结果。

表 3.12 管道支架工程量计算

序号	管道规格	管道长度/m	支架含量/(kg·10 m⁻¹)	支架工程量/kg
1	室内水喷淋镀锌钢管 DN100	立管:3.9 横管:51.8	立管:3.37 横管:11.16	立管:1.31 横管:57.81
2	室内水喷淋镀锌钢管 DN80	横管:4.7	横管:10.98	横管:5.16
3	室内水喷淋镀锌钢管 DN65	横管:12.1	横管:10.89	横管:13.18
4	室内水喷淋镀锌钢管 DN50	横管:12.3	横管:8.37	横管:10.3
5	室内水喷淋镀锌钢管 DN40	横管:22.3	横管:4.55	横管:10.15
6	室内水喷淋镀锌钢管 DN32	横管:42.4	横管:4.46	横管:18.91
7	室内水喷淋镀锌钢管 DN25	横管:60	横管:4.37	横管:26.22
				合计:143.04 kg

（3）管道支吊架清单列项

自动喷淋系统管道支吊架清单列项与工程量如表 3.13 所示。

表 3.13 自动喷淋系统管道支吊架清单列项与工程量计算表

序号	清单编号	项目名称	单位	工程量	备注
1	0310020011001	管道支架制作安装 L40×40×4	kg	U 形吊架工程量:48.44 L 形支架工程量:1.45 I 形支架工程量:87.19 ∑ 137.08	管道支架工程量按方法 1 计算

（4）管道支吊架清单计价

以广西安装工程消耗量定额为例,自动喷淋管道支吊架的清单计价如表 3.14 所示。

表 3.14 支吊架清单计价表

序号	项目编码/定额编号	项目名称/定额名称	单位	工程量
1	0310020011001	管道支架制作安装 L40×40×4	kg	137.08
	B9-0208	管道支架制作、安装	100 kg	1.37

3）管道支架除锈

（1）管道支架除锈的列项与工程量计算

①管道支架除锈工程量计算。如无特殊情况,管道除锈可按人工除轻锈一遍考虑,其工程量按 kg 计算,等于管道支架制作安装的工程量。

②管道支架除锈的清单列项与工程量如表3.15所示。

表3.15　管道支吊架除锈清单列项与工程量计算表

序号	清单编号	项目名称	单位	工程量
1	桂031211003001	管道支架人工除轻锈一遍	kg	137.08

（2）管道支架除锈的清单计价

以广西安装工程消耗量定额为例,消火栓管道支吊架除锈的清单计价如表3.16所示。

表3.16　管道支吊架除锈清单计价表

序号	项目编码/定额编号	项目名称/定额名称	单位	工程量
1	桂031211003001	管道支架人工除轻锈一遍	kg	137.08
	B11-0007	管道支架人工除轻锈一遍	100 kg	1.37

4）管道支架刷油

（1）管道支架刷油的工程量计算与列项

①管道支架刷油工程量计算。管道支架刷油工程量按kg计算,等于管道支架制作安装的工程量。

②管道支架刷油的清单列项,根据设计图纸说明,支架先刷红丹防锈漆两遍,再刷调和漆两遍。支架刷油的油漆品种不同,可以合并在同一个清单里,也可以按油漆品种分开列取清单,分开列取清单的方式更有利于结算,如表3.17所示。

表3.17　管道支吊架刷油清单列项与工程量计算表

序号	清单编号	项目名称	单位	工程量
1	031201003001	支架刷红丹防锈漆两遍	kg	137.08（同支架工程量）
2	031201003002	支架刷调和漆两遍	kg	137.08（同支架工程量）

（2）管道支架刷油的清单计价

以广西安装工程消耗量定额为例,消火栓管道支吊架刷油的清单计价如表3.18所示。

表3.18　管道支吊架刷油清单计价表

序号	项目编码/定额编号	项目名称/定额名称	单位	工程量
1	031201003001	支架刷红丹防锈漆两遍	kg	137.08
	B11-0117	金属结构刷油一般钢结构红丹防锈漆第一遍	100 kg	1.37
	B11-0118	金属结构刷油一般钢结构红丹防锈漆第二遍	100 kg	137.08
2	031201003002	支架刷调和漆两遍	kg	1.37
	B11-0126	金属结构刷油一般钢结构调和漆第一遍	100 kg	137.08
	B11-0127	金属结构刷油一般钢结构调和漆第二遍	100 kg	1.37

5）套管

（1）套管的清单列项与工程量计算

①套管识图

从设计说明了解到，管道穿过楼板和墙体，应预埋比穿越管道大一至两号的套管。从平面图了解到，DN100 钢管穿越墙体有 4 处，需要设置 DN150 穿墙钢套管 4 个；DN25 钢管穿越墙体有 3 处，需要设置 DN40 穿墙钢套管 3 个。

②套管的工程量计算

根据 2013 清单规范，套管清单工程量按设计图示数量计算，则 DN150 穿墙钢套管为 4个，DN40 穿墙钢套管为 3 个。

③套管的清单列项

套管的清单列项与工程量如表 3.19 所示。

表 3.19　套管的清单列项与工程量计算表

序号	清单编号	项目名称	单位	工程量
1	031002003001	穿墙钢套管制作、安装 DN150	个	4
2	031002003002	穿墙钢套管制作、安装 DN40	个	3

（2）套管清单计价

以广西安装工程消耗量定额为例，套管清单计价如表 3.20 所示。

表 3.20　套管清单计价表

序号	项目编码/定额编号	项目名称/定额名称	单位	工程量	附注
1	031002003001	穿墙钢套管制作、安装 DN150	个	4	
	B9-0264	过楼板钢套管制作、安装 公称直径（150 mm 以内）	个	4	$D \times 0.5$
2	031002003002	穿墙钢套管制作、安装 DN40	个	3	
	B9-0261	穿墙钢套管制作、安装 公称直径（150 mm 以内）	个	3	$D \times 0.5$

任务 3.4　自动喷淋给水系统列项与算量计价综合训练

本任务以某教学楼自动喷淋给水系统施工图为例，完成整个项目的列项与算量。

任务名称	自动喷淋给水系统列项与算量计价综合训练	学时数（节）	4
教学环境	工程造价理实一体化实训室、造价工作室	授课对象	高职工程管理类专业二年级学生
项目载体	某教学楼自动喷淋给水系统		

续表

任务目标	本任务以某教学楼自动喷淋给水系统施工图纸为例,训练学生编制工程量清单的完整性、系统性。
任务描述	1.能根据图纸完整列出自动喷淋给水系统清单项目,做到不漏项、不重项,清单项目名称与描述正确。 2.能熟练识读施工图纸,会计算各清单子目工程量。
重点、难点	教学重点:工程量清单项目编制的完整性。 教学难点:清单计价。
教学实施	1.项目教学法;2.任务驱动法;3.小组讨论法
考核评价	1.任务资讯:学生完成该学习任务需要掌握的相关知识或需要查阅的信息。 2.任务分析:教师布置任务,通过项目教学法引导学生完成自动喷淋给水系统施工图的识读。 3.任务实施:教师引导学生以小组学习的方式完成学习任务,要求学生在课前预习,线上完成微课、动画及PPT等教学资源的观看,线下由教师引导学生按照学习任务的要求掌握自动喷淋给水系统的识图、列项与算量计价等基本技能。

> **任务实施**

本工程的自动喷水灭火系统清单列项及计价详见表 3.21,工程量计算详见表 3.22。

表 3.21　自动喷淋系统清单及计价表

序号	清单编号	项目名称	单位	工程量
1	030901001001	室内水喷淋镀锌钢管 DN100,沟槽连接,含水压试验,水冲洗	m	55.7
	B9-0038	钢管(沟槽连接)安装 公称直径(100 mm 以内)	10 m	5.57
2	030901001002	室内水喷淋镀锌钢管 DN80,螺纹连接,含水压试验,水冲洗	m	4.7
	B9-0007	钢管(螺纹连接)安装 公称直径(80 mm 以内)	10 m	0.47
3	030901001003	室内水喷淋镀锌钢管 DN65,螺纹连接,含水压试验,水冲洗	m	12.1
	B9-0006	钢管(螺纹连接)安装 公称直径(65 mm 以内)	10 m	1.21
4	030901001004	室内水喷淋镀锌钢管 DN50,螺纹连接,含水压试验,水冲洗	m	12.3
	B9-0005	钢管(螺纹连接)安装 公称直径(50 mm 以内)	10 m	1.23
5	030901001005	室内水喷淋镀锌钢管 DN40,螺纹连接,含水压试验,水冲洗	m	22.3
	B9-0004	钢管(螺纹连接)安装 公称直径(40 mm 以内)	10 m	2.23
6	030901001006	室内水喷淋镀锌钢管 DN32,螺纹连接,含水压试验,水冲洗	m	42.4
	B9-0003	钢管(螺纹连接)安装 公称直径(32 mm 以内)	10 m	4.24
7	030901001007	室内水喷淋镀锌钢管 DN25,螺纹连接,含水压试验,水冲洗	m	105.5
	B9-0002	钢管(螺纹连接)安装 公称直径(25 mm 以内)	10 m	10.55

序号	清单编号	项目名称	单位	工程量
8	031201001001	管道刷红色调和漆两遍	m²	46.52
	B11-0060	管道刷油调和漆第一遍	10 m²	4.65
	B11-0061	管道刷油调和漆第二遍	10 m²	4.65
9	0310020011001	管道支架制作安装 L40×40×4	kg	137.08
	B9-0208	管道支架制作、安装	100 kg	1.37
10	桂031211003001	管道支架人工除轻锈一遍	kg	137.08
	B11-0007	管道支架人工除轻锈一遍	100 kg	1.37
11	031201003001	管道支架刷红丹防锈漆两遍	kg	137.08
	B11-0117	金属结构刷油 一般钢结构 红丹防锈漆第一遍	100 kg	1.37
	B11-0118	金属结构刷油 一般钢结构 红丹防锈漆第二遍	100 kg	1.37
12	031201003002	支架刷调和漆两遍	kg	137.08
	B11-0126	金属结构刷油 一般钢结构 调和漆第一遍	100 kg	1.37
	B11-0127	金属结构刷油 一般钢结构 调和漆第二遍	100 kg	1.37
13	030901003001	水喷淋直立型喷头 DN15 安装(无吊顶)	个	65
	B9-0799	喷头安装公称直径 15 mm 以内无吊顶	个	65
14	030901012001	消防水泵接合器安装 地上式 DN150	个	2
	B9-0844	消防水泵接合器安装 地上式 150	个	2
15	030901004001	湿式报警阀组 DN100,法兰连接,含接线	组	2
	B9-0804	湿式报警装置安装 公称直径(100 mm 以内)	组	2
	B4-0367	一般小型电器检查接线	台	1
16	030901006001	水流指示器 DN100,法兰连接,含接线	个	1
	B9-0814	水流指示器安装 法兰连接 DN100 mm 以内	个	1
	B4-0367	一般小型电器检查接线	台	1
17	030901008001	末端试水装置 DN25 安装	组	1
	B9-0827	末端试水装置安装 公称直径(25 mm 以内)	组	1
18	桂030901015001	信号蝶阀 DN100,沟槽连接,含接线	个	1
	B9-0392	沟槽阀门安装 公称直径(100 mm 以内)	个	1
	B4-0367	一般小型电器检查接线	台	1
19	031003001001	自动排气阀 DN15,螺纹连接	个	1
	B9-0322	自动排气阀公称直径(15 mm)以内	个	1

表 3.22 自动喷淋系统工程量计算表

序号	清单编号	项目名称	单位	工程量
1	030901001001	室内水喷淋镀锌钢管 DN100,沟槽连接,含水压试验,水冲洗	m	立管:0-(-3.9)=3.9 横管:9.6+13.2+5.6+3.3+9.3+5.8+5.0=51.8 ∑55.7
2	030901001002	室内水喷淋镀锌钢管 DN80,螺纹连接,含水压试验,水冲洗	m	4.7
3	030901001003	室内水喷淋镀锌钢管 DN65,螺纹连接,含水压试验,水冲洗	m	2.5+7.0+2.6=12.1
4	030901001004	室内水喷淋镀锌钢管 DN50,螺纹连接,含水压试验,水冲洗	m	0.8+5.5+6.0=12.3
5	030901001005	室内水喷淋镀锌钢管 DN40,螺纹连接,含水压试验,水冲洗	m	6.0+2.3+4.2+3.4+3.4+3.0=22.3
6	030901001006	室内水喷淋镀锌钢管 DN32,螺纹连接,含水压试验,水冲洗	m	$3.0 \times 6+3.6 \times 2+1.0+3.4+2.6+3.0+1.8 \times 4=42.4$
7	030901001007	室内水喷淋镀锌钢管 DN25,螺纹连接,含水压试验,水冲洗	m	水平管:$3.0 \times 1+2.0 \times 2+1+3.6+1+3.6 \times 2+2.6+1.2+2.3+3.8+3.3+0.9 \times 2+0.6 \times 2+1.6 \times 4+3.5 \times 2+3.0 \times 3+1.6=60$ 竖向短管:$0.7 \times 65=45.5$ ∑105.5
8	031201001001	管道刷红色调和漆两遍	m²	DN100 管道刷油工程量: $3.14 \times 114 \times 55.7 \times 10^{-3}=19.94$ DN80 管道刷油工程量: $3.14 \times 88.5 \times 4.7 \times 10^{-3}=1.31$ DN65 管道刷油工程量: $3.14 \times 75.5 \times 12.1 \times 10^{-3}=2.87$ DN50 管道刷油工程量: $3.14 \times 60 \times 12.3 \times 10^{-3}=2.32$ DN40 管道刷油工程量: $3.14 \times 48 \times 22.3 \times 10^{-3}=3.36$ DN32 管道刷油工程量: $3.14 \times 42.3 \times 42.4 \times 10^{-3}=5.63$ DN25 管道刷油工程量: $3.14 \times 33.5 \times 105.5 \times 10^{-3}=11.10$ ∑46.52

项目 4

通风空调工程

本项目以某商场的中央空调系统为例,讲解空调水与空调风系统的识图、列项以及工程量计算。本项目的学习由简单到复杂,按照工作过程通过 2 个学习任务来完成。具体的任务内容如下:

序号	任务名称	备注
任务4.1	空调水系统识图、列项与算量计价	以某商场中央空调工程施工图为学习载体,学习通风空调工程的识图、列项与算量计价
任务4.2	空调风系统清单列项与算量计价	

任务 4.1 空调水系统识图、列项与算量计价

本任务讲解空调水系统识图、列项与算量计价,具体的任务描述如下:

任务名称	空调水系统识图、列项与算量计价	学时数(节)	16
教学环境	工程造价理实一体化实训室、造价工作室	授课对象	高职工程管理类专业 二年级学生
教学目标	知识目标:认知中央空调系统的分类与组成,熟悉空调水系统清单项目及工程量计算规则。 能力目标:能对空调水系统进行列项、算量与计价,并按要求编制出空调水系统招标控制价。 素质目标:培养科学严谨的职业态度,以及精益求精、勤勉尽职、团结协作的职业精神。		
应知应会	一、学生应知的知识点: 1. 中央空调水系统各组成部分的名称及作用; 2. 与空调水系统有关的清单项目及消耗量定额。 二、学生应会的技能点: 1. 空调水系统清单列项; 2. 空调水系统清单工程量的计算; 3. 空调水系统清单计价。		

续表

重点、难点	教学重点:空调水系统工程量计算。
	教学难点:空调水系统清单列项。
教学方法	1.任务驱动法;2.线上线下混合教学法;3.小组讨论法。
教学实施	1.任务资讯:学生完成该学习任务需要掌握的相关知识或需要查阅的信息。
	2.任务分析:教师布置任务,通过一些简答题引导学生完成相关问答题。
	3.任务实施:教师引导学生以小组学习的方式完成学习任务,要求学生在课前预习,线上完成微课、动画及PPT等教学资源的观看,线下由教师引导学生按照学习任务的要求掌握中央空调系统的组成及工作原理。
考核评价	1.云平台线上提问考核。
	2.课堂完成给定案例、成果展示,实行自评及小组互评。
	3.课程累计评价、多方评价,综合评定成绩。

➤ 任务资讯

4.1.1 中央空调的组成

中央空调系统一般由以下几部分组成,如图4.1所示。

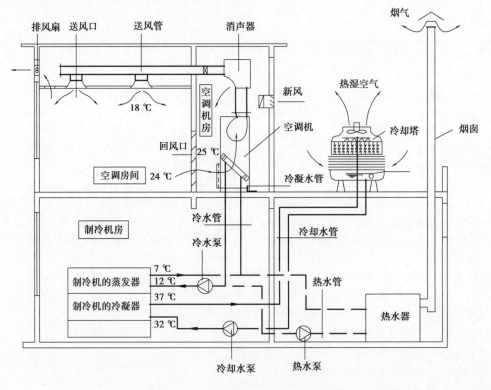

图 4.1 中央空调系统组成示意图

（1）冷（热）源设备

提供需要的冷（热）水源，经过热交换器向空调房间提供冷（热）风。例如：冷源设备有螺杆式冷水机组、离心式冷水机组、活塞式冷水机组和直燃型溴化锂吸收式冷水机组。热源以城市热电厂和集中锅炉房产生的热水或蒸汽为主，燃料主要是煤、石油、天然气、城市煤气、电等。

（2）空气处理设备

空气处理设备是指完成对空气进行降温、加温、加湿或除湿以及过滤等处理过程（系统）所采用相应设备的组合。例如：风机盘管、新风机、组合式风柜等。

（3）空气输送设备和分配设备

由通风管、各类送风口、风阀和通风机等组成。

（4）控制系统

根据应调节的参数，如室内温度和湿度的实值与室内空调基数的给定值相比较，控制各参数的偏差在空调精度范围之内的装置。调节方式分为人工和自动，控制手段包括敏感元件（如温度、湿度）、调节器、执行机构和调节机构等。

4.1.2　制冷主机

现代制冷机以压缩式制冷机应用最广，它是依靠压缩机的作用实现制冷循环。

1）压缩式制冷机的组成

压缩式制冷机由压缩机、冷凝器、蒸发器、膨胀阀或节流装置和一些辅助设备组成（见图4.2）。压缩机是其核心设备。

图4.2　制冷机组

（1）压缩机

压缩机按压缩原理分为两大类：容积型和速度型，如图4.3所示。

容积型压缩机：减少压缩机容积，提高蒸汽压力来完成压缩功能，如活塞式、螺杆式等。

速度型压缩机：由旋转部件连续将角动量转换给蒸汽，再将该动量转为压力，如离心式。

（2）冷凝器

冷凝器是一个使制冷剂向外放热的换热器。压缩机的排气（或经油分离器后）进入冷凝器后，将热量传递给周围介质——冷却水或空气，制冷剂由蒸汽变为液体。

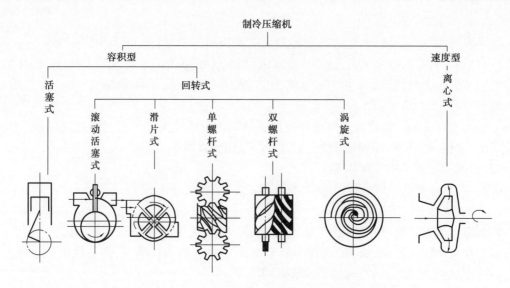

图 4.3　制冷压缩机分类和结构示意图

冷凝器按其冷却介质和冷却方式,可以分为风冷式和水冷式两种类型。

(3)蒸发器

蒸发器是制冷系统中的一种热交换设备,在蒸发器中制冷剂吸收冷冻水中的热量后,由液体转变为蒸汽。

(4)膨胀阀

膨胀阀的作用有两点:一是对从冷凝器中出来的高压液体制冷剂进行节流降压为蒸发压力;二是根据系统负荷变化,调整进入蒸发器的制冷剂液体的数量。

2)制冷机工作原理

制冷剂在制冷系统中经历蒸发、压缩、冷凝和节流4个过程(见图4.4):

蒸发过程:节流降压后的制冷剂液体(混有饱和蒸汽)进入蒸发器,从周围介质吸热蒸发成气体,实现制冷。

压缩过程:压缩机是制冷系统的心脏,在压缩机完成对蒸汽的吸入和压缩过程,把从蒸发器出来的低温低压制冷剂蒸汽压缩成高温高压的过热蒸汽。压缩蒸汽时,压缩机要消耗一定的外能,即压缩功(电能)。

冷凝过程:从压缩机排出来的高温高压蒸汽进入冷凝器后同冷却剂进行热交换,使过热蒸汽逐渐变成饱和蒸汽,进而变成饱和液体或过冷液体。冷凝过程中制冷剂由气态变为液态时要放出热量,冷凝器的散热常采用风冷或水冷的形式。

节流过程:从冷凝器出来的高压制冷剂液体通过减压元件(膨胀阀或毛细管)被节流降压,变为低压液体,然后再进入蒸发器重复上述的蒸发过程。

上述4个过程依次不断循环,从而达到制冷的目的。

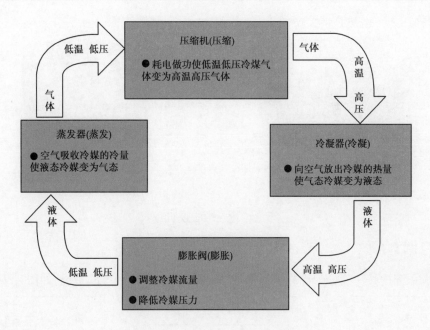

图4.4 压缩式制冷机工作过程

4.1.3 空气处理设备

空气处理设备是用于调节室内空气温度、湿度和洁净度的设备,俗称末端设备。之所以称为末端设备,是因为这些产品中只有换热器、风机电机,相对比较简单,它们要配合制冷主机和水泵才能运行。

(1)风机盘管

风机盘管的风量在250～2 500 m³/h 范围内,广泛应用于宾馆、办公楼、医院、商住、科研机构。风机盘管由风机、冷凝水盘、进出水口及热交换器组成,如图4.5 所示。

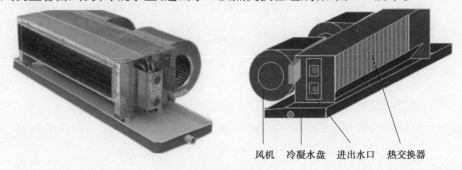

风机　冷凝水盘　进出水口　热交换器

图4.5 风机盘管

(2)空气处理机组

空气处理机组(图4.6)是用于调节室内空气温度、湿度和洁净度的设备,分为落地式和吊顶式两种,一般多应用在不适合安装风机盘管的大范围公共区域。

(3)新风机组

在一座大型建筑内,一般新风机组是和风机盘管配合起来使用,"风机盘管＋新风机"其实就相当于空气处理机组。由于风机盘管没有新风口,所以需要新风机提供新风。经过新风机处理的新风,通过新风管送入房间内。

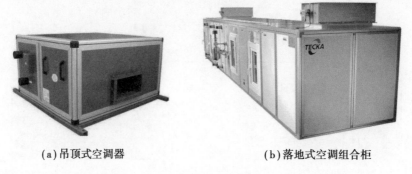

(a)吊顶式空调器　　　　　　　　(b)落地式空调组合柜

图4.6　空气处理机组

4.1.4　空调水系统

空调水系统按其功能分为冷冻水系统、冷却水系统和冷凝水排放系统,如图4.7所示。

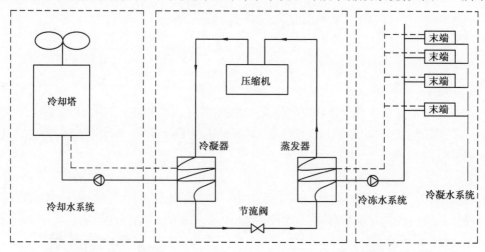

图4.7　空调水系统示意图

1)空调冷冻水系统

空调冷冻机组制取的冷冻水通过空调冷冻水管送入空调末端设备的表冷器内,与被处理的空气进行热交换后再回到冷水机组,输送冷冻水的管路系统称为空调冷冻水系统,如图4.8所示。

(1)空调冷冻水系统的形式

①按水压特性可分为:

a.开式循环系统:它的末端管路是与大气相通的,回水集中进入建筑物的回水箱或蓄冷水池内,再由循环泵将回水送入冷水机组的蒸发器内,经重新冷却后再输送至整个系统(见图4.9)。

b.闭式循环系统:是指管路不与大气接触,在系统最高点设膨胀水箱,并设有排气和泄水装置的系统。当空调系统采用风机盘管、新风机或空调柜机时,冷冻水系统宜采用闭式系统(见图4.10)。

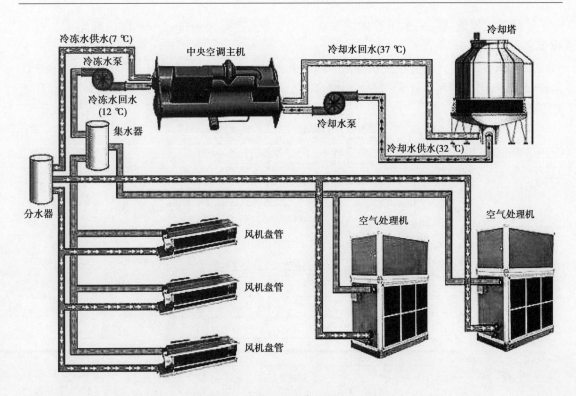

图4.8 空调冷却水和冷却水系统

优缺点比较:开式系统所用的循环泵的扬程高,除了克服环路阻力外,还要提供几何提升高度和末端的资用压头,循环水易受污染,管路和设备易受腐蚀且容易产生水击等,一般用的不多。

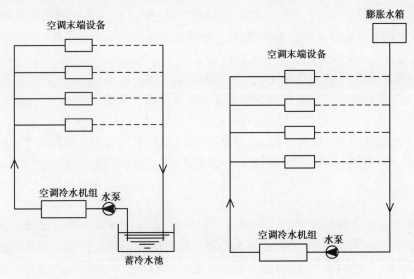

图4.9 开式系统   图4.10 闭式系统

②按空调水系统管路流程分为:

a.同程式系统:供、回水干管中的水流方向相同(顺流),经过每一环路的管路总长度相等;

b.异程式系统:供、回水干管中的水流方向相反(逆流),经过每一环路的管路总长度不相等。

图 4.11 是同程式与异程式示意图。同程式的各并联环路管长相等,阻力大致相同,流量分配较平衡,但初投相对较大;异程式的管路配置简单,管材省,但各并联环路管长不相等,流量分配不平衡。

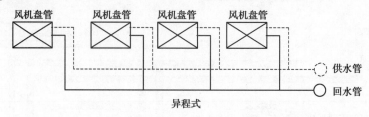

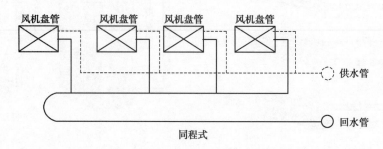

图 4.11 同程式与异程式示意图

(2)空调冷冻水系统组成

①冷冻水循环水泵。通常空调水系统所用的循环泵均为离心式水泵。按水泵的安装形式分有卧式泵和立式泵;按水泵的构造分有单吸泵和双吸泵。

②集水器和分水器。在空调水系统中,为有利于各空调分区流量分配和调节灵活方便,常常在供、回水干管上设置分水器和集水器,再从分水器和集水器分别连接各空调分区的供水管和回水管,这样在一定程度上也起到均压的作用。

③膨胀水箱。膨胀水箱在空调冷冻水系统中起着容纳膨胀水量、排除系统中的空气、为系统补充水量及定压的作用。膨胀水箱的安装高度应至少高出系统最高点 0.5 m。

④除污器。在空调水系统中,结垢、腐蚀和微生物繁殖一直是危害系统的三大主要因素。水垢的产生会使设备的换热效率下降,能源消耗增大,氧化和腐蚀会严重影响管道和设备的使用寿命。故空调水系统中必须安装除污器。除污器包括过滤器和电子水处理仪。

2)空调冷却水系统

空调冷水机组的冷凝器在工作时会发热,需要对它进行冷却降温。空调冷却水系统是用冷却管道将制冷机冷凝器和冷却塔、冷却水泵等串联组成的循环水系统。冷却塔的作用是将挟带废热的冷却水在塔内与空气进行热交换,使废热传输给空气并散入大气中。冷却塔应放在室外通风良好处,在高层民用建筑中,最常见的是放在裙房或主楼屋顶。冷却塔实物见图4.12 和图 4.13。

图 4.12　圆形冷却塔

图 4.13　方形冷却塔

3）空调冷凝水系统

空调器的表冷器表面温度通常低于空气的露点温度，因而表面会结露，需要用水管将空调器底部的接水盘与下水管或地沟连接，以及时排放冷凝水。这些排放空调器冷凝水的管路称为冷凝水排放系统。

4）空调水控制阀

①关断阀：闸阀、球阀、截止阀、蝶阀。

②自动放气阀：作用是将水循环中的空气自动排出，它是空调系统中不可缺少的阀类，一般安装在闭式水路系统的最高点和局部最高点。

③浮球阀：起自动补水和恒定水压的作用，一般用于膨胀水箱和冷却塔处。

④止回阀（单向阀或逆止阀）：主要用于阻止介质倒流，安装在水泵的出水管上。

⑤压差控制器：压差旁通阀的作用主要在于维持冷冻水/热水系统能够在末端负荷较低的情况下，保证冷冻机/热交换器等设备的正常运转。

⑥稳压阀：起到有效地降低阀后管路和设备的承压，从而替代水系统的竖向分区。

⑦电动二通阀：用于中央空调末端控制。由温控器控制电动阀电机，并通过减速机构和复位弹簧使阀门开或关，实现管道冷水的通或断，再通过风机盘管送风，以实现温度的自动调节。

⑧电动蝶阀：属于电动阀门和电动调节阀中的一种。电动蝶阀的连接方式主要有法兰式和对夹式。电动蝶阀是通过电源信号来控制蝶阀的开关，可用作管道系统的切断。

4.1.5　管道保温工程

冷冻水系统、冷凝水系统的管道需要进行管道保温。管道保温结构由绝热层（保温层）、防潮层、保护层 3 个部分组成。常用的保温材料有：

①玻璃棉类：这类材料具有耐酸、抗腐蚀、不烂、不怕蛀、吸水率小、化学稳定性好、无毒无味、价廉、寿命长、导热系数小、施工方便等优点，但刺激皮肤（见图 4.14）。

②橡塑保温板或管套：这类材料具有导热系数小、施工方便、防火等级高等优点，采用胶水粘接（见图 4.15）。

图4.14　玻璃棉类

图4.15　橡塑保温套管

4.1.6　空调水系统常用的清单项目

工程量清单项目设置及工程量计算规则,应按表4.1~4.4的清单项目执行。

表4.1　空调水设备安装

项目编码	项目名称	项目特征	计量单位	工程量计算规则	工程内容
030113001	冷水机组	1. 名称 2. 型号 3. 质量 4. 制冷形式 5. 制冷量 6. 单机试运转要求	台	按设计图示数量计算	1. 本体安装 2. 单机试运转 3. 补刷(喷)油漆
030113017	冷却塔	1. 名称 2. 型号 3. 规格 4. 材质 5. 质量 6. 单机试运转			1. 本体安装 2. 补刷(喷)油漆
030109001	离心式泵	1. 名称 2. 型号 3. 规格 4. 质量 5. 材质 6. 减震装置形式、数量 7. 单机试运转要求			1. 本体安装 2. 泵拆装检查 3. 电动机安装 4. 单机试运转 5. 补刷(喷)油漆

表4.2 空调水管道安装

项目编码	项目名称	项目特征	计量单位	工程量计算规则	工程内容
031001001	镀锌钢管	1. 安装部位 2. 介质 3. 规格、压力等级 4. 连接形式	m	按设计图示管道中心线(不扣除阀门、管件及各种组件所占长度)以延长米计算	1. 管道安装 2. 管件制作、安装 3. 压力试验 4. 吹扫、冲洗、消毒 5. 警示带铺设
031001002	钢管				

表4.3 空调水管道附件安装

项目编码	项目名称	项目特征	计量单位	工程量计算规则	工程内容
031003001	螺纹阀门	1. 类型 2. 材质 3. 型号、规格 4. 压力等级 5. 连接形式 6. 焊接方法	个	按设计图示数量计算	1. 安装 2. 压力试验 3. 调试
031003002	螺纹法兰阀门				
031003003	焊接法兰阀门				
030603002	调节阀	1. 名称 2. 型号 3. 功能 4. 规格 5. 挠性管材质、规格 6. 调试要求 7. 支架形式、材质	台	按设计图示数量计算	1. 配合安装 2. 挠性管安装 3. 单体调试
031003008	除污器(过滤器)	1. 材质 2. 型号、规格 3. 压力等级 4. 连接形式	个	按设计图示数量计算	1. 安装 2. 压力试验
031003009	补偿器	1. 类型 2. 材质 3. 型号、规格 4. 压力等级 5. 连接形式			
031003010	软接头(软管)	1. 材质 2. 型号、规格 3. 压力等级 4. 连接形式			

续表

项目编码	项目名称	项目特征	计量单位	工程量计算规则	工程内容
031006015	水箱	1. 类型 2. 型号、规格	个	按设计图示数量计算	1. 制作 2. 安装 3. 消毒、清洗
桂031003018	浮球阀	1. 材质 2. 型号、规格 3. 压力等级 4. 连接形式	个	按设计图示数量计算	1. 安装 2. 压力试验
桂031003019	液压水位控制阀	1. 材质 2. 型号、规格 3. 压力等级 4. 连接形式	个		
桂031003021	电子水处理器、离子棒	1. 名称 2. 型号、规格	个		
030601001	温度计	1. 名称 2. 型号 3. 规格 4. 类型 5. 套管材质、规格 6. 挠性管材质、规格 7. 支架形式、材质 8. 调试要求	支	按设计图示数量计算	1. 本体安装 2. 套管安装 3. 挠性管安装 4. 取源部件配合安装 5. 单体校验调整 6. 支架制作、安装
030601002	压力仪表	1. 名称 2. 型号 3. 规格 4. 压力表弯管材质、规格 5. 挠性管材质、规格 6. 支架形式、材质 7. 脱脂要求	台	按设计图示数量计算	1. 本体安装 2. 压力表弯管制作、安装 3. 挠性管安装 4. 取源部件配合安装 5. 单体校验调整 6. 支架制作、安装

注:电动二通阀、电动蝶阀及压差控制器执行调节阀清单项目。

表 4.4　空调水管道附属工程

项目编码	项目名称	项目特征	计量单位	工程量计算规则	工程内容
031002001	管道支架	材质	kg	按设计图示质量计算	1.制作 2.安装
031002002	设备支架				
031002003	套管	1.名称、类型 2.材质 3.规格	个	按设计图示数量计算	安装
031201001	管道刷油	1.油漆品种 2.涂刷遍数、漆膜 3.标志色方式、品种	m²	按设计图示表面积尺寸以面积计算	调配、涂刷
031201003	金属结构刷油	1.油漆品种 2.结构类型 3.涂刷遍数、漆膜厚度	kg	以千克计量,按金属结构的理论质量计算	
031208002	管道绝热	1.绝热材料品种 2.绝热厚度 3.管道外径 4.软木品种	m³	按图示表面积加绝热层厚度及调整系数计算	1 安装 2.软木制品安装

注:单件支架质量 100 kg 以上的管道支架执行设备支架制作安装。

➤ 任务分析

4.1.7　空调冷冻水系统识图

空调冷冻水是一个闭式水循环系统,如图 4.16 所示。

(1)空调冷冻水循环路径

冷水机组蒸发器→供水管 L1→末端设备→回水管 L2→冷冻水泵→冷水机组蒸发器。

(2)系统中各设施作用

①冷水机组蒸发器——让制冷剂在蒸发器中蒸发,从而吸收冷冻水热量,使冷冻水温度下降。

②冷冻水泵——使冷冻水在冷水机组蒸发器和末端设备之间循环流动。

③末端设备——负责室内空气调节的设备,本工程中末端设备有 K80 吊顶式空气处理机和风机盘管,分别安装在阴凉库和超市中。

④膨胀水箱——一是用于收容和补偿系统中水的胀缩量,二是用于系统的定压。

⑤自动排气阀——用来排放管道中的空气,设置在管道系统的最高点。

⑥压差控制器——用于调节系统中冷冻水流量,以达到平衡主机系统中水压力目的。

⑦离子棒水处理器——用于冷冻水防垢、除垢、杀菌灭藻和防腐。

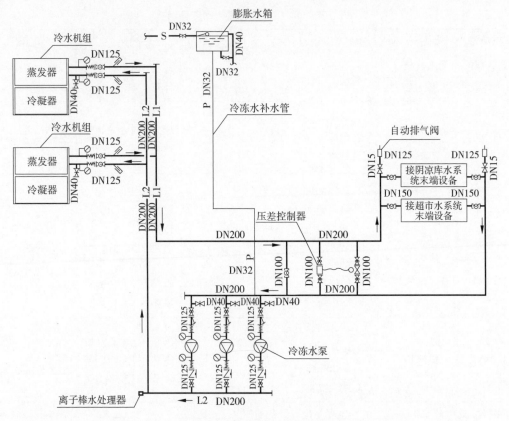

图4.16　空调冷冻水系统图

4.1.8　空调冷却水识图

空调冷却水是一个开式水循环系统(见图4.17),其循环路径如下:冷水机组冷凝器→供水管 L3→冷却塔→回水管 L2→冷却水泵→冷水机组冷凝器。各设施作用如下:

①冷水机组冷凝器——制冷剂在冷凝器中冷凝时将热量传递给冷却水,通过冷却塔将热量带走。

②冷却水泵——使冷却水在冷水机组冷凝器和冷却塔之间循环流动。

③离子棒水处理器——用于冷却水防垢、除垢、杀菌灭藻和防腐。

④冷却塔——将冷却水中的热量散发到室外,冷却水温度下降后流回冷水机组后继续吸收热量。

4.1.9　空调主要设备和阀门仪表识图

1)空调主机

本工程空调主机为螺杆式冷水机组,型号为30HXC-130A,制冷功率 Q 为 456 kW,输入电功率 N 为 98 kW。空调主机由蒸发器、冷凝器、压缩机和膨胀阀组成。其接管示意图如图4.18所示。

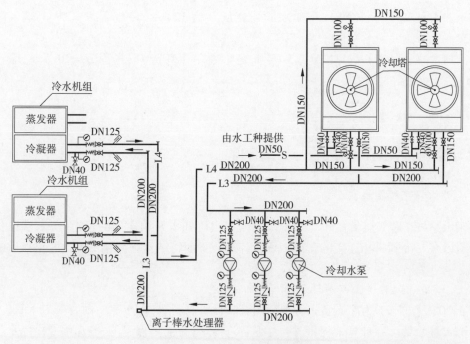

图 4.17　空调冷却水系统图

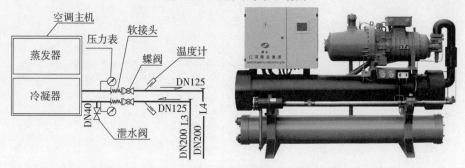

图 4.18　冷水机组接管示意图

2) 水泵

本工程安装的水泵有冷冻水泵和冷却水泵,其接管示意图见图 4.19。

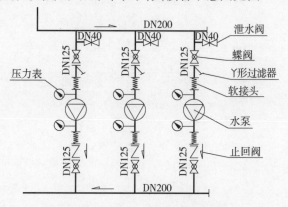

图 4.19　冷冻(却)水泵接管示意图

①冷冻水泵,型号为 KQW125/315-15/4,流量 Q 为 120 m³/h,扬程 $H=32$ m,输入电功率为 15 kW;

②冷却水泵,型号为 KQW125/315-15/4,流量 Q 为 120 m³/h,扬程 $H=30.5$ m,输入电功率为 15 kW。

▶ **任务实施**

4.1.10　空调水管道清单列项与算量计价

1)空调水管工程量计算

空调水系统工程量计算的难点为冷冻站内与主机和水泵相连接的管道、与末端设备相连接的管道以及与冷却搭相连接的管道工程量计算。下面将结合空调施工大样图重点讲解该部分工程量的计算方法。

(1)空调冷冻站管道工程量计算

图 4.20 及图 4.21 为冷冻站布置平面图及其设备材料表,在冷冻站内有冷冻水管、冷却水管及冷冻水补水管。在计算工程量时要注意:冷冻水管是需要保温的,冷却水及冷冻水补水管是不需要保温的,这三种管道需要分开列项计算工程量。

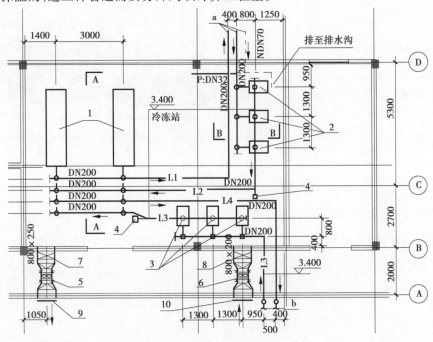

图 4.20　冷冻站布置平面图

①识别管道

如图 4.20 所示,冷冻站管道有冷冻水管、冷却水管和空调冷冻水补水管。L1 为冷冻水供水,L2 为冷冻水回水,P 为冷冻水补水管。

②计算方法

计算水平管时按图 4.20 冷冻站布置平面图按比例量取,计算立管长度时需要按照图 4.22

和图 4.23 剖面图上的标高计算。工程量可按如下的水流方向计算:

冷冻水管:蒸发器→L1→末端设备→L2→冷冻水泵→蒸发器。

冷却水管:末端设备→L3→冷冻水泵→冷凝器→L4→末端设备。

冷冻水补水管:自来水→膨胀水箱→P→冷冻水管。

件号	名　称	规格型号		单位	数量	备　注
10	防水百叶风口	FK-54　800×200		个		
9	防水百叶风口	FK-54　800×250		个		
8	防火阀	FFH-1　800×200		个		
7	防火阀	FFH-1　800×250		个		
6	低噪声轴流风机	DZ-13　2.5D	$L=2\,000\ \text{m}^3/\text{h},N=0.37\ \text{kW}$ $H=216\ \text{Pa}(台)$	台		带 300×300 防水百叶风口
5	低噪声轴流风机	DZ-13　3.2D	$L=3\,000\ \text{m}^3/\text{h},N=0.37\ \text{kW}$ $H=206\ \text{Pa}(台)$	台		带 400×400 防水百叶风口
4	离子棒水处理器	ISI-750-PD-B-C		个		$N=180\ \text{W}$
3	卧式冷却水泵	KQW125/315-15/4	$Q=120\ \text{m}^3/\text{h}$ $H=30.5\ \text{m}$ $N=15\ \text{kW}$	台		一台备用
2	卧式冷却水泵	KQW125/315-15/4	$Q=100\ \text{m}^3/\text{h}$ $H=32\ \text{m}$ $N=15\ \text{kW}$	台		一台备用
1	螺杆式冷水机组	30HXC-130A	$Q=456\ \text{kW}$ $N=98\ \text{kW}$	台		

图 4.21　冷冻站设备表

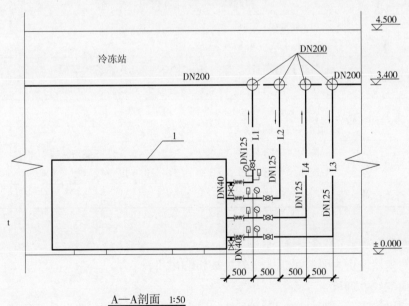

A—A剖面　1:50

图 4.22　空调主机布置剖面图

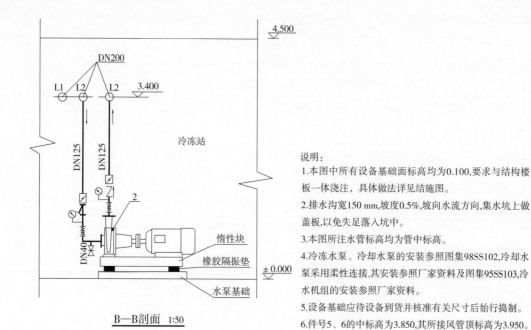

B—B剖面 1:50

说明:
1.本图中所有设备基础面标高均为0.100,要求与结构楼板一体浇注,具体做法详见结施图。
2.排水沟宽150 mm,坡度0.5%,坡向水流方向,集水坑上做盖板,以免失足落入坑中。
3.本图所注水管标高均为管中标高。
4.冷冻水泵、冷却水泵的安装参照图集98SS102,冷却水泵采用柔性连接,其安装参照厂家资料及图集95SS103,冷水机组的安装参照厂家资料。
5.设备基础应待设备到货并核准有关尺寸后始行捣制。
6.件号5、6的中标高为3.850,其所接风管顶标高为3.950。

图4.23 空调水泵布置剖面图

③计算管道工程量

根据图4.20冷冻站布置平面图、图4.22空调主机布置剖面图以及图4.23空调水泵布置剖面图可计算空调冷冻站管道工程量(注意:水平管长度根据施工图按比例量取),计算结果见表4.5。

表4.5 空调冷冻站管道工程量

序号	名称	计算式	计算结果/m
1	DN200 冷冻水管	L1:→8.0 +5.05 L2:→4.03 +4.81 +9.19	31.08
2	DN125 冷冻水管	接主机管道:→0.5 +1.0 + ↑(3.4 −0.5 设备接口标高)×2 接水泵管道:→0.5×3 + ↑(3.4 −0.6 设备接口标高)×3	17.2
3	DN200 冷却水管	L3:→3.80 +0.66 +4.37 +3.90 +2.60 L4:→10.04 +4.15	29.52
4	DN125 冷却水管	接主机管道:→1.0 +1.5 + ↑(3.4 −0.5 设备接口标高)×2 接水泵管道:→0.5×3 + ↑(3.4 −0.6 设备接口标高)×3	18.2
5	DN32 冷冻水补水管	P:→1.97(按图计)	1.97

(2)末端设备管道工程量计算

本工程的末端设备主要有吊顶式空气处理机和风机盘管。

①吊顶式空气处理机

空气处理机接管示意图如图4.24所示。从图上可知连接此末端设备的管道有冷冻水供回水管、空调凝结水排水管。要计算此部分管道工程量,需要确定设备管道接口的安装标高。

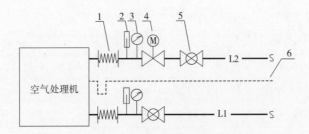

图 4.24 空气处理机接管示意图

1—软接头;2—温度计;3—压力表;4—电动二通阀;5—蝶阀;
6—空调凝结水排水管;L1—冷冻水供水管;L2—冷冻水回水管

a. 确定管道标高。从图 4.25 中可知冷冻水主管标高为 4.15 m,从图 4.38 空调风平面图可知 K80 空气处理机的安装顶标高为 5.000 m。查设备相关资料可知设备高 0.6 m 左右,进水管距底边 0.1 m,出水管距顶部 0.1 m,凝结水排水管出口在设备底部。画出设备接管的剖面图,如图 4.26 所示。

b. 确定管道规格型号。从图 4.25 上的设计说明可知:K80 空气处理机冷冻水供回水管的管径均为 DN50,冷凝水管径为 DN32。

c. 计算管道工程量。根据图 4.24 空气处理机接管示意图、图 4.25 空气处理机布置平面图以及图 4.26 空气处理机接管剖面图,可计算出 K80 空调处理机支管工程量(注意:水平管长度根据施工蓝图按比例量取),其计算结果见表 4.6。

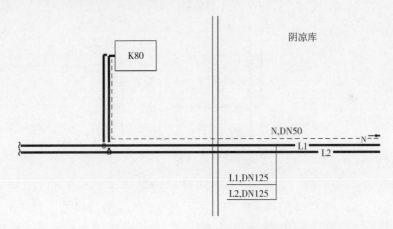

图 4.25 空气处理机布置平面图

图 4.26 空气处理机接管剖面图

表4.6   K80空调处理机支管工程量

序号	名称	计算式	计算结果/m
1	DN50 冷冻水供水管	→4.3 + 0.55 + ↑(4.5 − 4.15)	5.2
2	DN50 冷冻水回水管	→4.5 + 0.30 + ↑(4.9 − 4.15)	5.55
3	DN32 冷凝水管	→3.9 + 0.20 + ↑(4.4 − 4.15)	4.35

②风机盘管

风机盘管接管示意图如图4.27所示。从图上可知连接此末端设备的管道有冷冻水供回水管、空调凝结水排水管。要计算此部分管道工程量,同样需要确定设备安装标高以及管道接口的标高。

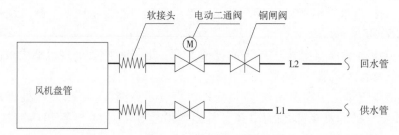

图4.27   风机盘管接管示意图

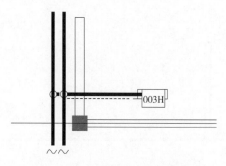

图4.28   风机盘管布置平面图

a.定管道标高。从图4.25空调水平面图中可知冷冻水主管标高为3.150 m,从图4.38空调风平面图可知风机盘管的安装底标高为4.000 m。查设备相关资料可知该风机盘管高0.3 m左右,进水管L1距底边0.1 m,回水管L2距顶部0.05 m,凝结水排水管出口在设备底部,画出设备接管的剖面图如图4.29所示。

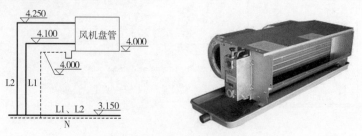

图4.29   风机盘管接管剖面图

　　b. 确定管道规格型号。从底层空调水系统平面图上的设计说明可知,风机盘管冷冻水供回水管的管径均为 DN20,冷凝水管径为 DN20。

　　c. 计算管道工程量。根据图 4.27 风机盘管接管示意图、图 4.28 风机盘管布置平面图、图 4.29 风机盘管接管剖面图,可计算出风机盘管支管工程量(注意:水平管长度根据施工图按比例量取),其计算结果见表 4.7。

表 4.7　风机盘管支管工程量

序号	名称	计算式	计算结果/m
1	DN20 冷冻水供水管	$\rightarrow 2.1 + \uparrow (4.1 - 3.15)$	3.05
2	DN20 冷冻水回水管	$\rightarrow 2.4 + \uparrow (4.25 - 3.15)$	3.50
3	DN20 冷凝水管	$\rightarrow 2.1 + \uparrow (4.0 - 3.15)$	2.95

　　(3)冷却塔管道工程量计算

　　本工程的冷却塔为玻璃钢方形冷却塔,型号为 SC-125,流量 L 为 125 m³/h,输入电功率为 4 kW,其平面布置如图 4.30 所示。计算连接冷却塔管道工程量的难点在于没有冷却塔安装的大样图,其进水管和出水管的标高无法确定。因此,需要查阅相关资料,确定管道安装高度,并画出剖面图。

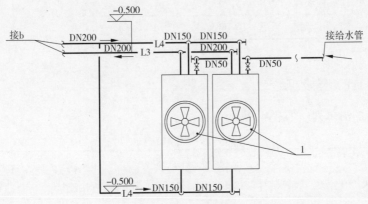

图 4.30　冷却塔布置平面图

　　①确定管道标高。从图 4.30 冷却塔布置平面图中可知冷却水主管标高为 -0.500 m,冷却塔落地安装,设备基础高 0.5 m。查冷却塔相关资料可知该型号冷却塔高 2.5 m 左右,冷却塔进水管距顶部 0.5 m,出水管在冷却塔底部。画出设备接管的剖面图如图 4.31 所示。

　　②确定管道规格型号。从空调水系统原理图可知,冷却水供回水主管的管径均为 DN200,进入冷却塔的支管为 DN100,从冷却塔出来的支管为 DN150,每台冷却塔有两条进水管,一条出水管。冷却塔的进水管与冷却水回水管 L3 相接,出水管与冷却水供水管 L4 相接。

　　③计算管道工程量。根据图 4.17 空调冷却水系统图、图 4.30 冷却塔布置平面图以及图 4.31 冷却塔管道连接剖面图,可计算冷却塔部位的管道工程量(注意:水平管长度根据施工蓝图按比例量取),其计算结果见表 4.8。

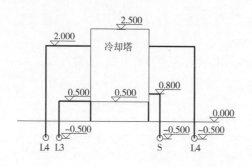

图 4.31　冷却塔管道连接剖面图

表 4.8　冷却塔部位管道工程量

序号	名称	计算式	计算结果/m
1	DN200 冷却水管	L3：→7.55 L4：→1.61	9.16
2	DN150 冷却水管	L3：→0.96×2+↑(0.5+0.5)×2=3.92 L4：→6.54+6.05=12.59	16.51
3	DN100 冷却水管	L4：→1.0×2+1.37×2+↑(2.0+0.5)×4	14.74
4	DN50 冷却水补水管	S：→5.74	5.74
5	DN40 冷却水补水管	S：→0.68×2+↑(0.5+0.8)×2	3.96

2)空调水管道的清单列项

空调水管道的清单列项如表 4.9 所示。

表 4.9　空调水管道的清单列项

序号	清单编号	项目名称	单位	工程量
1	031001001001	镀锌钢管 DN200 空调冷冻水,室内安装,焊接连接	m	45.72
2	031001001002	镀锌钢管 DN150 空调冷冻水,室内安装,焊接连接	m	39.73
3	031001001003	镀锌钢管 DN125 空调冷冻水,室内安装,焊接连接	m	79.12
4	031001001004	镀锌钢管 DN50 空调冷冻水,室内安装,螺纹连接	m	21.5
5	031001001005	镀锌钢管 DN20 空调冷冻水,室内安装,螺纹连接	m	13.1
6	031001001006	镀锌钢管 DN65 空调冷凝水,室内安装,螺纹连接	m	6.89
7	031001001007	镀锌钢管 DN50 空调冷凝水,室内安装,螺纹连接	m	26.89
8	031001001008	镀锌钢管 DN32 空调冷凝水,室内安装,螺纹连接	m	8.7
9	031001001009	镀锌钢管 DN20 空调冷凝水,室内安装,螺纹连接	m	23.97
10	031001001010	镀锌钢管 DN200 空调冷却水,室内安装,焊接连接	m	38.68
11	031001001011	镀锌钢管 DN150 空调冷却水,室内安装,焊接连接	m	16.51
12	031001001012	镀锌钢管 DN125 空调冷却水,室内安装,焊接连接	m	17.2

序号	清单编号	项目名称	单位	工程量
13	031001001013	镀锌钢管 DN100 空调冷却水,室内安装,焊接连接	m	14.74
14	031001001014	镀锌钢管 DN32 空调冷冻水补水,室内安装,螺纹连接	m	1.97
15	031001001015	镀锌钢管 DN40 空调冷却水补水,室内安装,螺纹连接	m	5.74
16	031001001016	镀锌钢管 DN50 空调冷却水补水,室内安装,螺纹连接	m	3.96

3)空调水管道工程量计算表

空调水管道工程量计算如表 4.10 所示。

表 4.10 空调水管道工程量计算表

序号	清单编号	项目名称	单位	工程量计算式
1	031001001001	镀锌钢管 DN200 空调冷冻水,室内安装,焊接连接	m	冷冻站:31.08 底层平面图干管 L1:→1.13 + 5.7 = 6.83 底层平面图干管 L2:→1.41 + 6.4 = 7.81 ∑45.72
2	031001001002	镀锌钢管 DN150 空调冷冻水,室内安装,焊接连接	m	底层平面图干管 L1:→8.85 + 2 + 8.13 + ↓(4.15 − 3.15) = 19.98 底层平面图干管 L2:→8.85 + 2 + 7.9 + ↓(4.15 − 3.15) = 19.75 ∑39.73
3	031001001003	镀锌钢管 DN125 空调冷冻水,室内安装,焊接连接	m	冷冻站:17.2 底层平面图干管 L1:31.11 底层平面图干管 L2:30.81 ∑79.12
4	031001001004	镀锌钢管 DN50 空调冷冻水,室内安装,螺纹连接	m	接末端设备支管:10.75 × 2 = 21.5
5	031001001005	镀锌钢管 DN20 空调冷冻水,室内安装,螺纹连接	m	接末端设备支管:6.55 × 2 = 13.1
6	031001001006	镀锌钢管 DN65 空调冷凝水,室内安装,螺纹连接,含水压试验、水冲洗	m	底层平面图冷凝水管 N:5.97 + 0.92 = 6.89
7	031001001007	镀锌钢管 DN50 空调冷凝水,室内安装,螺纹连接	m	底层平面图冷凝水管 N:26.89

续表

序号	清单编号	项目名称	单位	工程量计算式
8	031001001008	镀锌钢管 DN32 空调冷凝水,室内安装,螺纹连接	m	接末端设备支管:4.35×2=8.7
9	031001001009	镀锌钢管 DN20 空调冷凝水,室内安装,螺纹连接	m	接末端设备支管:2.95×2=5.9 底层平面图干管 N:9+1.94+7.13=18.07 ∑23.97
10	031001001010	镀锌钢管 DN200 空调冷却水,室内安装,焊接连接	m	冷冻站:29.52 冷却塔平面图:9.16 ∑38.68
11	031001001011	镀锌钢管 DN150 空调冷却水,室内安装,焊接连接	m	冷却塔平面图:16.51
12	031001001012	镀锌钢管 DN125 空调冷却水,室内安装,焊接连接	m	冷冻站平面图:17.2
13	031001001013	镀锌钢管 DN100 空调冷却水,室内安装,焊接连接	m	冷却塔平面图:14.74
14	031001001014	镀锌钢管 DN32 空调冷冻水补水,室内安装,螺纹连接	m	冷冻站平面图:1.97
15	031001001015	镀锌钢管 DN40 空调冷却水补水,室内安装,螺纹连接	m	冷却塔平面图:5.74
16	031001001016	镀锌钢管 DN50 空调冷却水补水,室内安装,螺纹连接	m	冷却塔平面图:3.96

4)空调水管道清单计价

空调水管道清单计价如表 4.11 所示。

表 4.11 空调水管道清单计价表

序号	清单编号	项目名称	单位	工程量
1	031001001001	镀锌钢管 DN200 空调冷冻水,室内安装,焊接连接	m	45.72
	B9-0017	镀锌钢管 DN200 安装,焊接连接	10 m	4.57
2	031001001002	镀锌钢管 DN150 空调冷冻水,室内安装,焊接连接	m	39.73
	B9-0016	镀锌钢管 DN150 安装,焊接连接	10 m	3.97
3	031001001003	镀锌钢管 DN125 空调冷冻水,室内安装,焊接连接	m	79.12
	B9-0015	镀锌钢管 DN125 安装,焊接连接	10 m	7.91

序号	清单编号	项目名称	单位	工程量
4	031001001004	镀锌钢管 DN50 空调冷冻水,室内安装,螺纹连接	m	21.5
	B9-0005	镀锌钢管 DN50 安装,螺纹连接	10 m	2.15
5	031001001005	镀锌钢管 DN20 空调冷冻水,室内安装,螺纹连接	m	13.1
	B9-0001	镀锌钢管 DN20 安装,螺纹连接	10 m	1.31
6	031001001006	镀锌钢管 DN65 空调冷凝水,室内安装,螺纹连接	m	6.89
	B9-0006	镀锌钢管 DN65 安装,螺纹连接	10 m	0.69
7	031001001007	镀锌钢管 DN50 空调冷凝水,室内安装,螺纹连接	m	26.89
	B9-0005	镀锌钢管 DN50 安装,螺纹连接	10 m	2.69
8	031001001008	镀锌钢管 DN32 空调冷凝水,室内安装,螺纹连接	m	8.7
	B9-0003	镀锌钢管 DN32 安装,螺纹连接	10 m	0.87
9	031001001009	镀锌钢管 DN20 空调冷凝水,室内安装,螺纹连接	m	23.97
	B9-0001	镀锌钢管 DN20 安装,螺纹连接	10 m	2.40
10	031001001010	镀锌钢管 DN200 空调冷却水,室内安装,焊接连接	m	38.68
	B9-0017	镀锌钢管 DN200 安装,焊接连接	10 m	3.87
11	031001001011	镀锌钢管 DN150 空调冷却水,室内安装,焊接连接	m	16.51
	B9-0016	镀锌钢管 DN150 安装,焊接连接	10 m	1.65
12	031001001012	镀锌钢管 DN125 空调冷却水,室内安装,焊接连接	m	17.2
	B9-0015	镀锌钢管 DN125 安装,焊接连接	10 m	1.72
13	031001001013	镀锌钢管 DN100 空调冷却水,室内安装,焊接连接	m	14.74
	B9-0014	镀锌钢管 DN100 安装,焊接连接	10 m	1.47
14	031001001014	镀锌钢管 DN32 空调冷冻水补水,室内安装,螺纹连接	m	1.97
	B9-0003	镀锌钢管 DN32 安装,螺纹连接	10 m	0.20
15	031001001015	镀锌钢管 DN40 空调冷却水补水,室内安装,螺纹连接	m	5.74
	B9-0004	镀锌钢管 DN40 安装,螺纹连接	10 m	0.57
16	031001001016	镀锌钢管 DN50 空调冷却水补水,室内安装,螺纹连接	m	3.96
	B9-0005	镀锌钢管 DN50 安装,螺纹连接	10 m	0.4

4.1.11 空调设备清单列项与算量计价

1) 空调设备的清单列项与算量

空调设备的清单列项与工程量如表 4.12 所示。

表4.12 空调设备清单列项与工程量计算表

序号	清单编号	项目名称	单位	工程量
1	030113001001	螺杆式冷水机组 30HXC-130A,$Q=456$ kW,$N=98$ kW	台	2
2	030109001001	卧式冷冻水泵 KQW125/315-15/4,$Q=120$ m³/h,$H=32$ m,$N=15$ kW	台	3
3	030109001002	卧式冷却水泵 KQW125/315-15/4,$Q=120$ m³/h,$H=30.5$ m,$N=15$ kW	台	3
4	030113017001	横流式玻璃钢冷却塔 SC-125,$L=125$ m³/h,$N=4$ kW	台	4

2)空调设备清单计价

以广西安装工程消耗量定额为例,冷水机组的清单列项与工程量如表4.13所示。

表4.13 冷水机组清单列项与工程量计算表

序号	清单编号	项目名称	单位	工程量
1	030113001001	螺杆式冷水机组 30HXC-130A,$Q=456$ kW,$N=98$ kW	台	2
	B7-0110	螺杆式制冷机组安装冷量 500 kW 以内	台	2
2	030109001001	卧式冷冻水泵 KQW125/315-15/4,$Q=120$ m³/h,$H=32$ m,$N=15$ kW	台	3
	B1-0805	卧式冷冻水泵安装	台	3
3	030109001002	卧式冷却水泵 KQW125/315-15/4,$Q=120$ m³/h,$H=30.5$ m,$N=15$ kW	台	3
	B1-0805	卧式冷却水泵安装	台	3
4	030113017001	横流式玻璃钢冷却塔 SC-125,$L=125$ m³/h,$N=4$ kW	台	4
	B7-0135	冷却塔安装设备处理水量 150 m³/h 以内	台	4

4.1.12 管道附件清单列项与算量计价

1)管道附件清单列项与算量

根据图4.16空调冷冻水系统图、图4.17空调冷却水系统图、图4.24空气处理机接管示意图以及图4.27风机盘管接管示意图可知,本工程的管道附件清单列项与工程量如表4.14所示。

表4.14 管道附件清单列项与工程量计算表

序号	清单编号	项目名称	单位	工程量
1	031003003001	蝶阀 DN150,焊接法兰连接	个	4
2	031003003002	蝶阀 DN125,焊接法兰连接	个	22

续表

序号	清单编号	项目名称	单位	工程量
3	031003003003	蝶阀 DN100,焊接法兰连接	个	9
4	031003003004	蝶阀 DN50,焊接法兰连接	个	4
5	031003001001	闸阀 DN40,螺纹连接	个	10
6	031003001002	铜闸阀 DN20,螺纹连接	个	4
7	031003001003	铜闸阀 DN15,螺纹连接	个	24
8	031003008001	Y 形过滤器,DN125,焊接法兰连接	个	6
9	031003010001	橡胶软接头 DN125,焊接法兰连接	个	20
10	031003010002	橡胶软接头 DN50,螺纹连接	个	4
11	031003010003	橡胶软接头 DN20,螺纹连接	个	4
12	031003001004	自动排气阀 DN15,螺纹连接	个	2
13	030603002001	电动碟阀 DN100,焊接法兰连接	个	5
14	030603002002	电动二通阀 DN50,螺纹连接	个	2
15	030603002003	电动二通阀 DN20,螺纹连接	个	2
16	030603002002	压差控制器	台	1
17	031006015001	成品不锈钢水箱 $1m^3$	个	1
18	030601002001	压力表 Y-100,0～1.6MPa	个	24
19	030601002002	温度计 0～50℃	个	12
20	桂 031003021001	离子棒水处理器	个	2

2)管道附件清单计价

以广西安装工程消耗量定额为例,管道附件的清单计价如表 4.15 所示。

表 4.15　管道附件的清单计价表

序号	清单编号	项目名称	单位	工程量
1	031003003001	蝶阀 DN150,焊接法兰连接	个	4
	B9-0348	蝶阀 DN150,焊接法兰连接	个	4
2	031003003002	蝶阀 DN125,焊接法兰连接	个	22
	B9-0347	蝶阀 DN125,焊接法兰连接	个	22
3	031003003003	蝶阀 DN100,焊接法兰连接	个	9
	B9-0346	蝶阀 DN100,焊接法兰连接	个	9
4	031003003004	蝶阀 DN50,焊接法兰连接	个	4
	B9-0343	蝶阀 DN50,焊接法兰连接	个	4

续表

序号	清单编号	项目名称	单位	工程量
5	031003001001	闸阀 DN40,螺纹连接	个	10
	B9-0317	闸阀 DN40,螺纹连接	个	10
6	031003001002	铜闸阀 DN20,螺纹连接	个	4
	B9-0314	铜闸阀 DN20,螺纹连接	个	4
7	031003001003	铜闸阀 DN15,螺纹连接	个	24
	B9-0313	铜闸阀 DN15,螺纹连接	个	24
8	031003008001	Y 形过滤器,DN125,焊接法兰连接	个	6
	B9-0347	Y 形过滤器,DN125,焊接法兰连接	个	6
9	031003010001	橡胶软接头 DN125,焊接法兰连接	个	20
	B9-0466	橡胶软接头 DN125,焊接法兰连接	个	20
10	031003010002	橡胶软接头 DN50,螺纹连接	个	4
	B9-0459	橡胶软接头 DN50,螺纹连接	个	4
11	031003010003	橡胶软接头 DN20,螺纹连接	个	4
	B9-0455	橡胶软接头 DN20,螺纹连接	个	4
12	031003001004	自动排气阀 DN15,螺纹连接	个	2
	B9-0322	自动排气阀 DN15,螺纹连接	个	2
13	030603002001	电动碟阀 DN100,焊接法兰连接	个	5
	B5-0437	电动碟阀 DN100,焊接法兰连接	个	5
14	030603002002	电动二通阀 DN50,螺纹连接	个	2
	B5-0431	电动二通阀 DN50,螺纹连接	个	2
15	030603002003	电动二通阀 DN20,螺纹连接	个	2
	B5-0431	电动二通阀 DN20,螺纹连接	个	2
16	030603002002	压差控制器	台	1
	B5-0393	压差控制器	台	1
17	031006015001	成品不锈钢水箱 1 m^3	个	1
	B9-0689	成品不锈钢水箱 1 m^3	个	1
18	030601002001	压力表 Y-100,0～1.6 MPa	个	24
	B6-0001	压力表 Y-100,0～1.6 MPa	个	24
19	030601002002	温度计 0～50 ℃	个	12
	B6-0024	温度计 0～50 ℃	个	12
20	桂 031003021001	离子棒水处理器	个	2
	B9-0372	离子棒水处理器	个	2

4.1.13　管道附属工程清单列项与算量

1)管道支架工程量计算

管道支架分一般管道支架、木垫式管道支架和弹簧式管道支架。要求保温的管道采用木垫式管道支架;在泵房内与水泵相接的管道振动较大时要用弹簧式管道支架,以减少震动。管道支吊架工程量要根据管道材质、管道规格型号和管道安装高度来计算。

下面以图 4.32 中的空调冷冻水水平干管 DN200 为例来介绍管道支架工程量的计算方法。

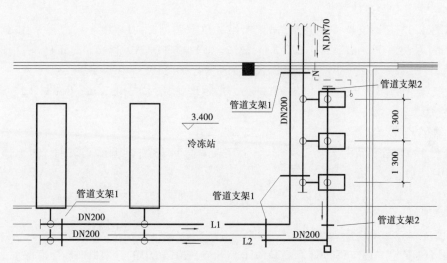

图 4.32　管道支架布置示意图

(1)确定管道支架样式并画出管道支架示意图

冷冻水管需要保温,故采用木垫式管道支架。该冷冻水管为水平敷设,其管道支架一般采用吊架形式。管道并列敷设时,可按管道支架样式 1(见图 4.33)的做法;单根管道水平敷设时,可按管道支架样式 2(见图 4.34)的做法。

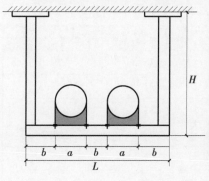
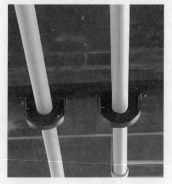

图 4.33　管道支架 1 示意图

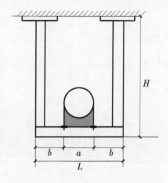

图 4.34　管道支架 2 示意图

(2)确定管道支架的个数

根据施工验收规范要求,镀锌钢管 DN200 保温管道支架的最大间距为 7 m,在管道转弯处适当加密。冷冻站内 DN200 冷冻水管管道支架的设置如图 4.32 所示。

（3）计算管道支架工程量

①计算管道支架 1 的质量

根据图 4.33 管道支架 1 示意图,由于是两根 DN200 镀锌钢管并排敷设,故吊架所用的角钢选用∟50×50×5,抱箍采用 ϕ12 圆钢。冷冻站的层高为 5.2 m,故 $H=5.2-0.1$（板厚）$-(3.4-0.15)$（管底标高）$=1.85$（m）。考虑管道支架带木垫,取 b 为 0.1 m,a 为 0.219 3 m（管外径）,故 $L=0.1\times3+0.219\ 3\times2=0.738\ 6\approx0.75$（m）,按 0.8 m 计。所用角钢长度为 $1.85\times2+0.75=4.45\approx4.5$（m）。$\phi$12 圆钢长度为 $3.14\times0.219\ 3\times2\approx1.4$（m）

管道支架 1 的质量 $=4.5\ m\times3.77\ kg/m$（角钢理论质量）$+1.4\ m\times0.888\ kg/m$（角钢理论质量）$=18.2\ kg$

②计算管道支架 2 的质量

根据图 4.34 管道支架 2 示意图,吊架所用的角钢选用∟40×40×4,抱箍采用 ϕ12 圆钢。$H=1.85\ m$,取 b 为 0.1 m,a 为 0.219 3 m,故 $L=0.1\times2+0.219\ 3\approx0.42$（m）。所用角钢长度为 $1.85\times2+0.42\approx4.1$（m）。$\phi$12 圆钢长度为 $3.14\times0.219\ 3\approx0.7$（m）。

管道支架 2 的质量 $=4.1\ m\times3.77\ kg/m$（角钢理论质量）$+0.7\ m\times0.888\ kg/m$（角钢理论质量）$\approx16\ kg$

③计算管道支架工程量

根据图 4.32,管道支架 1 需要 4 个,管道支架 2 需要 2 个,则管道支架工程量 $=18.2\times4+16\times2=104.8$（kg）。

2）管道保温工程量计算

（1）管道保温工程量计算方法

根据通风安装工程工程量计算规范（GB 50856—2013）中的计算规则,管道保温工程量计算公式为:

$$V=\pi\times(D+1.033\delta)\times1.033\delta\times L$$

式中,π——圆周率,D——管道外径,1.033——调整系数,δ——保温厚度,L——管道长度。

保温材质和保温厚度根据施工图确定,而管道外径 D 可从五金手册查得。管道保温工程量计算所需相关数据如表 4.16 所示。

表 4.16 管道保温相关数据

序号	管道名称	管道型号规格	保温材料	保温厚度 δ/mm	管道外径 D/mm
1	冷冻水管	镀锌钢管 DN200	橡塑保温	36	219.3
2	冷冻水管	镀锌钢管 DN150	橡塑保温	33	168.3
3	冷冻水管	镀锌钢管 DN125	橡塑保温	33	140.0
4	冷冻水管	镀锌钢管 DN50	橡塑保温	28	60.3
5	冷冻水管	镀锌钢管 DN20	橡塑保温	24	26.9
6	冷凝水管	镀锌钢管 DN65	橡塑保温	15	75.5
7	冷凝水管	镀锌钢管 DN50	橡塑保温	15	60.3
8	冷凝水管	镀锌钢管 DN32	橡塑保温	15	42.4
9	冷凝水管	镀锌钢管 DN20	橡塑保温	15	26.9

（2）管道保温工程量计算（表 4.17）

表 4.17　管道保温工程量

序号	名称	计算式
1	DN200 橡塑保温套管 $\delta = 36$ mm	$V = 3.14 \times (0.219\,3 + 1.033 \times 0.036) \times 1.033 \times 0.036 \times L$
2	DN150 橡塑保温套管 $\delta = 33$ mm	$V = 3.14 \times (0.168\,3 + 1.033 \times 0.033) \times 1.033 \times 0.033 \times L$
3	DN125 橡塑保温套管 $\delta = 33$ mm	$V = 3.14 \times (0.140\,0 + 1.033 \times 0.033) \times 1.033 \times 0.033 \times L$
4	DN50 橡塑保温套管 $\delta = 28$ mm	$V = 3.14 \times (0.060\,3 + 1.033 \times 0.028) \times 1.033 \times 0.028 \times L$
5	DN20 橡塑保温套管 $\delta = 24$ mm	$V = 3.14 \times (0.026\,9 + 1.033 \times 0.024) \times 1.033 \times 0.024 \times L$
6	DN65 橡塑保温套管 $\delta = 15$ mm	$V = 3.14 \times (0.075\,5 + 1.033 \times 0.015) \times 1.033 \times 0.015 \times L$
7	DN50 橡塑保温套管 $\delta = 15$ mm	$V = 3.14 \times (0.060\,3 + 1.033 \times 0.015) \times 1.033 \times 0.015 \times L$
8	DN32 橡塑保温套管 $\delta = 15$ mm	$V = 3.14 \times (0.042\,4 + 1.033 \times 0.015) \times 1.033 \times 0.015 \times L$
9	DN20 橡塑保温套管 $\delta = 15$ mm	$V = 3.14 \times (0.026\,9 + 1.033 \times 0.015) \times 1.033 \times 0.015 \times L$

3）管道附属工程清单列项

管道附属工程清单列项如表 4.18 所示，清单工程量计算如表 4.19 所示。

表 4.18　管道附属工程清单列项表

序号	清单编号	项目名称	单位	工程量
1	031208002001	DN200 钢管保温，橡塑保温套管 $\delta = 36$ mm	m³	1.37
2	031208002002	DN150 钢管保温，橡塑保温套管 $\delta = 33$ mm	m³	0.86
3	031208002003	DN125 钢管保温，橡塑保温套管 $\delta = 33$ mm	m³	1.47
4	031208002004	DN50 钢管保温，橡塑保温套管 $\delta = 28$ mm	m³	0.09
5	031208002005	DN20 钢管保温，橡塑保温套管 $\delta = 24$ mm	m³	0.05
6	031208002006	DN65 钢管保温，橡塑保温套管 $\delta = 15$ mm	m³	0.03
7	031208002007	DN50 钢管保温，橡塑保温套管 $\delta = 15$ mm	m³	0.10
8	031208002008	DN32 钢管保温，橡塑保温套管 $\delta = 15$ mm	m³	0.03
9	031208002009	DN20 钢管保温，橡塑保温套管 $\delta = 15$ mm	m³	0.05
10	031002003001	一般穿墙钢套管 DN300	个	4
11	031002003002	一般穿墙钢套管 DN250	个	6
12	031002001001	一般管道支架	kg	104.8
13	031002001002	带木垫式管道支架	kg	251.22
14	031201003001	管道支架刷红丹漆两遍	kg	356.02
15	031201003002	管道支架刷调和漆两遍	kg	356.02
16	桂 031211003001	管道支架人工除轻锈一遍	kg	356.02

表 4.19　管道附属工程工程量计算表

序号	项目名称	单位	工程量计算式
1	DN200 钢管保温,橡塑保温套管 $\delta = 36$ mm	m³	$V = 3.14 \times (0.219\ 3 + 1.033 \times 0.036) \times 1.033 \times 0.036 \times 45.72 = 1.37$
2	DN150 钢管保温,橡塑保温套管 $\delta = 33$ mm	m³	$V = 3.14 \times (0.168\ 3 + 1.033 \times 0.033) \times 1.033 \times 0.033 \times 39.73 = 0.86$
3	DN125 钢管保温,橡塑保温套管 $\delta = 33$ mm	m³	$V = 3.14 \times (0.140\ 0 + 1.033 \times 0.033) \times 1.033 \times 0.033 \times 79.12 = 1.47$
4	DN50 钢管保温,橡塑保温套管 $\delta = 28$ mm	m³	$V = 3.14 \times (0.060\ 3 + 1.033 \times 0.028) \times 1.033 \times 0.028 \times 10.75 = 0.09$
5	DN20 钢管保温,橡塑保温套管 $\delta = 24$ mm	m³	$V = 3.14 \times (0.026\ 9 + 1.033 \times 0.024) \times 1.033 \times 0.024 \times 13.1 = 0.05$
6	DN65 钢管保温,橡塑保温套管 $\delta = 15$ mm	m³	$V = 3.14 \times (0.075\ 5 + 1.033 \times 0.015) \times 1.033 \times 0.015 \times 6.89 = 0.03$
7	DN50 钢管保温,橡塑保温套管 $\delta = 15$ mm	m³	$V = 3.14 \times (0.060\ 3 + 1.033 \times 0.015) \times 1.033 \times 0.015 \times 26.89 = 0.10$
8	DN32 钢管保温,橡塑保温套管 $\delta = 15$ mm	m³	$V = 3.14 \times (0.042\ 4 + 1.033 \times 0.015) \times 1.033 \times 0.015 \times 8.7 = 0.03$
9	DN20 钢管保温,橡塑保温套管 $\delta = 15$ mm	m³	$V = 3.14 \times (0.026\ 9 + 1.033 \times 0.015) \times 1.033 \times 0.015 \times 23.97 = 0.05$
10	一般穿墙钢套管 DN300	个	冷冻站内 DN200 冷冻水管穿墙套管:2 个 空调水平面图 DN200 冷冻水管穿墙套管:2 个 $\sum 4$ 个
11	一般穿墙钢套管 DN250	个	冷冻站内 DN200 冷却水管穿墙套管:4 个 空调水平面图 DN150 冷冻水管穿墙套管:2 个 $\sum 6$ 个
12	一般管道支架	kg	冷冻站内 DN200 冷却水:104.8 kg 冷却塔平面图:水平干管在管沟内敷设,不设支架 $\sum 104.8$ kg

续表

序号	项目名称	单位	工程量计算式
13	带木垫式管道支架	kg	冷冻站内 DN200 冷冻水：104.8 kg 底层空调水平面图 DN200：(1.3×2+0.8)×3.77 + 1.4×0.888 = 14.06 底层空调水平面图 DN150：[(1.3×2+0.8)×3.77 + 1.1×0.888]×2 + [(2.3×2+0.8)×3.77 + 1.1×0.888]×2 = 27.6 + 42.67 = 70.27 底层空调水平面图 DN125：[(1.3×2+0.7)×3.77 + 0.88×0.888]×3 = 39.66 底层空调水平面图 DN50：[(1.3×2+0.4)×1.373 + 0.4×0.617]×2 = 8.73 底层空调水平面图 DN20：[(2.3×2+0.3)×1.373 + 0.2×0.617]×2 = 13.7 $\sum$ 251.22
14	管道支架刷红丹漆两遍	kg	一般管道支架工程量 + 带木垫式管道支架工程量 = 104.8 + 251.22 = 356.02
15	管道支架刷调和漆两遍	kg	356.02
16	管道支架人工除轻锈一遍	kg	356.02

4)管道附属工程清单计价

以广西安装工程消耗量定额为例,管道附属工程清单计价如表4.20所示。

表4.20 管道附属工程清单计价表

序号	清单编号	项目名称	单位	工程量
1	031208002001	DN200 钢管保温,橡塑保温套管 δ = 36 mm	m³	1.37
	B11-2101	DN200 钢管保温,橡塑保温套管 δ = 36 mm	m³	1.37
2	031208002002	DN150 钢管保温,橡塑保温套管 δ = 33 mm	m³	0.86
	B11-2101	DN150 钢管保温,橡塑保温套管 δ = 33 mm	m³	0.86
3	031208002003	DN125 钢管保温,橡塑保温套管 δ = 33 mm	m³	1.47
	B11-2096	DN125 钢管保温,橡塑保温套管 δ = 33 mm	m³	1.47
4	031208002004	DN50 钢管保温,橡塑保温套管 δ = 28 mm	m³	0.09
	B11-2090	DN50 钢管保温,橡塑保温套管 δ = 28 mm	m³	0.09
5	031208002005	DN20 钢管保温,橡塑保温套管 δ = 24 mm	m³	0.05
	B11-2090	DN20 钢管保温,橡塑保温套管 δ = 24 mm	m³	0.05
6	031208002006	DN65 钢管保温,橡塑保温套管 δ = 15 mm	m³	0.03

续表

序号	清单编号	项目名称	单位	工程量
	B11-2093	DN65 钢管保温,橡塑保温套管 $\delta=15$ mm	m³	0.03
7	031208002007	DN50 钢管保温,橡塑保温套管 $\delta=15$ mm	m³	0.10
	B11-2088	DN50 钢管保温,橡塑保温套管 $\delta=15$ mm	m³	0.10
8	031208002008	DN32 钢管保温,橡塑保温套管 $\delta=15$ mm	m³	0.03
	B11-2088	DN32 钢管保温,橡塑保温套管 $\delta=15$ mm	m³	0.03
9	031208002009	DN20 钢管保温,橡塑保温套管 $\delta=15$ mm	m³	0.05
	B11-2088	DN20 钢管保温,橡塑保温套管 $\delta=15$ mm	m³	0.05
10	031002003001	一般穿墙钢套管 DN300	个	4
	B9-0267	一般穿墙钢套管 DN300	个	4
11	031002003002	一般穿墙钢套管 DN250	个	6
	B9-0266	一般穿墙钢套管 DN250	个	6
12	031002001001	一般管道支架	kg	104.8
	B9-0208	一般管道支架	100 kg	1.05
13	031002001002	带木垫式管道支架	kg	251.22
	B9-0208	带木垫式管道支架	100 kg	2.51
14	031201003001	管道支架刷红丹漆两遍	kg	356.02
	B11-0117	金属结构刷油 一般钢结构 红丹防锈漆第一遍	100 kg	3.56
	B11-0118	金属结构刷油 一般钢结构 红丹防锈漆第两遍	100 kg	3.56
15	031201003002	管道支架刷调和漆两遍	kg	356.02
	B11-0126	金属结构刷油 一般钢结构 调和漆第一遍	100 kg	3.56
	B11-0127	金属结构刷油 一般钢结构 调和漆第两遍	100 kg	3.56
16	桂 031211003001	管道支架人工除轻锈一遍	kg	356.02
	B11-0007	管道支架人工除轻锈一遍	100 kg	3.56

任务4.2　空调风系统清单列项与算量计价

　　本任务以某商场中央空调风系统施工图为载体,讲解空调风的清单列项与算量计价。具体的任务描述如下:

任务名称	空调风系统清单列项与算量计价	学时数(节)	12
教学环境	工程造价实一体化实训室、造价工作室	授课对象	高职工程管理类专业二年级学生
项目载体	某商场中央空调风系统施工图		
教学目标	知识目标:熟悉空调风系统工程量清单、消耗量定额相关知识;熟悉工程量计算规则与方法。 能力目标:能依据施工图,利用工具书编制空调风系统工程量清单及清单计价表。 素质目标:培养科学严谨的职业态度,以及精益求精、勤勉尽职、团结协作的职业精神。		
应知应会	一、学生应知的知识点: 1.空调风系统的基本知识。 2.空调风系统清单项目设置的内容及注意事项。 3.空调风系统清单项目特征描述的内容。 4.空调风系统清单计价注意事项。 二、学生应会的技能点: 1.会计算风管工程量。 2.能编制空调风系统工程量清单。 3.能对空调风系统工程量清单进行清单计价。		
重点、难点	教学重点:空调风系统工程量清单项目的编制、工程量计算及定额套价。 教学难点:风管工程量计算。		
教学方法	1.项目教学法;2.任务驱动法;3.线上线下混合教学法;4.小组讨论法		
教学实施	1.任务资讯:学生完成该学习任务需要掌握的相关知识或需要查阅的信息。 2.任务分析:教师布置任务,通过项目教学法引导学生完成空调风系统的清单列项与算量计价。 3.任务实施:教师引导学生以小组学习的方式完成学习任务,要求学生在课前预习,线上完成微课、动画及PPT等教学资源的观看,线下由教师引导学生按照学习任务的要求进行空调风系统的清单列项与算量计价。		
考核评价	1.云平台线上提问考核。 2.课堂完成给定案例、成果展示,实行自评及小组互评。 3.课程累计评价、多方评价,综合评定成绩。		

➤ 任务资讯

4.2.1 空调房间的气流组织

空调房间的气流组织(又称为空气分布),是指合理地布置送风口和回风口,使得工作区(也称为空调区)内形成比较均匀而稳定的温湿度、气流速度和洁净度,以满足生产工艺和人体舒适的要求。

目前空调房间的气流分布有两大类:顶(上)部送风系统和下部送风系统。

1)顶(上)部送风系统

顶(上)部送风系统又称传统的顶部混合系统。它是将调节好的空气通常以高于室内人员舒适所能接受的速度从房间上部(顶棚或侧墙高处)送出。顶部送风系统中,按照所采用送风口的类型和布置方式的不同,空调房间的送风方式主要有以下几种:

①侧向送风。侧向送风是空调房间中最常用的一种气流组织方式,它具有结构简单、布置方便和节省投资等优点,适用室温允许波动范围大于或等于±0.5℃的空调房间。一般以贴附射流形式出现,工作区通常是回流区。

②散流器送风。散流器是设置在顶棚上的一种送风口,它具有添导室内空气使之与送风射流迅速混合的特性。散流器送风可以分为平送和下送两种。

③孔板送风。孔板送风是利用顶棚上面的空间作为稳压层,空气由送风管进入稳压层后,在静压作用下,通过顶棚上的大量小孔均匀地进入房间。

④喷口送风。喷口送风是依靠喷口吹出的高速射流实现送风的方式。常用于大型体育馆、礼堂、通用大厅以及高大厂房中。

⑤条缝型送风。条缝送风属于扁平射流,与喷口送风相比,射程较短,温差和速度衰减较快。它适用于工作区允许风速为0.25~1.5 m/s,温度波动范围为±(1~2)℃的场所。

2)下部送风系统

①置换通风。置换通风属于下送风的一种,气流从位于侧墙下部的置换风口水平低速送入室内,在浮升力的作用下至工作区,吸收人员和设备负荷形成热羽流。

②工位送风。工位送风是一种集区域通风、设备通风和人员自调节为一体的个性化送风方式。由于现代办公建筑多采用统间式设计,个人对周围空气的冷热需求差异较大,更适宜安装工位送风。

③地板送风。地板送风是将处理后的空气经过地板下的静压箱,由送风散流器送入室内,与室内空气混合。其特点是洁净空气由下向上经过人员活动区,消除余热余湿,从房间顶部的排风口排出。

3)回风

回风口处的气流速度衰减很快,对气流流型影响很小,对区域温差影响亦小。因此,除了高大空间或面积大而有较高区域温差要求的空调房间外,一般可在房间一侧集中布置回风口。对于侧送方式,回风口一般设在送风口同侧下方;采用孔板和散流器送风形式,回风口也应设在下侧。高大厂房上部有一定余热量时,宜在上部增设排风口或回风口将余热量排除,以减少空调区的热量。

4.2.2 风管基本知识

1)风管的种类

制作风管的材料有薄钢板、硬聚氯乙烯塑料板、玻璃钢、胶合板、纤维板、铝板和不锈钢板。

利用建筑空间兼作风道的,有混凝土、砖砌风道。需要经常移动的风管,则大多用柔性材料制成各种软管,如塑料软管、橡胶管和金属软管。

最常用的风管材料是薄钢板,它有普通薄钢板和镀锌薄钢板两种。两者的优点是易于工业化制作、安装方便、能承受较高的温度。镀锌钢板还具有一定的防腐性能,适用于空气湿度较高或室内比较潮湿的通风、空调系统。玻璃钢、硬聚氯乙烯塑料风管适用于有酸性腐蚀作用的通风系统。它们表面光滑,制作也比较方便,因而得到了较广泛的应用。

砖、混凝土等材料制作的风管主要用于需要与建筑结构配合的场合。它节省钢材,经久耐用,但阻力较大。在体育馆、影剧院等公共建筑和纺织厂的空调工程中,常利用建筑空间组合成通风管道。这种管道的断面较大,可降低流速,减小阻力,还可以在风管内壁衬贴吸声材料,以降低噪声。

2)风管的制作安装

(1)镀锌铁皮风管制作加工

①风管接缝的连接方法

风管接缝的连接方法有咬口连接和焊接连接。

a.咬口连接:主要用于厚度 $\delta \leqslant 1.2$ 的薄钢板和镀锌钢板。咬口连接的形式见表4.21。

表4.21 风管接缝咬口连接

形式	名称	适用范围
	单咬口	用于板材的拼接和圆形风管的闭合咬口
	立咬口	用于圆形管或直接的管节咬口
	联合角咬口	用于矩形风管、变管、三通管及四通管的咬接
	转角式咬口	较多地用于矩形直管的咬缝和有净化要求的空调系统,有时也用于弯管成三通管的转角咬口缝
	接扣式咬口	现在矩形风管大多采用此咬口,有时也用于弯管、三通管或四通管

b.焊接连接:主要用于厚度 $\delta > 1.2$ 的非镀锌薄钢板。

②镀锌铁皮风管的连接

镀锌铁皮风管的连接方法有 C 形插条连接和法兰连接,具体方法如下:

a.当矩形风管边长 ≤800 mm 时,风管之间的连接可用 C 形插条连接,如图4.35 所示。

b.对矩形风管边长 >800 mm 以及风管与设备、风阀、消声器、防风阀等通风配件的连接可采用法兰连接。

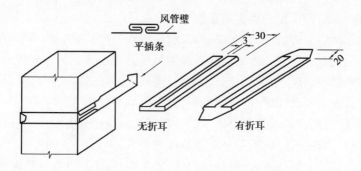

图 4.35　风管 C 形插条连接示意图

③法兰与风管的装配形式

a.翻边形式:适用于扁钢法兰与板厚小于 1.0 mm、直径 $D<200$ mm 的圆形风管、矩形不锈钢风管或铝板风管、配件的连接。

b.翻边铆接形式:适用于角钢法兰与壁厚 <1.5 mm、直径较大的风管及配件的连接,铆接部位应在法兰外侧。

c.焊接形式:适用于角钢法兰与风管壁厚 >1.5 mm 的风管与配件的连接,并依风管、配件断面的大小情况,采用翻边点焊或沿风管、配件周边进行满焊连接。

④风管加固

矩形风管与圆形风管相比,自身强度低,当边长≥630 mm、管段长度在 1.2 m 以上时均应采取加固措施(见图 4.36)。加固措施如下:

a.采用楞筋、楞线的方法加固,适用于边长较小的风管。

b.加固框的形式加固,适用于边长较大的风管和中、高压风管。

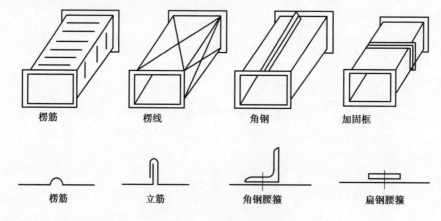

图 4.36　风管加固示意图

(2)风管安装技术要求

①风管和空气处理机内不得敷设电线、电缆以及输送有毒、易燃、易爆的气体和液体管道。

②风管与配件可拆卸的接口不得装设在墙和楼板内。

③排气和除尘系统的风管宜在该系统所服务的生产设备就位后安装。

④风管水平安装,水平度的允许偏差每米不应大于 3 mm,总偏差不应大于 20 mm;风管垂直安装,垂直度的允许偏差每米不应大于 2 mm,总偏差不应大于 20 mm。

⑤输送产生凝结水或含有蒸汽的潮湿空气的风管,应按设计要求的坡度安装。风管底部不宜设置纵向接缝,如有接缝应做密封处理。

⑥安装输送含有易燃、易爆介质气体的系统和安装在易燃、易爆介质环境内的通风系统都必须有良好的接地装置,并应尽量减少接口。输送易燃、易爆介质气体的风管,通过生活间或其他辅助生产房间必须严密,并不得设置接口。

4.2.3 常用风口

风口有单层百叶、双层百叶、散流器、自垂百叶、防雨百叶、条形风口、球形风口、旋流风口等。百叶风口又分活动百叶和固定百叶;还有带过滤风口、带调节阀风口、带风机风口。常用风口如图4.37所示。

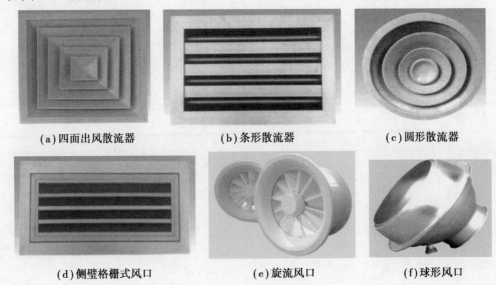

(a)四面出风散流器　　　　(b)条形散流器　　　　(c)圆形散流器

(d)侧壁格栅式风口　　　　(e)旋流风口　　　　(f)球形风口

图4.37　各种风口

4.2.4 空调风系统常用的工程量清单项目

工程量清单项目设置及工程量计算规则,应按表4.22~4.25的规定执行。

表4.22　空调设备安装

项目编码	项目名称	项目特征	计量单位	工程量计算规则	工程内容
030701003	空调器	1.名称 2.型号 3.规格 4.安装形式	台	按设计图示数量计算	1.本体安装或者组装、调试 2.隔震垫(器)安装 3.设备支架制作安装 4.设备支架刷油 5.补刷(喷)油漆

续表

项目编码	项目名称	项目特征	计量单位	工程量计算规则	工程内容
030701004	风机盘管	1.名称 2.型号 3.规格 4.安装形式 5.试压要求	台	按设计图示数量计算	1.本体安装、调试 2.支架制作、安装 3.设备支架刷油 4.试压 5.补刷(喷)油漆
桂030701016	空气幕	1.名称 2.型号 3.规格 4.安装形式	台	按设计图示数量计算	1.本体安装、调试 2.支架制作、安装 3.支架刷油 4.补刷(喷)油漆

注:1.名称、型号、规格按设计图纸要求描述清楚;
　　2.安装形式:如吊装、落地式安装等;
　　3.空调器包括新风机、组合式风柜、空气处理机等。

表4.23　空调风管制作安装

项目编码	项目名称	项目特征	计量单位	工程量计算规则	工程内容
030702001	碳钢通风管道	1.名称 2.材质 3.形状 4.规格 5.板材厚度 6.接口形式			1.风管、管件、法兰、零件、支吊架制作、安装 2.过跨风管落地支架制作、安装 3.支架刷油
030702002	净化通风管道				
030702003	不锈钢板通风管道	1.名称 2.形状 3.规格 4.板材厚度 5.接口形式	m²	按设计图示内径尺寸以展开面积计算	
030702004	铝板通风管道				1.风管、管件、法兰安装 2.支吊架制作、安装 3.过跨风管落地支架制作、安装 4.支架刷油
030702005	塑料通风管道				
030702006	玻璃钢通风管道				
030702007	复合型风管	1.名称 2.材质 3.形状 4.规格 5.板材厚度 6.接口形式			

续表

注:1.风管展开面积,不扣除检查孔、测定孔、送风口、吸风口等所占面积;风管长度一律以设计图示中心线长度为准(主管与支管以其中心线交点划分),包括弯头、三通、变径管、天圆地方等管件的长度,但不包括部件所占的长度。风管展开面积不包括风管、管口重叠部分面积。风管渐缩管:圆形风管按平均直径;矩形风管按平均周长。

2.工程量清单项目特征描述方法

(1)名称、材质:比如碳钢通风管道、不锈钢通风管道等。

(2)形状:指矩形、圆形等。

(3)规格:矩形风管指风管截面的宽×高,圆形风管指截面的外径。

(4)板材厚度:根据设计图纸的要求。

(5)接口形式:指风管之间的连接方式,如法兰连接、插接等。

表4.24 通风管道部件制作安装

项目编码	项目名称	项目特征	计量单位	工程量计算规则	工程内容
030703001	碳钢阀门	1.名称 2.型号 3.规格 4.类型	个	按设计图示数量计算	1.阀体安装 2.支架制作、安装 3.支架刷油
030703011	铝及铝合金风口、散流器、百叶窗	1.名称 2.型号 3.规格			1.风口安装 2.散流器安装 3.百叶窗安装
030703019	柔性接口	1.名称 2.型号 3.规格	m²	按设计图示尺寸以展开面积计算	1.柔性接口制作 2.柔性接口安装
030703020	消声器	1.名称 2.型号 3.材质	个	按设计图示数量计算	1.消声器安装 2.支架制作安装 3.支架刷油
030703021	静压箱	1.名称 2.型号 3.形式			1.静压箱安装 2.支架制作安装 3.支架刷油

注:1.阀门包括:空气加热器上通阀、空气加热器旁通阀、圆形瓣式启动阀、风管蝶阀、风管止回阀、密闭式斜插阀、矩形风管三通调节阀、对开多叶调节阀、风管防火阀、各型风罩调节阀等。

2.风口、散流器、百叶窗包括:百叶风口、矩形送风口、矩形空气分布器、风管插板口、旋转吹风口、圆形散流器、方形散流器、流线型散流器、送吸风口、活动式风口、网式风口、钢百叶窗等。

3.柔性接口包括:金属、非金属软接口及伸缩节。

4.消声器包括:片式消声器、矿棉管式消声器、聚脂泡沫管式消声器、卡普隆管式消声器、弧形声流式消声器、阻抗复合式消声器、微穿孔板消声器、消声弯头。

表4.25 通风空调工程检测、调试

项目编码	项目名称	项目特征	计量单位	工程量计算规则	工程内容
030704001	通风、防排烟工程检测、调试	通风、防排烟系统风机总功率	kW	按设计的通风、防排烟系统通风机总功率计算	1.检查及调整设备运行 2.通风管道风量测定 3.风压测定 4.噪声检查 5.各系统风口、阀门调整
030704002	风管漏光试验、漏风试验	漏光试验、漏风试验的设计要求	m²	按设计图纸或规范要求以展开面积计算	风管漏光试验、漏风试验
桂030704003	空调工程系统调试	1.制冷主机名称、规格型号 2.制冷主机制冷量	kW	按设计的空调系统制冷主机制冷量计算	1.检查及调整设备运行 2.风量测定及调整 3.风压测定 4.温度测定 5.湿度测定 6.噪声检查 7.各系统风口、阀门调整 8.媒介管道系统的设备检查、运行 9.媒介管道系统的部件检查、调整 10.流量平衡调整

注:空调工程系统调试包含空调风系统、空调水系统或其他媒介管道系统调试。

▷ **任务分析**

4.2.5 空调风管的识图

空调风系统一般由末端设备、风管、风阀、风口、消声器、静压箱等组成。本工程的末端设备有K80空气处理机、风机盘管等,如图4.38所示。

空调风系统三维图

▷ **任务实施**

4.2.6 空调风管的清单列项和算量计价

1)风管工程量计算方法

风管长度计算一律以施工图所示中心线长度为准,包括弯头、三通、变径管、天圆地方等配件长度。风管长度不包括部件所占长度,也不包括设备所占长度。风管展开面积计算公式为:

矩形直风管展开面积:$S_{矩} = 2 \times (A + B) \times L$

圆形直风管展开面积:$S_{圆} = 3.14 \times D \times H$

矩形异径管展开面积:$S_{异} = (A + B + a + b) \times L$

圆形异径管展开面积:$S_{异} = 1/2 \times (D1 + D2) \times 3.14 \times H$

天圆地方管展开面积:$S_{天} = (3.14 \times D/2 + A + B) \times H$

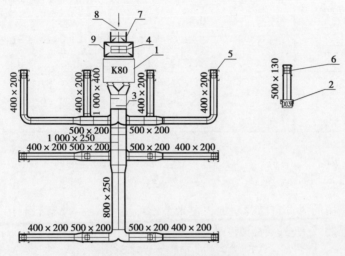

图 4.38 空调风系统平面图

1—K80 空气处理机;2—风机盘管;3—折板式消声器;4—隔栅式百叶风口;5—方形散流器 300×300;
6—方形散流器 240×240;7—对开多页调节阀;8—防水百叶风口;9—静压箱

2)风管工程量计算

根据图 4.38 空调风系统平面图和风管工程量计算公式,可计算出风管工程量(注意:风管长度根据施工图按比例量取),其计算结果见表 4.26。

表 4.26 风管工程量

序号	项目名称及规格	单位	工程量	计算式
1	双面铝箔聚苯乙烯复合风管制作安装,风管厚 $\delta = 20$ mm,周长 4 000 mm 以下	m²	36.94	$S_{1\,000 \times 400} = 2 \times (1 + 0.4) \times 2 \times 1.14 = 6.38$ $S_{1\,000 \times 250} = 2 \times (1 + 0.25) \times 2 \times 1.89 = 9.45$ $S_{800 \times 250} = 2 \times (0.8 + 0.25) \times 2 \times 4.03 = 16.93$ $S_{异} = (0.4 + 0.4 + 0.5 + 0.4) \times 0.58 \times 2 = 1.97$ $S_{异} = (1.0 + 0.4 + 1.0 + 0.25) \times 0.40 = 1.06$ $S_{异} = (1.0 + 0.25 + 0.8 + 0.25) \times 0.50 = 1.15$ 合计:36.94

149

续表

序号	项目名称及规格	单位	工程量	计算式
2	双面铝箔聚苯乙烯复合风管制作安装,风管厚$\delta = 20$ mm,周长2 000 mm 以下	m²	52.64	$S_{400 \times 200} = 2 \times (0.4 + 0.2) \times (2.73 + 3.13 + 3.47 \times 2) \times 2 = 30.72$ $S_{500 \times 200} = 2 \times (0.5 + 0.2) \times 2.4 \times 3 \times 2 = 20.16$ $S_弯 = 2 \times (A + B) \times 3/4 \pi A = 2 \times (0.4 + 0.2) \times 3/4 \times 3.14 \times 0.4 = 1.13$ $S_异 = (0.5 + 0.2 + 0.4 + 0.2) \times 0.48 = 0.63$ 合计:52.64
3	帆布软接头	m²	1.48	S1 $= 2 \times (1.6 + 0.5) \times 0.2 = 0.84$ S2 $= 2 \times (0.4 + 0.4) \times 0.2 \times 2 = 0.64$ 合计:1.48

3)风管的清单列项

本空调系统使用的风管材质为双面铝箔聚苯乙烯复合风管,此材料制作的风管比较轻巧,兼具了风管及保温的效果,其清单列项如表4.27 所示。

表4.27 风管清单列项表

序号	清单编号	项目名称	单位	工程量
1	030702007001	双面铝箔聚苯乙烯复合风管制作安装,风管厚$\delta = 20$ mm,周长4 000 mm 以下	m²	36.94
2	030702007002	双面铝箔聚苯乙烯复合风管制作安装,风管厚$\delta = 20$ mm,周长2 000 mm 以下	m²	52.64

4)风管的清单计价

以广西安装工程消耗量定额为例,水箱的清单计价如表4.28 所示。

表4.28 风管清单计价表

序号	清单编号	项目名称	单位	工程量
1	030702007001	双面铝箔聚苯乙烯复合风管制作安装,风管厚$\delta = 20$ mm,周长4 000 mm 以下	m²	36.94
	B7-0287	双面铝箔聚苯乙烯复合风管制作安装,风管厚$\delta = 20$ mm,周长4 000 mm 以下	10 m²	3.69
2	030702007002	双面铝箔聚苯乙烯复合风管制作安装,风管厚$\delta = 20$ mm,周长2 000 mm 以下	m²	52.64
	B7-0286	双面铝箔聚苯乙烯复合风管制作安装,风管厚$\delta = 20$ mm,周长2 000 mm 以下	10 m²	5.26

4.2.7　空气处理器的清单列项和算量计价

1) 空气处理器的清单列项与算量

空气处理器的清单列项与工程量计算如表 4.29 所示。

表 4.29　空气处理器清单列项及工程量计算表

序号	清单编号	项目名称	单位	工程量
1	030701003001	吊顶式空气处理机 DBFPX8I $L=8\,000$ m³/h,$Q=61.5$ kW,$N=1.0\times2$ kW	台	2
2	030701004001	风机盘管 42CE003,吊顶式安装 $L=550$ m³/h,$Q=2.82$ kW,$N=1.0\times2$ kW	台	2

2) 空气处理器的清单计价

以广西安装工程消耗量定额为例,空气处理器的清单计价如表 4.30 所示。

表 4.30　空气处理器清单计价表

序号	清单编号	项目名称	单位	工程量
1	030701003001	吊顶式空气处理机 DBFPX8I $L=8\,000$ m³/h,$Q=61.5$ kW,$N=1.0\times2$ kW	台	2
	B7-0011	吊顶式空气处理机 DBFPX8I $L=8\,000$ m³/h,$Q=61.5$ kW,$N=1.0\times2$ kW	台	2
2	030701004001	风机盘管 42CE003,吊顶式安装 $L=550$ m³/h,$Q=2.82$ kW,$N=1.0\times2$ kW	台	2
	B7-0041	风机盘管 42CE003,吊顶式安装	台	2

4.2.8　通风管道部件的清单列项与算量计价

1) 通风管道部件的清单列项及算量

通风管道部件的清单列项及工程量计算如表 4.31 所示。

表 4.31　通风管道部件清单列项及工程量计算表

序号	清单编号	项目名称	单位	工程量
1	030703019001	帆布软接头	m²	1.48
2	030703001001	对开多页调节阀 FT　$1\,000\times300$	个	2
3	030703011001	侧壁隔栅式风口 FK-4　$1\,200\times500$(配调节阀、配滤网)	个	2

续表

序号	清单编号	项目名称	单位	工程量
4	030703011002	方形散流器 FK-10　300×300（配调节阀）	个	24
5	030703011003	方形散流器 FK-10　240×240（配调节阀）	个	2
6	030703011004	防水百叶风口 FK-54　1 000×300（配调节阀）	个	2
7	030703020001	折板式消声器　1 000×400　$L=1000$	个	2
8	030703021001	静压箱 1 600×1 000×500	个	2

注:帆布软接头工程量计算式为:$S_1=2×(1.6+0.5)×0.2=0.84$;$S_2=2×(0.4+0.4)×0.2×2=0.64$。合计:1.48。

2)通风管道部件的清单计价

以广西安装工程消耗量定额为例,通风管道部件的清单计价如表4.32所示。

表4.32　通风管道部件清单计价表

序号	清单编号	项目名称	单位	工程量
1	030703019001	帆布软接头	m²	1.48
	B7-0434	帆布软接头	m²	1.48
2	030703001001	对开多页调节阀 FT　1 000×300	个	2
	B7-0307	对开多页调节阀 FT　1 000×300	个	2
3	030703011001	侧壁隔栅式风口 FK-4　1 200×500（配调节阀、配滤网）	个	2
	B7-0350	侧壁隔栅式风口 FK-4　1 200×500（配调节阀、配滤网）	个	2
4	030703011002	方形散流器 FK-10　300×300（配调节阀）	个	24
	B7-0371	方形散流器 FK-10　300×300（配调节阀）	个	24
5	030703011003	方形散流器 FK-10　240×240（配调节阀）	个	2
	B7-0370	方形散流器 FK-10　240×240（配调节阀）	个	2
6	030703011004	防水百叶风口 FK-54　1 000×300（配调节阀）	个	2
	B7-0349	防水百叶风口 FK-54　1 000×300（配调节阀）	个	2
7	030703020001	折板式消声器　1 000×400　$L=1 000$	个	2
	B7-0450	折板式消声器　1 000×400　$L=1 000$	个	2
8	030703021001	静压箱 1 600×1 000×500	个	2
	B7-0450	折板式消声器　1 000×400　$L=1 000$	个	2

4.2.9　空调系统调试清单列项与算量计价

以广西安装工程消耗量定额为例,空调系统调试清单列项与清单计价如表4.33所示。

表4.33 空调系统调试列项与清单计价表

序号	清单编号	项目名称	单位	工程量	工程量计算式
1	030704002001	空调风管漏光试验	m²	4.48	按空调风管工程量的5%抽检:(36.94+52.64)×5%=4.48
	B7-0498	空调风管漏光检测	10 m²	4.48	
2	030704003001	空调系统调试	kW	912	456×2=912
	B7-0500	通风空调系统调试空调系统	kW	912	

项目 **5**
建筑电气照明系统

本项目以某教学楼照明系统为例,讲解建筑照明系统的识图、清单列项、工程量计算及清单计价。根据识图方法,照明系统工程量的计算可采用以下路线进行。

建筑电气照明系统组成

电气照明系统安装

进户电缆 ⇨ 配电箱 ⇨ 配电干线 ⇨ 配电支线 ⇨ 照明器具及开关插座

根据以上路线,建筑电气照明系统识图、列项与算量计价可通过 5 个学习任务来完成,具体的学习任务内容如下表。

序号	任务名称	备注
任务5.1	进户线识图、列项与算量计价	以某教学楼的电气照明局部的施工图为例完成各项任务,各任务建议在课内完成。
任务5.2	配电箱识图、列项与算量计价	
任务5.3	配管配线识图、列项与算量计价	
任务5.4	照明器具及开关插座识图、列项与算量计价	
任务5.5	建筑电气照明系统列项与算量计价综合训练	以教学楼建筑电气照明施工图为例,完成整个项目的列项与算量,该任务建议在课外完成。

任务5.1 进户线识图、列项与算量计价

本任务以 5 号教学楼电气照明系统施工图为载体,讲解进户线识图、列项与工程量计算的方法,具体的任务描述如下表。

任务名称	进户线识图、列项与算量计价	学时数(节)	4
教学环境	工程造价理实一体化实训室、造价工作室	授课对象	高职工程管理类专业二年级学生

项目载体	5 号教学楼电气照明系统
教学目标	知识目标:熟悉进户电缆工程量清单、消耗量定额相关知识;熟悉工程量计算规则与方法。 能力目标:能依据施工图,利用工具书编制进户电缆工程量清单及清单计价表。 素质目标:培养科学严谨的职业态度,精益求精、勤勉尽职、团结协作的职业精神。
应知应会	一、学生应知的知识点: 1.了解常用的进户线; 2.常用电缆型号规格的表示方法; 3.电缆敷设工程量计算方法; 4.电缆敷设工程量清单计价注意事项。 二、学生应会的技能点: 1.会计算电缆敷设工程量; 2.能编制电缆敷设工程量清单; 3.能对电缆敷设进行清单计价。
重点、难点	教学重点:工程量清单项目的编制、工程量计算及定额套价。 教学难点:电缆预留长度的计算。
教学方法	1.项目教学法;2.任务驱动法;3.线上、线下混合教学法;4.小组讨论法
教学实施	1.任务资讯:学生完成该学习任务需要掌握的相关知识或需要查阅的信息。 2.任务分析:教师布置任务,通过项目教学法引导学生完成电气照明进户线施工图的识读。 3.任务实施:教师引导学生以小组学习的方式完成学习任务,要求学生在课前预习,线上完成微课、动画及 PPT 等教学资源的观看,线下由教师引导学生按照学习任务的要求掌握电气照明系统的识图、列项、算量与计价等基本技能。
考核评价	1.云平台线上提问考核; 2.课堂完成给定案例、成果展示,实行自评及小组互评; 3.课程累计评价、多方评价,综合评定成绩。

➤ 任务资讯

5.1.1　进户线

由建筑室外进入到室内配电箱的这段电源线称为进户线,通常有架空进户、电缆埋地进户两种方式。架空进户导线必须采用绝缘电线,直埋进户电缆需采用铠装电缆,非铠装电缆必须穿管。一栋单体建筑一般是一处进户,当建筑物长度超过 60 m 或用电设备特别分散时,可考虑两处或两处以上进户。一般情况下应尽量采用电缆埋地进户方式。

1)进户导线

常用进户导线的型号规格见表5.1。

表 5.1　常用导线的型号及其主要用途

导线型号		导线名称	主要用途
铝芯	铜芯		
LJ	TJ	裸绞线	室外架空线
LGJ		钢芯铝绞线	室外大跨度架空线
BLV	BV	聚氯乙烯绝缘线	室内架空线或穿管敷设
BLX	BX	橡皮绝缘线	室内架空线或穿管敷设
BLXF	BXF	氯丁橡皮绝缘线	室内外敷设
BLVV	BVV	塑料护套线	室内固定敷设
	RV	聚氯乙烯绝缘软线	250 V 以下各种移动电器接线
	RVS	聚氯乙烯绝缘绞型软线	
	RVB	平行聚氯乙烯绝缘连接软线	
	RVV	聚氯乙烯绝缘护套软线	500 V 以下各种移动电器接线

2)进户电缆

(1)常用电缆符号表示的含义(见表 5.2)

表 5.2　电缆符号表示的含义

项目	型号	含义	旧符号	项目	型号	含义	旧符号
类别	Z	油浸纸绝缘	Z	外护套	02	聚氯乙烯外护套	—
	V	聚氯乙烯绝缘	V		03	聚乙烯外护套	1,11
	YJ	交联聚乙烯绝缘	YJ		20	裸钢带铠装	20,120
	X	橡皮绝缘	X		(21)	钢带铠装纤维外被	2,12
导体	L	铝芯	L		22	钢带铠装聚氯乙烯外护套	22,29
	T	铜芯	T		23	钢带铠装聚乙烯外护套	
内护套	Q	铅包	Q		30	裸细钢丝铠装	30,130
	L	铝包	L		(31)	细圆钢丝铠装纤维外被	3,13
	V	聚氯乙烯护套	V		32	细圆钢丝铠装聚氯乙烯外护套	23,39
特征	P	滴干式	P		33	细圆钢丝铠装聚乙烯外护套	
	D	不滴流式	D		(40)	裸粗圆钢丝铠装	50,150
	F	分相铅包式	F		41	粗圆钢丝铠装纤维外被	
					(42)	粗圆钢丝铠装聚氯乙烯外护套	59,25
					(43)	粗圆钢丝铠装聚乙烯外护套	
					441	双粗圆钢丝铠装纤维外被	

续表

电力电缆全型号表示示例	如:NH YJV22-1 kV-4×35+1×16 NHYJV22 表示耐火铜芯交联聚乙烯绝缘聚氯乙烯内护套,钢带铠装聚氯乙烯外护套电力电缆,1 kV 表示电缆额定电压为 1 000 V,4×35+1×16 表示 5 芯电缆,由 4 根 35 mm²和 1 根 16 mm² 的铜芯组成

（2）常用电缆介绍

①电力电缆

电力电缆主要用于传输和分配大功率电能,构造上由导电芯、绝缘层及保护层 3 个主要部分组成,详见图 5.1。

电力电缆敷设安装

电缆头制作安装

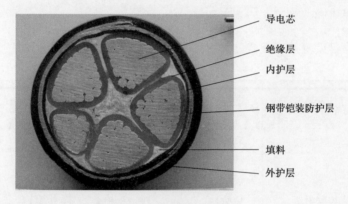

导电芯
绝缘层
内护层
钢带铠装防护层
填料
外护层

图 5.1　电力电缆结构图

a. 导电芯通常用高导电率的铜或铝制造。

b. 线芯标称截面积规定为 2.5 mm²,4 mm²,6 mm²,10 mm²,16 mm²,25 mm²,35 mm²,50 mm²,70 mm²,95 mm²,120 mm²,150 mm²,185 mm²,240 mm²,300 mm²,400 mm²,500 mm²,625 mm²,800 mm² 等。

c. 线芯截面超过 10 mm² 时,通常采用多股导线绞合压紧而成。

d. 单芯和两芯电缆一般用于输送直流电、单相交流电,三芯电缆用于三相电流电网,四芯用于三相四线制中,五芯电缆用于三相五线制中。

e. 绝缘层用于隔离导电线芯,使线芯间有可靠的绝缘。目前常用的绝缘材料是聚氯乙烯、聚乙烯及交联聚乙烯。

f. 保护层用来使绝缘层密封不受潮气侵蚀,并免受外界损伤。

②控制电缆

控制电缆在配电装置中传输操作电流,连接电气仪表、继电保护和自动控制等回路。控制电缆电流不大,因此线芯截面较小,通常为多芯,其内部结构见图 5.2。

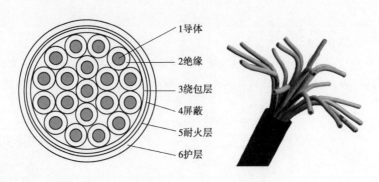

图5.2　控制电缆结构图

5.1.2　电缆敷设工程量清单项目及工程量计算方法

1)工程量清单项目设置及工程量计算规则

工程量清单项目设置及工程量计算规则,应按表5.3的规定执行。

表5.3　电缆敷设清单项目

项目编码	项目名称	项目特征	计量单位	工程量计算规则	工程内容
030408001	电力电缆	1.名称 2.型号 3.规格 4.材质 5.敷设方式、部位 6.电压等级	m	按设计图示尺寸以长度计算(含预留长度及附加长度)	电缆敷设
030408002	控制电缆				
030408003	电缆保护管	1.名称 2.材质 3.规格 4.敷设方式		按设计图示尺寸以长度计算	保护管敷设
030408004	电缆槽盒	1.名称 2.材质 3.规格 4.型号	m	按设计图示尺寸以长度计算	槽盒安装
030408005	铺砂、盖保护板(砖)	1.种类 2.规格			铺砂 盖板(砖)

续表

项目编码	项目名称	项目特征	计量单位	工程量计算规则	工程内容
030408006	电力电缆头	1. 名称 2. 型号 3. 规格 4. 材质、类型 5. 安装部位 6. 电压等级(kV) 7. 制作方法	个	按设计图示数量计算	1. 电力电缆头制作 2. 电力电缆头安装 3. 接地
030408007	控制电缆头	1. 名称 2. 型号 3. 规格 4. 材质、类型 5. 电压等级(kV)	个	按设计图示数量计算	1. 控制电缆头制作 2. 控制电缆头安装 3. 接地
030408008	防火堵洞	1. 名称 2. 材质 3. 方式 4. 部位	处(kg)	按设计图示数量计算	安装
030408009	防火隔板		m²	按设计图示尺寸以面积计算	
030408010	防火涂料		kg	按设计图示尺寸以质量计算	
030408011	电缆分支箱	1. 名称 2. 型号 3. 规格	台	按设计图示数量计算	本体安装
桂 030408012	地下定向钻孔敷管	1. 名称 2. 材质 3. 型号 4. 规格 5. 敷设根数	m	按设计图示管束长度计算	1. 工作坑挖、填 2. 管道敷设
桂 030408013	穿刺线夹	1. 名称 2. 材质 3. 型号 4. 规格	个	按设计图示数量计算	安装
桂 030408014	T 接线端子				1. 测量绝缘电阻 2. 安装
桂 030408015	电缆沟揭（盖）盖板	材质 板长	m	按设计图示尺寸以长度计算	揭（盖）盖板

注:1. 电缆排管按本附录电缆保护管编码列项,按单根延长米计算。
　2. 接线井、人(手)孔按本册附属工程相关项目编码列项。
　3. 电缆敷设预留长度及附加长度见表 5.4。

2) 工程量清单项目名称及特征描述

(1) 电缆敷设

电力电缆、控制电缆的型号、规格繁多,敷设方式、敷设部位不同,设置清单时应按相应型号、规格、敷设方式及部位分别列项。

电力电缆的敷设方式有普通敷设、室外水下敷设、竖直通道敷设等3种。

电力电缆普通敷设包括沿桥架敷设、沿支架敷设、直埋敷设、穿管敷设、浅槽敷设、电缆沟敷设、电缆隧道敷设、架空敷设等几种方式。由于电力电缆普通敷设均套用同一定额子目,故可根据电缆的规格、型号分别设置清单,但其敷设方式、敷设部位可以不具体描述。

电力电缆竖直通道敷设,应描述是沿支架垂直敷设还是沿桥架垂直敷设。

(2) 电缆头

电缆头应描述名称、型号、规格、类型、安装部位、电压等级、制作方法。具体描述如下:

类型:中间头、终端头;

安装部位:户内、户外;

电压等级:1 kV、10 kV;

制作方法:干包式、热缩式、冷缩式、浇注式。

(3) 电缆保护管

电缆保护管应描述保护管的材质(如镀锌钢管、PE 塑料管、铸铁管等)、规格(指管径)、梅花管孔数以及敷设方式(埋地敷设、明敷等)。

(4) 土方开挖

应区分一般土、含建筑垃圾土和泥水土,描述土壤类别以及挖土深度。挖土深度超过1.5 m时应计算放坡增加的工程量。

3) 电缆工程量计算方法

电缆工程量的计算方法如下:

电缆工程量 = (图示电缆长度 + 预留长度) × (1 + 2.5%)

2.5%为考虑电缆敷设弛度、波形弯度、交叉等因素附加的长度。电缆敷设的预留长度应按表5.4考虑。

表5.4 电缆敷设的预留(附加)长度

序号	项目	预留长度	说明
1	电缆敷设弛度、波形弯度、交叉	2.5%	按电缆全长计算
2	电缆进入变电所	2.0 m	规范规定最小值
3	电缆进入沟内或吊架时引上(下)	—	按实际计算
4	电力电缆终端头	1.5 m	检修余量最小值
5	电缆中间接头盒	两端各留 2.0 m	检修余量最小值
6	电缆进控制、保护屏及模拟盘等	高 + 宽	按盘面尺寸
7	高压开关柜及低压配电盘、柜	2.0 m	—

续表

序号	项目	预留长度	说明
8	电缆至电动机	0.5 m	从电机接线盒起算
9	电缆绕过梁柱等增加长度	按实计算	按被绕物的断面情况计算增加长度
10	挂墙配电箱	按半周长计	—

说明:1.电缆进入变电所(2 m):一般指主电缆在进出变电所电缆井内预留,如无电缆井,不需计算。

　　　2.电力电缆终端头(1.5 m):电力电缆终端头1.5 m检修余量一般在电缆沟或竖井内的配电柜进出端考虑,没有位置预留的可不考虑。

　　　3.除电缆进控制柜、保护屏、模拟屏按柜或屏的"高＋宽"计算外,高压开关柜或低压配电柜一律按2 m计算。

　　　4.电缆进出挂墙配电箱均按"高＋宽(即半周长)"计算,没有位置预留的不计算电缆终端头预留长度。

4)电缆头工程量计算方法

电缆终端头及中间头均以"个"为计量单位。电力电缆和控制电缆均按一根电缆有两个终端头考虑。中间电缆头设计有图示的,按设计确定;设计没有规定的,按实际情况计算(或按平均250 m一个中间头考虑)。未按电缆头标准制作时,只能按焊(压)接线端子计算工程量。1 kV以下且截面面积在10 mm² 以下的电缆不计算终端头制作安装。

5)防火堵洞工程量计算方法

凡是桥架、母线在穿越不同的防火分区时都需要做防火堵洞,防火堵洞是按处计算,又分电缆隧道、防火门、盘柜和保护管。另外,穿墙和穿楼板还需有防火隔板。防火堵洞的主材要补充,隔板若采用钢板,还得加上隔板刷防火涂料,隔板按"m²"计算。

6)电缆挖、填土方工程量计算方法

①电缆保护管埋地敷设的土方挖填工程量计算:设计有规定的,按设计规定尺寸计算;设计无规定的,一般按沟深0.9m、沟底宽按最外边的保护管两侧边缘外各增加0.3 m工作面计算,未能达到上述标准的,则按实际开挖尺寸计算。多根电缆保护管同沟敷设时,沟底宽按多根电缆保护管最大宽度两边各加0.3 m工作面计算。

②计算管沟土方开挖工程量需放坡时,按施工组织设计规定计算;如无施工组织设计规定,可按2013《建设工程工程量计算规范广西壮族自治区实施细则(修订本)》房屋建筑与装饰工程附录A的放坡系数计算。

③回填方应按压实体积计算。土(石)方弃方应按挖掘前的天然密实体积计算。

④直埋电缆的土方挖填工程量计算:直埋电缆的挖、填土(石)方,除特殊要求外,可按图5.3和表5.5计算土方量。

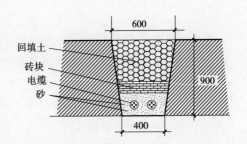

图5.3　直埋电缆的挖、填土(石)方

表5.5　直埋电缆的挖、填土(石)方量

项目	电缆根数	
	1～2	每增1根
每米沟长挖方量/m³	0.45	0.153

说明:1. 土方量是按埋深从自然地坪起算,如设计埋深超过900 mm,多挖的土方量应另行计算。

　　2. 2根以内的电缆沟,是按上口宽度600 mm、下口宽度400 mm、深度900 mm计算的常规土方量(深度按规范的最低标准),计算过程如下:

　　设计电缆埋深为800 mm,则沟深为800 + 100 = 900(mm),每米沟长挖方量为:(0.6 + 0.4) ÷ 2 × 0.9 × 1 = 0.45(m³)

　　3. 每增加1根电缆,平均沟宽增加170 mm,则土方量增加0.153 m³。

➤任务分析

5.1.3　进户电缆识图

本任务以图5.4为例,讲解进户电缆的识图、列项、算量与计价的方法。

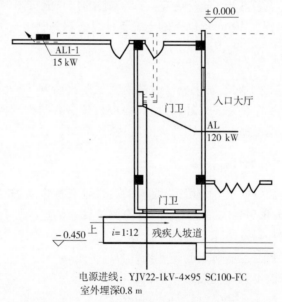

电源进线:YJV22-1kV-4×95 SC100-FC
室外埋深0.8 m

图5.4　电缆进户平面图

图5.4电缆进户平面图中电缆YJV22-1 kV-4 ×95-SC100-FC表示的含义如下:

YJV——交联聚乙烯绝缘、聚氯乙烯护套电力电缆;

22——钢带铠装聚氯乙烯外护套;

1 kV——额定定压为1 000 V;

4 ×95——4根95 mm² 铜芯;

SC100——电缆穿钢管SC100 敷设;

FC——电缆沿地板暗敷。

➤ 任务实施

5.1.4 清单列项与算量

本工程中电缆清单列项包括电缆保护管敷设、电缆敷设、电缆头制作安装以及与电缆敷设有关的电缆沟土方、防火堵洞等,具体清单项目及工程量计算如表5.6所示。

表5.6 电缆进户清单列项与工程量计算表

序号	项目编码	项目名称	单位	工程量	计算式
1	030408003001	电缆保护管 SC100 埋地敷设	m	11.39	→8.64 + 0.5 + ↑(0.45 + 0.8 + 箱安装高 1.0)
2	030408001001	电力电缆 YJV22-1kV-4×95 穿保护管敷设	m	14.22	(11.39 + 箱半周长 1.8)×(1 + 2.5%)
3	030408006001	热缩式电缆头制作安装 95 mm²	个	1	按图只计算进箱部分
4	030408008001	电缆保护管防火堵洞	处	1	进配电箱处
5	040101002001	挖沟槽土方,人工开挖一般土	m³	3.46	沟深 0.8×沟宽 0.5×沟长 8.64

5.1.5 清单计价

以广西安装工程消耗量定额为例,电缆进户的清单计价如表5.7所示。

表5.7 电缆进户清单计价表

序号	项目编码/定额编号	项目名称/定额名称	单位	工程量
1	030408003001	电缆保护管 SC100 埋地敷设	m	11.39
	B4-0808	钢管 SC100 埋地敷设	100 m	0.11
2	030408001001	电力电缆 YJV22-1 kV-4×95 穿保护管敷设	m	14.22
	B4-0996	电力电缆 YJV22-1 kV-4×95 普通敷设	100 m	0.14
3	030408006001	热缩式电缆头制作安装 95 mm²	个	1
	B4-1089	热缩式电缆头制作安装 95 mm²	个	1
4	030408008001	电缆保护管防火堵洞	处	1
	B4-0962	电缆保护管防火堵洞	处	1
5	040101002001	挖沟槽土方,人工开挖一般土	m³	3.46
	B4-0782	人工挖沟槽	10m³	0.35

电力电缆及电缆头套用定额时的注意事项:

①电力电缆敷设及电缆头制作安装定额均按四芯考虑的,五芯电力电缆及电缆头制作安装定额乘以系数 1.3。

②室外埋地(含电缆沟、穿管等)的电力电缆敷设,按相应电缆敷设项目定额乘以系数0.9(铠装电缆除外)。

③电力电缆敷设及电缆头制作安装,按电缆的单芯最大截面积套用定额。

④聚氯乙烯(或聚乙烯)塑料电缆的电缆头一般采用干包式或热缩式制作。

5.2 配电箱识图、列项与算量计价

本任务以5号教学楼电气照明系统施工图为载体,讲解配电箱的识图、列项与工程量计算的方法。具体的任务描述如下:

任务名称	配电箱识图、列项与算量计价	学时数(节)	4
教学环境	工程造价理实一体化实训室、造价工作室	授课对象	高职工程管理类专业二年级学生
项目载体	5号教学楼电气照明系统		
教学目标	知识目标:熟悉配电箱安装工程量清单、消耗量定额相关知识;熟悉工程量计算规则与方法。能力目标:能依据施工图,利用工具书编制配电箱安装工程量清单及清单计价表。素质目标:培养科学严谨的职业态度,以及精益求精、勤勉尽职、团结协作的职业精神。		
应知应会	一、学生应知的知识点:1.常用配电箱的类别;2.配电箱安装工程量清单项目设置的内容及注意事项;3.配电箱安装工程量计算方法;4.配电箱安装工程量清单计价注意事项。二、学生应会的技能点:1.会计算配电箱工程量;2.能编制配电箱安装工程量清单;3.能对配电箱安装工程量清单进行清单计价。		
重点、难点	教学重点:工程量清单项目的编制、工程量计算及定额套价。教学难点:配电箱系统图的识读。		
教学方法	1.项目教学法;2.任务驱动法;3.线上线下混合教学法;4.小组讨论法		
教学实施	1.任务资讯:学生完成该学习任务需要掌握的相关知识或需要查阅的信息。2.任务分析:教师布置任务,通过项目教学法引导学生完成配电箱施工图的识读。3.任务实施:教师引导学生以小组学习的方式完成学习任务,要求学生在课前预习,线上完成微课、动画及PPT等教学资源的观看,线下由教师引导学生按照学习任务的要求掌握配电箱的识图、列项、算量与计价等基本技能。		
考核评价	1.云平台线上提问考核;2.课堂完成给定案例、成果展示,实行自评及小组互评;3.课程累计评价、多方评价,综合评定成绩。		

任务资讯

照明配电箱
安装与识图

照明配电箱
安装与算量

5.2.1　配电箱安装基础知识

（1）配电柜

配电柜是配电箱的上一级配电设备,其体积较大,柜内可以安置较大的电气设备,故一般作为中等容量负荷的配电设备。成套配电柜有高压与低压两种。高压配电柜俗称高压开关柜,有固定式和手推式之分,主要用于接受和分配电能用。低压配电柜习惯称为低压配电屏,主要用于额定电压380 V 及以下配电系统,作为动力、照明电源控制用,其外观如图5.5 所示。

图 5.5　低压配电柜

（2）配电箱

配电箱主要用作对用电设备的控制、配电,对线路的过载、短路、漏电起保护作用。配电箱安装在各种场所,如学校、机关、医院、工厂、车间、家庭等,如照明配电箱、动力配电箱等,其外观如图5.6 和图5.7 所示。配电箱体积小,可暗设在墙内,可矗立在地面,挂在墙上称为明装,嵌入墙中称为暗装。

图 5.6　嵌入式照明配电箱　　　图 5.7　落地式动力配电箱　　　图 5.8　控制箱

（3）控制箱

控制箱适用于低压电网系统中,作为动力、照明配电及电动机控制用,适合室内挂墙、户外

165

落地安装的配电设备。控制箱常作为消防水泵控制、潜水泵控制、消防风机控制、风机控制、照明配电控制等使用,其外观如图5.8所示。

5.2.2 配电箱安装工程量清单项目

工程量清单项目设置及工程量计算规则,应按表5.8的规定执行。

表5.8 配电箱安装清单项目

项目编码	项目名称	项目特征	计量单位	工程量计算规则	工程内容
030404004	低压开关柜(屏)	1. 名称 2. 型号 3. 规格 4. 种类	台	按设计图示数量计算	1. 本体安装 2. 端子板安装 3. 盘柜配线、端子接线 4. 小母线安装 5. 屏边安装 6. 补刷(喷)油漆 7. 接地
030404016	控制箱	1. 名称 2. 型号 3. 规格 4. 安装方式			1. 本体安装、接线 2. 补刷(喷)油漆 3. 接地
030404017	配电箱				
030404018	插座箱				1. 本体安装、接线 2. 接地

➤任务分析

5.2.3 配电箱识图

本任务以图5.9~5.11为例,讲解配电箱的识图、列项、算量与计价的方法。

(1)电源进线

从配电干线系统图(图5.9)可知,本工程电源进线为交联铠装电缆,截面为95 mm² 的四芯电缆 YJV$_{22}$-1 kV-4×95,电缆穿钢管 SC100 埋地引入,埋地深度为0.8 m。

(2)配电方式

看配电干线系统图,本工程的配电方式为局部的三相五线制,放射式供电,外部电源先供到总配电箱 AL,再由总配电箱分配供到各分配电箱 AL1-1、AL1-2、…、AL4-2,其中 AL1-1、AL1-2 安装在1层,AL2-1、AL2-2 安装在2层,AL3-1、AL3-2 安装在3层,AL4-1、AL4-2 安装在4层。各分配电箱的电源进线为5根 BV-16 的铜芯线穿钢管 SC32 从总配电箱 AL 沿墙或楼板暗敷引来。

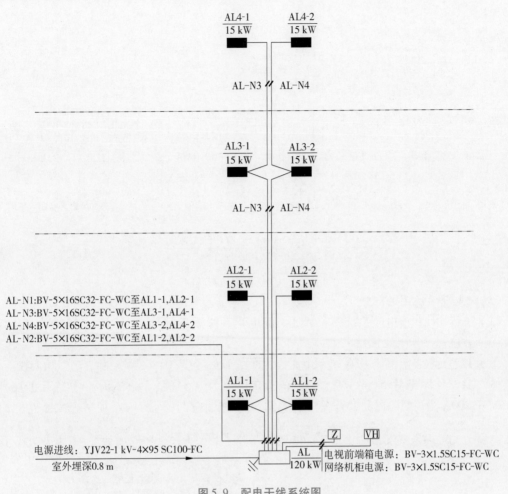

图 5.9　配电干线系统图

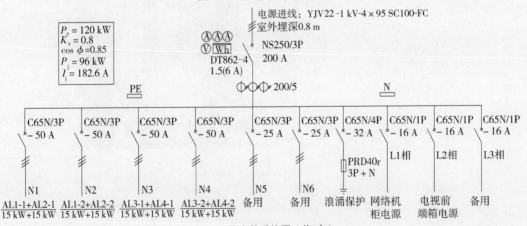

AL配电箱系统图（共1台）

参考尺寸：1 000×800×200, 暗装距地1.0 m

图 5.10　AL 配电箱系统图

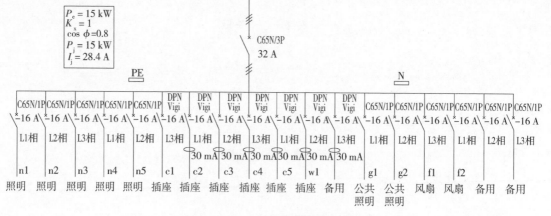

AL1-1,AL1-2,AL3-2,AL4-2配电箱系统图(共4台)

参考尺寸: 500×800×120, 暗装距地1.5 m

图 5.11   AL1-1 配电箱系统图

(3)配电箱系统图的识读

以本工程中 AL 配电箱系统图和 AL1-1 配电箱系统图为例,讲解图中文字符号标注的含义及识读方法。

图 5.12 中,Ⓐ表示电流表;Ⓥ表示电压表;Ⓦh表示电度表,DT862-4 中的表示三相四线有功电表,862 为设计序号,1.5(6A)表示通过的额定电流为 1.5A,最大电流为 6A;\表示断路器,NS250/3P-200A 为该断路器的型号规格,NS250 表示施耐德断路器 NS 系列塑壳式断路器,3P表示三级,200A 表示开关额定电流为 200A;$\phi \phi \phi$# 200/5 表示电流互感器,电流比为 200/5。

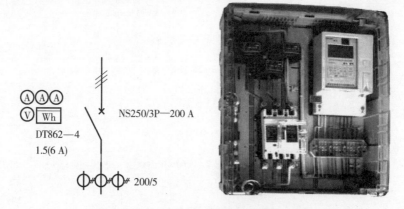

图 5.12   三相电表系统图及其接线实物图

图 5.13 中,P_e 表示额定功率,K_x 表示使用系数,$\cos \phi$ 表示功率因数,P_j 表示计算功率,I_j 表示计算电流。

P_e=120 kW
K_x=0.8
$\cos \phi$=0.85
P_j=96 kW
I_j=182.6 A

图 5.13   设计参数图

图 5.14 为小型断路器系统图及实物图,C65N/3P-50A 中,C65 是产品序列代号,N 是指分断能力(N 为 600A),3P 表示 3 极开关,额定电流 50A。

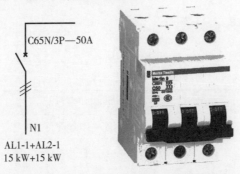

图 5.14　小型断路器系统图及实物图

图 5.15 中,PRD40r 为施耐德浪涌保护器。浪涌保护器(电涌保护器)又称避雷器(简称 SPD)适用于额定电压至 380 V 的供电系统中,对间接雷电和直接雷电影响或其他瞬时过压的电涌进行保护。浪涌保护器要与接地系统相接。

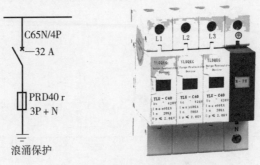

图 5.15　浪涌保护器系统图及实物图

图 5.16 为漏电开关系统图及实物图,其中 DPN Vigi-16A 为施耐德/梅兰日兰的一种塑壳断路器的型号,表示额定电流为 16 A,带漏电保护装置,漏电保护动作电流为 30 mA,L3 相表示该回路接 L3 相(C 相),回路编号为 c1,为插座回路。

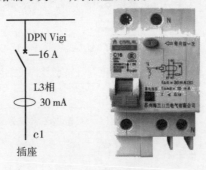

图 5.16　漏电开关系统图及实物图

> **任务实施**

5.2.4 清单列项与工程量计算

配电箱的清单列项与工程量计算如表 5.9 所示。

表 5.9　配电箱清单列项

序号	项目编码	项目名称	单位	工程量
1	030404017001	AL 配电箱暗装,配电箱规格型号详见系统图	台	1
2	030404017002	AL1-1、AL1-2、AL3-2、AL4-2 配电箱暗装,配电箱规格型号详见系统图	台	4
3	030404017003	AL2-1 配电箱暗装,配电箱规格型号详见系统图	台	1
4	030404017004	AL2-2 配电箱暗装,配电箱规格型号详见系统图	台	1
5	030404017005	AL3-1、AL4-1 配电箱暗装,配电箱规格型号详见系统图	台	2

5.2.5 清单计价

以广西安装工程消耗量定额为例,配电箱的清单计价如表 5.10 所示。

表 5.10　配电箱清单计价

序号	项目编码/ 定额编号	项目名称/定额名称	单位	工程量
1	030404017001	AL 配电箱暗装,配电箱规格型号详见系统图	台	1
	B4-0304	成套配电箱安装 AL	台	1
2	030404017002	AL1-1、AL1-2、AL3-2、AL4-2 配电箱暗装,配电箱规格型号详见系统图	台	4
	B4-0303	成套配电箱安装 AL1-1、AL1-2、AL3-2、AL4-2	台	4
3	030404017003	AL2-1 配电箱暗装,配电箱规格型号详见系统图	台	1
	B4-0303	成套配电箱安装 AL2-1	台	1
4	030404017004	AL2-2 配电箱暗装,配电箱规格型号详见系统图	台	1
	B4-0303	成套配电箱安装 AL2-2	台	1
5	030404017005	AL3-1、AL4-1 配电箱暗装,配电箱规格型号详见系统图	台	2
	B4-0303	成套配电箱安装 AL3-1、AL4-1	台	2

任务 5.3　配管配线识图、列项与算量计价

本任务以 5 号教学楼电气照明系统施工图为载体,讲解进户线的识图、列项与工程量计算的方法。具体的任务描述如下:

任务名称	配管配线识图、列项与算量计价	学时数(节)	4
教学环境	工程造价理实一体化实训室、造价工作室	授课对象	高职工程管理类专业二年级学生
项目载体	5 号教学楼电气照明系统		
教学目标	知识目标:熟悉配管配线安装工程量清单、消耗量定额相关知识;熟悉工程量计算规则与方法。 能力目标:能依据施工图,利用工具书编制配管配线安装工程量清单及清单计价。 素质目标:培养科学严谨的职业态度,以及精益求精、勤勉尽职、团结协作的职业精神。		
应知应会	一、学生应知的知识点: 1.配管配线基础知识; 2.配管配线工程量清单项目设置的内容及注意事项; 3.配管配线工程量计算方法; 4.配管配线安装工程量清单计价注意事项。 二、学生应会的技能点: 1.会计算管线工程量; 2.能编制管线敷设工程量清单; 3.能对管线敷设工程量清单进行清单计价。		
重点、难点	教学重点:工程量清单项目的编制、工程量计算及定额套价。 教学难点:导线预留长度的计算。		
教学方法	1.项目教学法;2.任务驱动法;3.线上线下混合教学法;4.小组讨论法		
教学实施	1.任务资讯:学生完成该学习任务需要掌握的相关知识或需要查阅的信息。 2.任务分析:教师布置任务,通过项目教学法引导学生完成电气照明配管配线施工图的识读。 3.任务实施:教师引导学生以小组学习的方式完成学习任务,要求学生在课前预习,线上完成微课、动画及 PPT 等教学资源的观看,线下由教师引导学生按照学习任务的要求掌握电气照明系统的识图、列项、算量与计价等基本技能。		
考核评价	1.云平台线上提问考核。 2.课堂完成给定案例、成果展示,实行自评及小组互评。 3.课程累计评价、多方评价,综合评定成绩。		

➢ **任务资讯**

认识电气管线　管内穿线工艺　电气配管实拍　管内穿线实拍

5.3.1　配管配线基础知识

1）基本概念

（1）配管

配管即线管的敷设,分明配和暗配。将线管直接敷设在墙上或其他明露处,称为明配;把线管埋设在墙、楼板或地坪内及其他看不见的地方,称为暗配。

（2）配线

配线即导线的敷设。常见的配线方式有线夹配线、槽板配线、绝缘子配线、塑料护套配线、管内穿线和钢索配线等。

2）常用的绝缘导线

常用的绝缘导线的型号及名称见表5.11。

表5.11　常用的绝缘导线的型号及名称

类别	型号	名称
聚氯乙烯塑料绝缘电线	BV	铜芯聚氯乙烯绝缘电线
	BLV	铝芯聚氯乙烯绝缘电线
	BVV	铜芯聚氯乙烯绝缘聚氯乙烯护套电线
	BLVV	铝芯聚氯乙烯绝缘聚氯乙烯护套电线
	BVVB	铜芯聚氯乙烯绝缘聚氯乙烯护套平型电线
	BVR	铜芯聚氯乙烯绝缘软电线
	RVB	铜芯聚氯乙烯绝缘扁形无护套软线
	RVS	铜芯聚氯乙烯绝缘绞形软线
	RV	铜芯聚氯乙烯绝缘软线
橡皮绝缘电线	BX	铜芯橡皮线
	BLX	铝芯橡皮线
	BBX	铜芯玻璃丝织橡皮线
	BBLX	铝芯玻璃丝织橡皮线
	BXR	铜芯橡皮软线
	RXS	棉纱织双绞软线
丁腊聚氯乙烯复合物绝缘软线	RFS	复合物绞形软线
	RFB	复合物平行软线

3）线路标注符号的含义

线路标注和线路敷设部位的文字符号见表 5.12。

表 5.12 线路敷设方式常用的文字符号

序号	线路敷设方式	序号	代号	线路敷设部位	代号
1	穿硬塑料管敷设	PC	12	沿钢索敷设	SR
2	穿半硬塑料管敷设	FPC	13	沿柱敷设	CLE
3	穿电线管敷设	TC	14	沿墙敷设	WE
4	穿焊接钢管敷设	SC/G	15	沿天棚敷设	CE
5	穿扣压式薄壁钢导管敷设	KBG	16	暗敷在梁内	BC
6	穿紧定式薄壁钢导管敷设	JDG	17	暗敷在柱内	CLC
7	穿金属软管敷设	CP	18	暗敷在顶板内	CC
8	穿塑料波纹管敷设	KPC	19	暗敷在地面(板)内	FC
9	穿金属线槽敷设	MR	20	暗敷在墙内	WC
10	穿塑料线槽敷设	PR			
11	穿电缆桥敷设(或托盘)敷设	CT			

4）常用的电气保护管

电气工程中,常用的电线导管主要有金属和塑料电线管两种(见图 5.17)。金属管主要有钢管、可挠金属管、金属软管;塑料管主要有硬塑料管、刚性阻燃管、半硬塑料管。工程图纸中对导管的标注常用以下符号：

SC:焊接钢管,采用螺纹连接或焊接连接,分镀锌钢管和非镀锌钢管;

TC/MT:电线管,为黑铁电线管,采用焊接连接;

JGD:薄壁镀锌铁管,采用紧定式连接;

KBG:薄壁镀锌铁管,采用扣压式连接;

PC/PVC:聚氯乙烯硬质塑料管;

KPC:聚氯乙烯塑料波纹管;

KBG、JDG:是薄壁电线管的一个变种,属于行业标准标注,不是国标。SC 是规范上的焊接钢管,而且是厚壁的,壁厚通常不小于 3 mm。

5.3.2 配管、配线工程量清单项目

工程量清单项目设置及工程量计算规则,应按表 5.13 的规定执行。

（a）SC钢管

（b）薄壁镀锌钢管

（c）可挠金属管

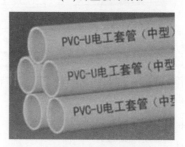

（d）聚氯乙烯硬质塑料管

图 5.17　常用的电气保护管

表 5.13　配管、配线工程量清单项目

项目编码	项目名称	项目特征	计量单位	工程量计算规则	工程内容
030411001	配管	1. 名称 2. 材质 3. 规格 4. 配置形式	m	按设计图示尺寸以长度计算	1. 电线管路敷设 2. 接地
030411002	线槽	1. 名称 2. 材质 3. 规格	m	按设计图示尺寸以长度计算	1. 本体安装 2. 补刷（喷）油漆 3. 接地
030411003	桥架	1. 名称 2. 型号 3. 规格 4. 材质 5. 类型	m	按设计图示尺寸以长度计算	1. 本体安装 2. 接地
030411004	配线	1. 名称 2. 配线形式 3. 型号 4. 规格 5. 材质	m	按设计图示尺寸以单线长度计算（含预留长度）	1. 配线 2. 支持体（夹板、绝缘子、槽板等）安装

续表

项目编码	项目名称	项目特征	计量单位	工程量计算规则	工程内容
030411005	接线箱	1. 名称 2. 材质 3. 规格 4. 安装形式	个	按设计图示数量计算	1. 本体安装 2. 接线
030411006	接线盒	1. 名称 2. 材质 3. 规格 4. 安装形式	个	按设计图示数量计算	1. 本体安装 2. 接线
桂 030411007	可挠金属短管	1. 名称 2. 材质 3. 规格 4. 长度	根	按设计图示数量计算	安装
桂 030411008	钢索架设	1. 名称 2. 材质 3. 规格 4. 安装形式	m	按设计图示尺寸以长度计算	1. 钢索架设 2. 拉紧装置安装
桂 030411009	车间带形母线		m	按设计图示尺寸以单相长度计算（含预留长度）	1. 支架、绝缘子灌注安装 2. 母线制作安装 3. 刷分相漆
桂 030411010	人防穿墙套管		个	按设计图示数量计算	1. 制作、安装 2. 刷漆 3. 接地

注:1. 配管、线槽安装不扣除管路中间的接线箱(盒)、灯头盒、开关盒所占长度。

2. 配管名称:电线管、钢管、防爆管、塑料管、软管、波纹管等。

3. 配管配置形式:明配、暗配、吊顶内、钢结构支架、钢索配管、埋地敷设、水下敷设、砌筑沟内敷设等。

4. 配线名称:管内穿线、绝缘子配线、槽板配线、塑料护套配线、线槽配线等。

5. 配线形式:照明线路、动力线路、木结构、顶棚内、砖、混凝土结构、沿支架、钢索、屋架、梁、柱、墙、跨屋架、梁、柱。

6. 配线保护管遇到下列情况之一时,应增设管路接线盒和拉线盒:

①管长度每超过 30 m,无弯曲;

②管长度每超过 20 m,有 1 个弯曲;

③管长度每超过 15 m,有 2 个弯曲;

④管长度每超过 8 m,有 3 个弯曲;

⑤垂直敷设的电线保护管遇到下列情况之一时,应增设固定导线用的拉线盒:

续表

a.管内导线截面为 50 mm² 及以下,长度每超过 30 m;

b.管内导线截面为 70 ~ 95 mm²,长度每超过 20 m;

c.管内导线截面为 120 ~ 240 mm²,长度每超过 18 m。

在配管清单项目计量时,设计无要求时上述规定可以作为计量接线盒、拉线盒的依据。

7.配管安装中不包括凿槽、刨沟,应按相关项目编码列项。

8.桥架的支吊架另按铁构件项目编码列项。

9.灯具、开关、插座、按钮等电线预留长度见表5.16。

10.配线进入箱、柜、盘、板、盒的电线预留长度见表5.17。

▶ **任务分析**

5.3.3　配管配线识图

1)配电干线识图

根据图 5.9 配电干线系统图和图 5.10 AL 箱系统图可知,从总配电箱到各分配电箱共 4 个回路,即 N1 至 N4 回路,每个回路为 BV-5 ×16 SC32 WC/CC,再根据配电平面图计算配电干线工程量。

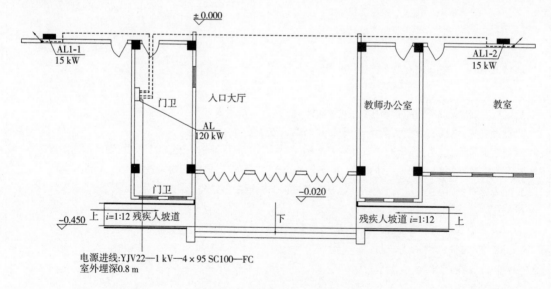

图 5.18　一层配电局部平面图

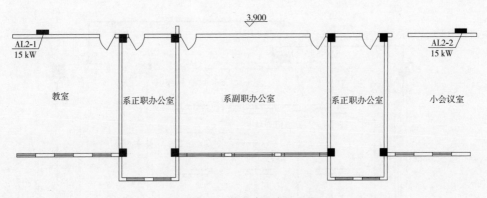

图 5.19　二层配电局部平面图

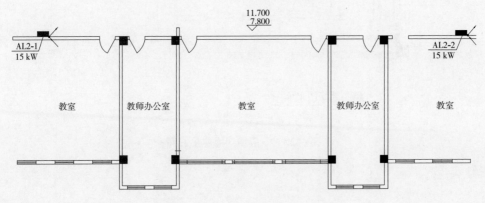

图 5.20　三、四层配电局部平面图

2)配电支线识图

以图 5.11AL1-1 配电箱系统图为例。AL1-1 配电箱共有 18 个回路,其中照明回路为 n1~n5,插座回路为 c1~c5 及 w1,公共照明为 g1、g2,风扇回路为 f1、f2,另外 3 个回路为备用回路。从设计说明可知,照明支线回路均为 BV-2.5 导线穿钢管沿楼板或墙暗敷,1~3 根导线穿 SC15 管,4~5 根导线穿 SC20 钢管,6~7 根导线穿 SC25 钢管。

五、照明系统

1.照明

(1)照度标准:公共走道 50 Lx,楼梯间 30 Lx,门厅 100 Lx,教室 300 Lx,办公室 300 Lx,实验室 300 Lx。

(2)照明分支线路,每回路均单独设置中性线,不得共用。所有照明分支线单独穿管,设 PE 线保护。

(3)设计光源采用 T5 荧光灯和紧凑型荧光灯,配电子镇流器,要求灯具的功率因数不低于 0.9,否则应加装补偿电容器。

2.线路及敷设

(1)照明干线采用 BV—450/750 V 型铜芯导线穿钢管埋地,埋墙敷设。

(2)照明分支配线除图中注明外,均采用 BV-450/750 V-2.5 mm^2 导线穿钢管暗敷。未注明根数的线路均为 3 根。穿金属管布线要求:1~3 根 SC15;4~5 根 SC20,6~7 根 SC25。

图 5.21　电气设计说明

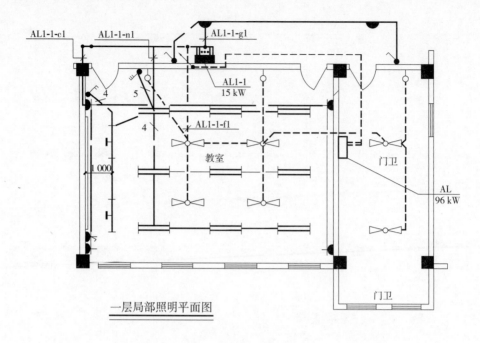

一层局部照明平面图

图 5.22 一层局部照明平面图

➤ 任务实施

5.3.4 配管配线清单列项

根据配电系统图和平面图,配电干线清单列项如表 5.14 所示。

表 5.14 配电干线清单列项表

序号	项目编码	项目名称	单位
1	030411001001	电气暗配管 SC32	m
2	030411001002	钢管暗敷 SC20	m
3	030411001001	钢管暗敷 SC15	m
4	030411004001	管内穿线 BV-16	m
5	030411004001	管内穿线 BV-2.5	m
6	030413002001	凿槽及恢复	m

5.3.5 配管配线工程量计算

根据配电系统图和平面图,配管配线工程量计算如表 5.15 所示。

表 5.15　配管配线工程量计算表

序号	项目名称	单位	工程量	计算式
1	钢管暗敷 SC32	m	74.52	N1：↓(1.0+0.1)+→(0.87+3.31+5.14+0.49+1.21)+↑(1.5+0.1)+↑3.9=17.62 N2：↓(1.0+0.1)+→(1.10+3.60+1.94+0.48+1.62)+↑(1.5+0.1)+↑3.9=15.34 N3：↑(3.9-1.0-0.8)+→(0.87+3.31+5.14+0.49+1.21)+↑(3.9+1.0+3.9)=21.92 N4：↑(3.9-1.0-0.8)+→(10+3.60+1.94+0.48+1.62)+↑(3.9+1.0+3.9)=19.64 合计：17.62+15.34+21.92+19.64=74.52
2	钢管暗敷 SC20	m	11.55	AL1-1-n1： 穿4线→2.77+2.07+↓到开关(3.9-1.3-0.1)=7.34 穿5线→1.71+↓到开关(3.9-1.3-0.1)=4.21 合计：7.34+4.21=11.55
3	钢管暗敷 SC15 BV-16	m	116.59	AL1-1-n1： ↑(3.9-1.5-0.8-0.1)+ →(0.7+1.96+2.37+5.49×3+2.07+1.97+2.72)=29.76 AL1-1-c1： ↓(1.5+0.1)+→(0.7+4.64+2.15+5.08+9.47+5.30)+ ↑进插座(0.5+0.1)×7=33.14 AL1-1-g1： ↑(3.9-1.5-0.8-0.1)+→(1.56+6.39+1.65+1.63)+ ↓到开关(3.9-1.3-0.1)×2=17.73 AL1-1-f1：↑(3.9-1.5-0.8-0.1)+ →(3.11+7.47+2.25+3.13+4.93+3.19+2.88)+ ↓到开关(3.9-1.3-0.1)×3=35.96 合计：29.76+33.14+17.73+35.96=116.59
4	管内穿线	m	486.6	N1：(17.62+1.8(预留)+1.3×3)×5=116.6 N2：(15.34+1.8(预留)+1.3×3)×5=105.2 N3：(21.92+1.8(预留)+1.3×3)×5=138.1 N4：(19.64+1.8(预留)+1.3×3)×5=126.7 合计：116.6+105.2+138.1+126.7=486.6
5	管内穿线 BV-2.5	m	482.48	(116.59+1.3(进箱预留)×4)×3+7.34×4+11.55×5+7(进开关盒预留)×1+19(进灯头盒预留)×1+4(进插座盒预留)×1=482.48
6	凿槽及恢复	m	20.7	开关管7根×(3.9-1.3-梁板高0.5)+插座管4根×0.3+进配电箱管(上进)3根×(3.9-1.5-0.8-0.5)+进配电箱管(下进)1根×1.5

管线列项及工程量计算的注意事项：

①照明支线工程量的计算方法：先管后线，管内穿线的根数不同时，要分开列计算式。

②开关管工程量的计算方法：管长 = 水平长 + 垂直长（层高 - 开关高度 - 板厚）。

③灯具、开关、插座、按钮等安装定额中不含预留线，因此计算导线工程量时要考虑进入灯头盒、开关盒、插座盒等的预留长度，具体预留长度见表 5.16。

表 5.16　灯具、开关、插座、按钮等的预留线

序号	项目	预留长度/m
1	灯具、开关、插座（电热插座、空调柜机插座除外）、按钮	1
2	电热插座、空调柜机插座	0.5
3	其他小型电器	0.5

④所有安装灯具安装定额中不包含从灯头盒到灯具（如吊管等、吊链灯、装在吊顶上的灯具等）的引导线及灯头盒处的预留线，从灯头盒到灯具的引导线及灯头盒处的预留线应按相应计算规定汇入导线工程量计算。

⑤配线进入箱、柜、盘、板、盒的预留线，按表 5.17 规定的长度分别计入相应的工程量。

表 5.17　配线进入箱、柜、盘、板、盒的预留线

序号	项目	预留长度/m	说明
1	各种箱、柜、盘、板、盒	高 + 宽	盘面尺寸
2	单独安装（无箱、盘）的铁壳开关、自动开关、刀开关、控制开关、继电器、箱式电阻器、变阻器、启动器进出线盒等	0.3	从安装对象中心算起
3	由地面管子出口引至动力接线箱	1.0	从管口算起
4	电源与管内导线连接（管内穿线与软、硬母线接点）	1.5	从管口算起
5	出户线	1.5	从管口算起

⑥凿槽及恢复：定额中所有电管暗配时均不含割槽、刨沟及所凿沟槽恢复，如果发生需要另行计算。开关管、插座管、进配电箱的电源管等暗敷在砖墙内时一般均需割槽、刨沟，注意预埋在梁、板内的管道不能计算割槽、刨沟工程量。

5.3.6　配管配线清单计价

以广西安装工程消耗量定额为例，配电干线清单计价如表 5.18 所示。

表 5.18　配电干线清单计价表

序号	项目编码/定额编号	项目名称/定额名称	单位	工程量
1	030411001001	电气砖混结构暗配管 SC32	m	74.52
	B4-1447	电气砖混结构暗配管 SC32	100 m	0.75

序号	项目编码/定额编号	项目名称/定额名称	单位	工程量
2	030411001001	钢管砖混凝土结构暗敷 SC15	m	116.59
	B4-1444	钢管砖混凝土结构暗敷 SC15	100 m	1.17
3	030411001002	钢管砖混凝土结构暗敷 SC20	m	11.55
	B4-1445	钢管砖混凝土结构暗敷 SC20	100 m	0.12
4	030411004001	管内穿线 BV-16	m	486.6
	B4-1586	管内穿线 BV-16	100 m	4.87
5	030411004001	管内穿照明线 BV-2.5	m	482.48
	B4-1564	管内穿照明线 BV-2.5	100 m	4.82
6	030413002	凿槽及恢复	m	20.7
	B4-2006	凿槽	10 m	2.07
	B4-2018	沟槽恢复	10 m	2.07

任务 5.4　照明器具及开关插座识图、列项与算量计价

本任务以 5 号教学楼电气照明系统施工图为载体,讲解进户线的识图、列项与工程量计算的方法。具体的任务描述如下:

任务名称	照明器具及开关插座识图、列项与算量计价	学时数(节)	4
教学环境	工程造价理实一体化实训室、造价工作室	授课对象	高职工程管理类专业二年级学生
项目载体	5 号教学楼电气照明系统		
教学目标	知识目标:熟悉照明器具及开关插座安装工程量清单、消耗量定额相关知识;熟悉工程量计算规则与方法。 能力目标:能依据施工图,利用工具书编制照明器具及开关插座安装工程量清单及清单计价。 素质目标:培养科学严谨的职业态度,以及精益求精、勤勉尽职、团结协作的职业精神。		

续表

应知应会	一、学生应知的知识点: 1.照明器具基础知识。 2.照明器具及开关插座工程量清单项目设置的内容及注意事项。 3.照明器具及开关插座工程量计算方法。 4.照明器具及开关插座安装工程量清单计价注意事项。 二、学生应会的技能点: 1.能区别照明器具及开关插座的型号规格。 2.能编制照明器具及开关插座安装工程量清单。 3.能对照明器具及开关插座安装工程量清单进行清单计价。
重点、难点	教学重点:工程量清单项目的编制、工程量计算及定额套价。 教学难点:照明灯具安装方式符号含义。
教学方法	1.项目教学法;2.任务驱动法;3.线上线下混合教学法;4.小组讨论法
教学实施	1.任务资讯:学生完成该学习任务需要掌握的相关知识或需要查阅的信息。 2.任务分析:教师布置任务,通过项目教学法引导学生完成照明器具及开关插座施工图的识读。 3.任务实施:教师引导学生以小组学习的方式完成学习任务,要求学生在课前预习,线上完成微课、动画及 PPT 等教学资源的观看,线下由教师引导学生按照学习任务的要求掌握电气照明系统的识图、列项、算量与计价等基本技能。
考核评价	1.云平台线上提问考核。 2.课堂完成给定案例、成果展示,实行自评及小组互评。 3.课程累计评价、多方评价,综合评定成绩。

➤ 任务资讯

5.4.1 照明器具基础知识

照明灯具识别

照明灯具安装

开关、插座安装

1)照明灯具的分类及其特点

(1)普通白炽灯

灯泡中有钨丝并充有惰性气体。

(2)卤钨灯

在白炽灯灯泡中充入含有卤族元素(碘化物)的惰性气体,利用卤钨循环原理来提高灯的发光效率和使用寿命。

(3)荧光灯

荧光灯家族包括普通日光灯和紧凑型荧光灯。它的原理是利用汞蒸气在外加电压作用下产生弧光发电,发出少许可见光和大量紫外线,紫外线又激发灯管内壁涂覆的荧光粉,使之发出大量的可见光。

①普通荧光灯:优点是发光效率要比白炽灯高得多,在使用寿命方面也优于白炽灯;缺点是荧光灯的显色性较差(光谱是断续的),特别是它的频闪效应,容易使人眼产生错觉,应采取措施消除频闪效应。另外,荧光灯需要启辉器和镇流器,使用比较复杂。

②紧凑型荧光灯:发光原理与普通荧光灯相同,启辉器和镇流器功能是用内置于灯中的电子线路提供的,灯的体积大大减小。紧凑型荧光灯可逐步替代白炽灯:其节能率高,15 W 的紧凑型荧光灯亮度与 75 W 的白炽灯相当,寿命长(平均寿命 8 000 h,最长达 20 000 h;白炽灯只有 1 000 ~ 2 000 h)。

(4)放电灯

通过两电极放电使密封在灯泡内的气体发光,所有此类灯需加装镇流器限制电弧。发射光谱与气体的成分和气压有关(气压越高,光谱成分越好)。这个家族包括低压钠灯、高压钠灯、高压汞灯、金属卤化物灯等。

(5)LED 灯

LED 灯是指利用发光二极管作为光源的灯具,它具有节能、长寿、环保、防震等优点。

2)照明灯具的安装方式

照明灯具的安装方式见表 5.19。

表 5.19 照明灯具安装方式符号含义

序号	名称	代号
1	线吊式自在器线吊式	CP
2	链吊式	Ch
3	管吊式	P
4	壁装式	W
5	吸顶式	S
6	嵌入式	R
7	顶棚内安装	CR
8	墙壁内安装	WR
9	支架上安装	SP
10	柱上安装	CL
11	座装	HM

5.4.2 开关插座基础知识

1)开关的分类

①按开关分别控制灯具的数量,可分为一开、两开、三开、四开(也称单联、双联、三联、四联或一位、二位、三位、四位等)。几个开关并列在一个面板上控制不同的灯,俗称多位开关;开关里面又可分为单控和双控,如一开单控、一开双控等。

②按开关的外观,可分为点开关和翘板开关。

③按面板型,可分为 86 型、120 型、118 型、146 型等。

④按开关控制的极数,可分为单极开关、两极开关、三极开关、三极加中线开关等。

⑤按启动方法,可分为旋转开关、跷板开关、按钮开关、声控开关、触屏开关、拉线开关等。

2)开关的接线

(1)单控开关

单控开关在照明线路中是最常见的,也就是一个开关控制一件或多件电器,根据所联电器的数量又可以分为单控单联(见图 5.23)、单控双联、单控三联(见图 5.24)、单控四联等多种形式。

(a)开关外形

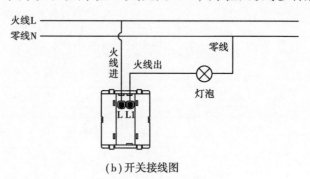

(b)开关接线图

图 5.23　单控单联开关

(a)开关外形

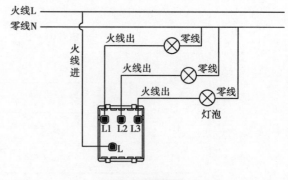

(b)开关接线图

图 5.24　单控三联开关

(2)双控开关

与另一个双控开关共同控制一盏灯,根据所联电器的数量还可以分为双联单开(见图

5.25)、双联双开等多种形式。双开关用得恰当,会给家居生活带来很多便利。如:楼梯的照明灯,一般可以在楼下安装一个开关控制,然后在楼上再装一个开关同时控制这盏灯。

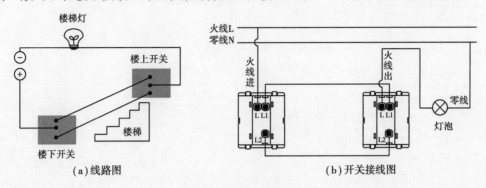

(a)线路图　　　　　　　(b)开关接线图

图 5.25　双控单联开关

3)插座的分类

插座是指有一个或一个以上电路接线可插入的座,通过它可插入各种接线。插座可按照用途分为民用插座、工业用插座、防水插座;也可分为电源插座、网络插座、电话插座、视频和音频插座等;插座按有无保护门分为无保护门插座、有保护门插座(见图 5.26)。常用插座如下:

①普通五孔插座:简单来说就是一位二孔和一位三孔组合在一个插座面板上,简称五孔插座。五孔插座可满足一般的小功率家用电器用电,其优点是能减少家庭插座总数,提高插座使用率。

②三孔插座:三孔分为 10 A、16 A、25 A。常用的家庭电器用 10 A 三孔,如电冰箱、洗衣机、油烟机等;常用的挂壁空调 1.5 P/2 P 热水器一般需要 16 A 三孔,一般立柜式空调 3 P 的需要 20 A 以上。

③多功能插座:可以兼容老式的及国外制式的圆脚插头、方脚插头等。

④单控开关插座:可控制插座通断电,也可以单独作为开关使用,多用于常用电器处,如微波炉、洗衣机、单独控制镜前灯等。

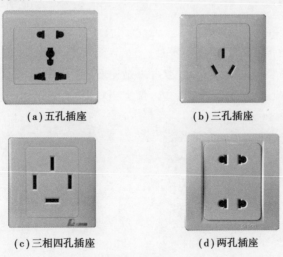

(a)五孔插座　　　　　　(b)三孔插座

(c)三相四孔插座　　　　(d)两孔插座

图 5.26　插座

4)插座的接线

常见的几种插座接线如图5.27、图5.28所示。

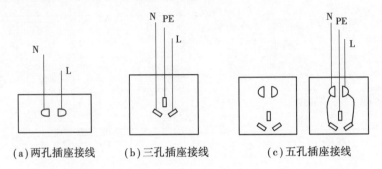

(a)两孔插座接线　　(b)三孔插座接线　　(c)五孔插座接线

图5.27　插座的接线

L—火线,N—零线,PE—接地线

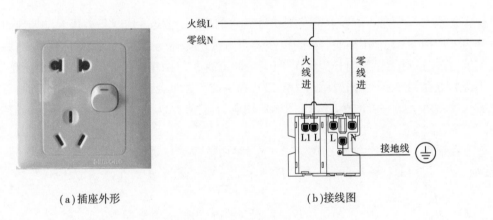

(a)插座外形　　　　　　　　　　(b)接线图

图5.28　五孔插座带开关

5)开关插座的安装方式

开关插座分为明装和暗装:

①明装:就是所有的管线、底盒都在墙面上,安装相对比较便捷(见图5.29)。明装的开关插座可以是直接购买明装开关插座安装,也可以是先安装明装接线盒,再装开关插座。

②暗装:所有的管线、底盒都埋藏在墙内,视觉相对美观(见图5.30)。

图5.29　明装开关

图5.30　暗装插座

5.4.3　照明器具及开关插座安装工程量清单项目

工程量清单项目设置及工程量计算规则,应按表 5.20 和表 5.21 的规定执行。

表 5.20　照明灯具安装工程量清单项目

项目编码	项目名称	项目特征	计量单位	工程量计算规则	工程内容
030412001	普通灯具	1. 名称 2. 型号 3. 规格 4. 类型	套	按设计图示数量计算	1. 本体安装 2. 底盒安装 3. 接线
030412002	工厂灯	1. 名称 2. 型号 3. 规格 4. 安装形式	套		
030412003	高度标志(障碍)灯	1. 名称 2. 型号 3. 规格 4. 安装部位 5. 安装高度	套		
030412004	装饰灯	1. 名称 2. 型号	套 (m、m^2)		
030412005	荧光灯	3. 规格 4. 安装形式	套		
030412006	医疗专用灯	1. 名称 2. 型号 3. 规格	套		
030412007	一般路灯	1. 名称 2. 型号 3. 规格 4. 灯杆材质、规格 5. 灯架形式及臂长 6. 灯杆形式(单、双)	套		1. 立灯杆 2. 杆座安装 3. 灯架及灯具 4. 附件安装 5. 接线 6. 灯杆编号

续表

项目编码	项目名称	项目特征	计量单位	工程量计算规则	工程内容
030412008	中杠灯	1.名称 2.灯杆材质及高度 3.灯架的型号、规格 4.光源数量 5.杆座材质、规格	套	按设计图示数量计算	1.立灯杆 2.杆座安装 3.灯架及灯具附件安装 4.接线 5.铁构件安装 6.灯杆编号
030412009	高杆灯	1.名称 2.灯杆高度 3.灯架型式（成套或组装、固定或升降） 4.光源数量 5.杆座材质、规格	套		1.立灯杆 2.杆座安装 3.灯架及灯具附件安装 4.接线 5.铁构件安装 6.灯杆编号 7.升降机构接线调试
030412010	桥栏杆灯	1.名称 2.型号 3.规格 4.安装形式	套(m)		1.灯具安装 2.底盒安装 3.接线
030412011	地道涵洞灯		套		
桂 030412012	信号灯		套		
桂 030412013	楼宇亮化灯		套(m)		1.灯具安装 2.底盒安装 3.接线
桂 030412014	其他照明灯具		套(m)		

注:1.普通灯具包括:圆球吸顶灯、半圆球吸顶灯、方形吸顶灯、软线吊灯、座灯头、吊链灯、防水吊灯、壁灯等。

2.工厂灯包括:工厂罩灯、防水灯、防尘灯、碘钨灯、投光灯、泛光灯、混光灯、密闭灯等。

3.高度标志(障碍)灯包括:烟囱标志灯、高塔标志灯、高层建筑屋顶障碍指示灯等。

4.装饰灯包括:吊式艺术装饰灯、吸顶式艺术装饰灯、荧光艺术装饰灯、几何型组合艺术装饰灯、标志灯、诱导装饰灯、水下(上)艺术装饰灯、点光源艺术灯、歌舞厅灯具、草坪灯具等。

5.医疗专用灯包括:病房指示灯、病房暗脚灯、紫外线杀菌灯、无影灯等。

6.一般路灯是指安装在高度≤15 m 的灯杆上的照明器具。

7.中杆灯是指安装在高度≤19 m 的灯杆上的照明器具。

8.高杆灯是指安装在高度 >19 m 的灯杆上的照明器具。

9.其他照明灯具安装指:本节未列的灯具项目。

10.灯具的预留线长度见表5.16。

表 5.21　开关插座安装工程量清单项目

项目编码	项目名称	项目特征	计量单位	工程量计算规则	工程内容
030404033	风扇	1.名称 2.型号 3.规格 4.安装方式	台	按设计图示数量计算	1.本体安装 2.调速开关安装 3.吊钩安装
030404034	照明开关	1.名称 2.型号 3.规格 4.安装方式	套		1.本体安装 2.底盒安装 3.接线
030404035	插座				
030404036	其他电器	1.名称 2.规格 3.安装方式	个(套、台)		1.安装 2.接线

注:1.控制开关包括:自动空气开关、刀型开关、铁壳开关、胶盖刀闸开关、组合控制开关、万能转换开关、风机盘管三速开关、漏电保护开关等。
　2.小电器包括:按钮、电笛、电铃、水位电气信号装置、测量表计、继电器、电磁锁、屏上辅助设备、辅助电压互感器、小型安全变压器等。
　3.其他电器安装指:本节未列的电器项目。
　4.其他电器必须根据电器实际名称确定项目名称,明确描述工作内容、项目特征、计量单位、计算规则。
　5.联络各配电柜的母线,另按母线相应编码列项。
　6.硅整流柜、可控硅柜、直流馈电屏等直流设备同时适用于城市轨道交通工程中的直流设备。
　7.开关、插座、按钮等的预留线长度见表 5.16。

➤ 任务分析

5.4.4　识图

本项目中所用的照明器具及开关插座如图 5.31、图 5.32 所示。

➤ 任务实施

5.4.5　清单列项

照明器具及开关插座清单列项如表 5.22 所示

10	▤	双管日光灯	T5, 2X36 W	距地2.5 m杆吊	
11	▬	黑板灯	T5, 1X36 W	距黑板顶0.3 m	
12	▬	单管日光灯	T5, 1X28 W	距地2.2 m壁装	
13	▬	镜前灯	T5, 1X28 W	距顶0.5壁装	
14	▼	吸顶灯	T5, 1X36 W	吸顶安装	
15	⊗	排气扇	60 W		见设施图
16	▨	应急照明灯	18 W, 自带蓄电池	距地2.5 m壁装	应急时间30 min
17	▭	疏散标志灯	PAK-Y01-102	距地0.5暗装	应急时间30 min
18	▭	疏散标志灯	PAK-Y01-103	距地0.5暗装	应急时间30 min
19	▭	疏散标志灯	PAK-Y01-104	距地0.5暗装	应急时间30 min
20	▣	安全出口标志灯	PAK-Y01-101	门上0.2 m暗装	应急时间30 min
21	⋈	吊扇	φ1200 66 W	距地2.7 m杆吊	

图 5.31 照明器具图例

7	✒	单联单控开关	K31/1/2 A	距地1.3 m明装	250 V, 10 A
8	✒	双联单控开关	K32/1/2 A	距地1.3 m明装	250 V, 10 A
9	✒	三联单控开关	K33/1/2 A	距地1.3 m明装	250 V, 10 A
22	♂	调速开关	配套	距地1.3 m明装	
23	▼	普通插座	T426/10USL	距地0.5暗装	250 V, 10 A
24	▼	电视插座	T426/10US3	距地1.0暗装	250 V, 10 A
25	▽	卫生间插座	T426/10USL	距地1.5暗装	250 V, 10 A 加装防溅盖板

图 5.32 开关插座图例

表 5.22 照明器具及开关插座清单列项表

序号	项目编码	项目名称	单位
1	030412001001	半圆球吸顶灯,T5,1×36 W	套
2	030412005001	双管日光灯,T5,2×36 W,杆吊安装	套
3	030412005002	单管日光灯,T5,1×28 W,壁装	套
4	030412005003	镜前灯,T5,1×28 W,壁装	套
5	030412005004	黑板灯,T5,1×36 W,壁装	套
6	030412004001	应急照明灯 18 W,自带蓄电池,壁装	套
7	030412004002	疏散标志灯 PAK-Y01-102,暗装	套
8	030412004003	疏散标志灯 PAK-Y01-103,暗装	套
9	030412004004	疏散标志灯 PAK-Y01-104,暗装	套
10	030412004005	安全出口标志灯 PAK-Y01-101,暗装	套

序号	项目编码	项目名称	单位
11	030404033001	吊扇 φ1200,66 W,杆吊安装,含调速开关安装	台
12	030404034001	单联单控开关,距地 1.3 m 明装	个
13	030404034002	双联单控开关,距地 1.3 m 明装	个
14	030404034003	三联单控开关,距地 1.3 m 明装	个
15	030404035001	普通插座 T426/10USL,暗装	个
16	030404035002	卫生间插座 T426/10USL,暗装	个

清单列项的注意事项:

①普通灯具包括圆球吸顶灯、半圆球吸顶灯、方形吸顶灯、软线吊灯、座头灯、吊链灯。

②装饰灯包括吊式艺术装饰灯、吸顶式艺术装饰灯、荧光艺术装饰灯、几何型组合艺术装饰灯、标志灯、诱导装饰灯、水下艺术装饰灯、点光源艺术灯、歌舞厅灯具、草坪灯具等。

5.4.6 清单计价

以广西安装工程消耗量定额为例,照明器具及开关插座清单计价如表 5.23 所示。

表 5.23　照明器具及开关插座清单计价表

序号	项目编码	项目名称	单位
1	030412001001	半圆球吸顶灯,T5,1×36 W	套
	B4-1745	半圆球吸顶灯,T5,1×36 W	10 套
2	030412005001	双管日光灯,T5,2×36 W,距地 2.5 m 杆吊安装	套
	B4-1889	双管日光灯,T5,2×36 W,距地 2.5 m 杆吊安装	10 套
3	030412005002	单管日光灯,T5,1×28 W,距地 2.5 m 壁装	套
	B4-1885	单管日光灯,T5,1×28 W,距地 2.5 m 壁装	10 套
4	030412005003	镜前灯,T5,1×28 W,距顶 0.5 m 壁装	套
	B4-1885	镜前灯,T5,1×28W,距顶 0.5 m 壁装	10 套
5	030412005004	黑板灯,T5,1×36 W,距黑板顶 0.5 m 安装	套
	B4-1885	黑板灯,T5,1×36 W,距黑板顶 0.5 m 安装	10 套
6	030412004001	应急照明灯 18 W,自带蓄电池,距地 2.5 m 壁装	套
	B4-1846	应急照明灯 18 W,自带蓄电池,距地 2.5 m 壁装	10 套
7	030412004002	疏散标志灯 PAK-Y01-102,距地 0.5 m 暗装	套
	B4-1847	疏散标志灯 PAK-Y01-102,距地 0.5 m 暗装	10 套
8	030412004003	疏散标志灯 PAK-Y01-103,距地 0.5 m 暗装	套
	B4-1847	疏散标志灯 PAK-Y01-103,距地 0.5 m 暗装	10 套

续表

序号	项目编码	项目名称	单位
9	030412004004	疏散标志灯 PAK-Y01-104,距地 0.5 m 暗装	套
	B4-1847	疏散标志灯 PAK-Y01-104,距地 0.5 m 暗装	10 套
10	030412004005	安全出口标志灯 PAK-Y01-101,门上 0.2 m 暗装	套
	B4-1847	安全出口标志灯 PAK-Y01-101,门上 0.2 m 暗装	10 套
11	030404033001	吊扇,1 200,66W,杆吊安装,含调速开关安装	台
	B4-0474	吊扇,1 200,66W,杆吊安装,含调速开关安装	台
12	030404034001	单联单控开关,距地 1.3 m 明装	套
	B4-0412	单联单控开关,距地 1.3 m 明装	10 套
13	030404034002	双联单控开关,距地 1.3 m 明装	套
	B4-0413	双联单控开关,距地 1.3 m 明装	10 套
14	030404034003	三联单控开关,距地 1.3 m 明装	套
	B4-0414	三联单控开关,距地 1.3 m 明装	10 套
15	030404035001	普通插座 T426/10USL,距地 0.5 m 暗装	套
	B4-0436	普通插座 T426/10USL,距地 0.5 m 暗装	10 套
16	030404035002	卫生间插座 T426/10USL,距地 1.5 m 暗装	套
	B4-0436	卫生间插座 T426/10USL,距地 1.5 m 暗装	10 套

任务5.5 建筑电气照明系统列项与算量计价综合训练

任务名称	建筑电气照明系统列项与算量计价综合训练	学时数(节)	4
教学环境	工程造价理实一体化实训室、造价工作室	授课对象	高职工程管理类专业 二年级学生
项目载体	5 号教学楼电气照明系统		
任务目标	本任务以5号教学楼电气照明系统施工图纸为例,训练学生编制工程量清单的完整性、系统性。		
任务描述	1.能根据图纸完整列出建筑照明系统清单项目,做到不漏项、不重项,清单项目名称与描述正确。 2.能熟练识读施工图纸,会计算各清单子目工程量。		

重点、难点	教学重点:工程量清单项目编制的完整性。 教学难点:清单计价。
教学实施	1.项目教学法;2.任务驱动法;3.小组讨论法
考核评价	1.任务资讯:学生完成该学习任务需要掌握的相关知识或需要查阅的信息。 2.任务分析:教师布置任务,通过项目教学法引导学生完成照明系统施工图的识读。 3.任务实施:教师引导学生以小组学习的方式完成学习任务,要求学生在课前预习,线上完成微课、动画及 PPT 等教学资源的观看,线下由教师引导学生按照学习任务的要求掌握电气照明系统的识图、列项、算量与计价等基本技能。

▶ 任务分析

5.5.1 工程量清单编制及清单计价注意事项

1)工程量清单项目设置

①在管路中间设置(增设)的接线盒才能按接线盒安装清单列项计算。灯具、开关、插座安装清单中已包括灯头盒、开关盒及插座盒安装内容,不能另行按接线盒安装清单列项。

②从楼板接线盒至吊顶普通灯具的金属软管,按可挠金属短管清单列项。但连接设备或电机的金属软管不应单独设清单项目,已包含在相关设备安装或电机检查接线清单项目工作内容中。

③所有电线管、钢管、可挠金属管和刚性阻燃管暗配都不含割槽、刨沟、抹砂浆保护层的工作内容,需要凿(压)槽及恢复时,按《建筑工程工程量计算规范广西壮族自治区实施细则》"附录 D.13 附属工程"中的"凿(压)槽及恢复"列项。

④配管、桥架和金属线槽所用的支吊架可按《建筑工程工程量计算规范广西壮族自治区实施细则》"附录 D.13 附属工程"中的"铁构件"列项。

⑤配管、配线工程量清单项目的设置,见表 5.13。

2)工程量清单项目名称及特征描述

①配管名称指电线管、钢管、防爆管、塑料管、软管、波纹管等。配管配置形式指明配、暗配、吊顶内、钢结构支架、钢索配管、埋地敷设、水下敷设、砌筑沟内敷设等。在配管清单子目中,名称和材质有时是一体的,如钢管敷设,"钢管"既是名称,又代表了材质;规格指管的直径,如 $\phi 25$。

②线槽要描述是塑料线槽还是金属线槽,规格是指线槽的宽和高尺寸。

③在配线清单子目中,名称要紧密地与配线形式连在一起,因为配线的方式会决定选用什么样的导线,所以对配线形式的表述更显得重要。

配线名称指管内穿线、瓷夹板配线、塑料夹板配线、绝缘子配线、槽板配线、塑料护套配线、线槽配线、车间带形母线等。配线形式指照明线路,动力线路,木结构,顶棚内,砖墙、混凝土结构,沿支架、钢索、屋架、梁、柱、墙,以及跨屋架、梁、柱。多芯软导线、塑料护套线的规格是指芯数和单芯截面面积。

④凿(压)槽及恢复的项目特征按公称管径 20 mm、32 mm、50 mm、70 mm 以内分别描述;凿(压)槽类型有砖墙、混凝土结构。

⑤桥架规格要描述(宽+高)尺寸,类型要描述槽式、梯式、托盘式。桥架安装包括运输、组对、吊装、固定,弯通或三、四通修改、制作组对,切割口防腐,桥架开孔,上管件、隔板安装、盖板安装、接地、附件安装等工作内容。

3)清单项目工程量计算

(1)配管工程量计算

材质、规格、配置形式不同的配管,应按相应工程量分别列项计算。配管按设计图示尺寸以长度计算,不扣除管路中间的接线箱(盒)、灯头盒、开关盒所占长度。工程量计算方法如下:

$$配管工程量 = 水平管段工程量 + 垂直管段工程量$$

①水平管段工程量计算。水平方向敷设的配管应以施工平面图的管线实际走向、敷设部位和设备安装位置的中心点为依据,并根据平面图上所标墙、柱轴线尺寸进行线管长度的计算。若没有轴线尺寸可利用,则应使用比例尺或直尺直接在平面图上量取线管长度。工程量计算方法如下:

$$水平管段工程量(m) = 图纸量取的长度(mm) \times 图纸比例 \div 1\,000$$

例如:图纸比例为 1:100,在图纸上量取的长度为 16 mm 时,该管段长度 = $16 \times 100 \div 1\,000$ = 1.6(m)。

②垂直管段工程量计算。垂直管段长度根据建筑物层高、配电箱安装高度、开关安装高度和插座安装高度进行计算,计算方法如下:

a. 当线管设计沿顶板引下敷设时,计算方法如下:

接至配电箱的垂直管段长度 = 建筑物层高 − 配电箱安装高度 − 配电箱高度 − 楼板厚度 ÷2

接至开关的垂直管段长度 = 建筑物层高 − 开关安装高度 − 楼板厚度 ÷2

接至插座的垂直管段长度 = (建筑物层高 − 插座安装高度 − 楼板厚度 ÷2) × 垂直段数

b. 当线管设计沿底板引上敷设时,计算方法如下:

接至配电箱的垂直管段长度 = 配电箱安装高度 + 楼板厚度 ÷2

接至开关的垂直管段长度 = 开关安装高度 + 楼板厚度 ÷2

接至插座的垂直管段长度 = (插座安装高度 + 楼板厚度 ÷2) × 垂直段数

注意:计算配管工程量时,考虑到楼板厚度对管线从楼板引上(下)工程量计算影响不大,为简化计算,一般楼板厚度可不增也不减。但普通插座通常设计为线管沿底板引上敷设,且垂直段数量较大,从底板引上插座的垂直管段长度还是应该计算楼板厚度。垂直段数根据实际施工情况来确定。

配管工程量的计算按"延长米"计算。"延长米"原则上是指按照图示设计走向计算,但如果施工图走向严重偏离实际走向图,则要结合实际走向来计算(如管线敷设中穿过竖井、楼梯、卫生间时不应按直线量取)。

(2)配线工程量计算

材质、型号、规格、配置形式不同的导线长度要分别计算工程量。配线按设计图示尺寸以单线长度计算(含预留长度),计算式为:配线工程量 = 水平段配线工程量 + 垂直段配线工程量 + 预留长度。

说明:

①配线进入灯具、开关、插座、按钮、其他小型电器的预留线按表 5.16 计算;

②配线进入开关箱、柜、盘、板、盒的预留线按表 5.17 计算。

(3)砖墙内剔槽敷设工程量

砖墙内剔槽敷设工程量可按砖墙内管子垂直量计算。

(4)桥架和线槽

桥架和线槽按设计图示尺寸以中心线长度计算,不扣除弯头、三通、四通等所占的长度。

4)工程量清单计价注意事项

①所有电线管、钢管、可挠金属管和刚性阻燃管暗配均不含割槽、刨沟、所凿沟槽恢复等工作内容,割槽、刨沟、所凿沟槽恢复执行《广西壮族自治区安装工程消耗量定额》(2015 年)电气册第十三章附属工程相应定额子目。实际应用中,预埋在地面、楼板、混凝土墙的管子不计取割槽、刨沟及所凿沟槽恢复费用,但暗埋在砖墙或因未预埋在混凝土墙、板,需凿墙、刨沟的,应另行计算割槽、刨沟及所凿沟槽恢复费用。

②可挠金属套管、刚性阻燃管及扣压式(KBG)、紧定式(JDG)电气钢导管吊顶内暗敷设定额,均含成品支架安装。若支架采用型钢在现场制作,则支架制作执行第十三章附属工程"一般铁构件制作安装"子目,定额乘系数 0.7,材料乘系数 0.96,机械乘系数 0.98。

③暗装接线箱、接线盒定额中的槽孔按事先预理考虑,不计算开槽、开孔费用。

④照明线路中的导线截面面积≥6 mm² 时,应执行动力线路穿线相应项目。

⑤管内穿铁线定额,适用于电气及弱电工程预理电气管道后,管内不穿电线,仅在管内穿铁线的情况下使用。

⑥灯具、开关、插座底盒均已含在相应灯具、开关、插座安装定额中,不应再套用底盒定额计算。

⑦桥架支撑架定额适用于立柱、托臂及其他各种支撑架为成品的安装。

⑧玻璃钢梯式桥架和铝合金梯式桥架定额均按不带盖考虑,如这两种桥架带盖,则分别执行玻璃钢槽式桥架定额和铝合金槽式桥架定额。

⑨钢制桥架主结构设计厚度≥3 mm 时,定额人工、机械乘以系数 1.2。

⑩不锈钢桥架钢制桥架定额乘以系数 1.1 执行。

⑪电缆桥架安装定额是按照厂家供应成品安装编制的,若为现场制作,桥架制作(含直通桥架、弯头、三通、四通及托臂等)执行《广西壮族自治区安装工程消耗量定额》(2015 年)电气册第十三章附属工程的"电缆桥架三通、弯头制作"定额子目,但弯头、三通、四通的安装费用

已包含在电缆桥架安装定额内,不得另行计算。

⑫桥架安装包括弯头、三通、四通等配件安装。桥架材料费按直通桥架、弯头、三通、四通等实际用量(含规定损耗量)分别计算。

▶ **任务实施**

5.5.2 照明系统工程量清单编制及清单计价

建筑电气照明工程量清单及计价如表5.24所示。建筑电气照明管线工程量计算如表5.25所示。

表5.24 建筑电气照明工程量清单及计价表

工程名称:某教学楼一层照明

序号	项目编码	项目名称	单位	工程量
1	030404017001	AL 配电箱暗装,配电箱规格型号详见系统图	台	1
	B4-0304	AL 配电箱暗装	台	1
2	030404017002	AL1-1、AL-1-2 配电箱暗装,配电箱规格型号详见系统图	台	2
	B4-0303	AL1-1、AL-1-2 配电箱暗装	台	2
3	030408003001	电缆保护管 SC100 埋地敷设	m	11.39
	B4-0808	电缆保护管 SC100 埋地敷设	100 m	0.11
4	030411001001	电气配管,砖混凝土暗配 SC32	m	25.16
	B4-1447	电气配管,砖混凝土暗配 SC32	100 m	0.25
5	030411001002	电气配管,砖混凝土暗配 SC20	m	180.71
	B4-1445	电气配管,砖混凝土暗配 SC20	100 m	1.81
6	030411001003	电气配管,砖混凝土暗配 SC15	m	1 395.27
	B4-1444	电气配管,砖混凝土暗配 SC15	100 m	13.95
7	030408001001	电力电缆 YJV22-1 kV-4 ×95 普通敷设	m	14.22
	B4-0996	电力电缆 YJV22-1 kV-4 ×95 普通敷设	100 m	0.14
8	030408006001	热缩式电缆头制作安装 95 mm^2	个	1
	B4-1089	热缩式电缆头制作安装 95 mm^2	个	1
9	030408008001	电缆保护管防火堵洞	处	1
	B4-0962	电缆保护管防火堵洞	处	1
10	040101002001	挖沟槽土方,人工开挖一般土	m^3	3.46
	B4-0782	人工挖沟槽	10 m^3	0.35
11	030411004001	管内穿线 BV-16	m	156.8
	B4-1586	管内穿线 BV-16	100 m	1.57

序号	项目编码	项目名称	单位	工程量
12	030411004002	管内穿线 BV-2.5	m	5 100.31
	B4-1564	管内穿线 BV-2.5	100 m	51.00
13	030404034001	单联单控开关 明装 K31/1/2 A	套	15
	B4-0412	单联单控开关 明装 K31/1/2 A	10 套	1.5
14	030404034002	双联单控开关 明装 K32/1/2 A	套	10
	B4-0413	双联单控开关 明装 K32/1/2 A	10 套	1.0
15	030404034003	三联单控开关 明装 K33/1/2 A	套	18
	B4-0414	三联单控开关 明装 K33/1/2 A	10 套	1.8
16	030404035001	普通插座 T426/10USL 10 A 暗装	套	44
	B4-0436	普通插座 T426/10USL 10 A 暗装	10 套	4.4
17	030404035002	电视插座 T426/10USL 10 A 暗装	套	8
	B4-0436	电视插座 T426/10USL 10 A 暗装	10 套	0.8
18	030404035003	卫生间插座 T426/10USL 10 A 暗装	套	2
	B4-0436	卫生间插座 T426/10USL 10 A 暗装	10 套	0.2
19	030412005001	吊杆式双管日光灯 T5,2×36 W	套	90
	B4-1889	吊杆式双管日光灯 T5,2×36 W	10 套	9.0
20	030412005002	壁装式单管日光灯 T5,1×28 W	套	4
	B4-1885	壁装式单管日光灯 T5,1×28 W	10 套	0.4
21	030412001001	吊链式黑板灯 T5,1×36 W	套	16
	B4-1885	吊链式黑板灯 T5,1×36 W	10 套	1.6
22	030412001002	壁装式镜前灯 T5,1×28 W	套	2
	B4-1885	壁装式镜前灯 T5,1×28 W	10 套	0.2
23	030412001003	半圆球吸顶灯 T5,1×36 W	套	36
	B4-1745	半圆球吸顶灯 T5,1×36 W	10 套	3.6
24	030412001004	壁装式应急照明灯 18 W	套	8
	B4-1846	壁装式应急照明灯 18 W	10 套	0.8
25	030412001005	安全出口标志灯 PAK-Y01-101 暗装 应急时间 30 min	套	14
	B4-1847	安全出口标志灯 PAK-Y01-101 暗装 应急时间 30 min	10 套	1.4
26	030412001006	单向疏散指示灯 PAK-Y01-102 暗装 应急时间 30 min	套	4
	B4-1847	单向疏散指示灯 PAK-Y01-102 暗装 应急时间 30 min	10 套	0.4
27	030412001007	单向疏散指示灯 PAK-Y01-103 暗装 应急时间 30 min	套	2

续表

序号	项目编码	项目名称	单位	工程量
	B4-1847	单向疏散指示灯 PAK-Y01-103 暗装 应急时间 30 min	10 套	0.2
28	030404033001	轴流排气扇　60 W	台	2
	B4-0477	轴流排气扇　60 W	台	2
29	030404033002	吊杆式吊扇 φ1 200 66 W 配调速开关	台	44
	B4-0474	吊杆式吊扇 φ1 200 66 W 配调速开关	台	44
30	030413002	凿槽及恢复 φ20	m	20.7
	B4-2006	凿槽 φ20	10 m	2.07
	B4-2018	沟槽恢复 φ20	10 m	2.07

表 5.25　建筑电气照明管线工程量计算表

工程名称:某教学楼一层照明

序号	项目名称	回路编号	穿线根数	工程量计算式	单位	工程量
1	电气配管暗配 SC15	AL1-1-n1	穿3线	$\uparrow(3.9-0.1-1.5-0.8)+\rightarrow0.47+1.99+2.38+2.57+1.71+5.38\times2+2.07+2.71$	m	26.160
		AL1-1-n2		$\uparrow(3.9-0.1-1.5-0.8)+\rightarrow0.47+11.55+2.38+2.07+5.29\times2+2.57+1.68+0.6+2.71$	m	36.110
		AL1-1-n3		$\uparrow(3.9-0.1-1.5-0.8)+\rightarrow0.47+7.31+3.65+7.86\times3+1.91+1.59+3.91$	m	43.920
		AL1-1-n4		$\uparrow(3.9-0.1-1.5-0.8)+\rightarrow0.47+2.25+3.65+5.29\times3+1.7+2.71+0.6$	m	28.750
		AL1-1-n5		$\uparrow(3.9-0.1-1.5-0.8)+\rightarrow0.47+6.51+1.9+0.54+3.02+5.63+3.16$	m	22.730
		AL1-2-n1		$\uparrow(3.9-0.1-1.5-0.8)+\rightarrow0.47+2.06+2.38+1.99+2.71+2.07+5.3\times2+2.57$	m	26.350
		AL1-2-n2		$\uparrow(3.9-0.1-1.5-0.8)+\rightarrow0.47+7.54+2.29+2.16+2.71+2.07+5.29\times2+2.57$	m	31.890
		AL1-2-n3		$\uparrow(3.9-0.1-1.5-0.8)+\rightarrow0.47+6.34+3.65+2.11+2.71+2.07+7.86\times2$	m	34.570
		AL1-2-n4		$\uparrow(3.9-0.1-1.5-0.8)+\rightarrow0.47+2.1+3.61+2.16+2.71+3.07+5.29\times3$	m	31.490
		AL1-2-n5		$\uparrow(3.9-0.1-1.5-0.8)+\rightarrow0.47+5.97+1.98+0.6+5.63+3.16+2.93$	m	22.240
		AL1-1-c1		$\downarrow(1.5+0.1)+\rightarrow0.47+5.01+2.12+9.45+5.31+5.3+\uparrow普通插座(0.5+0.1)\times7+电视插座(1+0.1)$	m	34.560

序号	项目名称	回路编号	穿线根数	工程量计算式	单位	工程量
1	电气配管暗配SC15	AL1-1-c2	穿3线	$\downarrow(1.5+0.1)+\rightarrow0.47+5.01+7.46+9.34+5.3+$ ↑普通插座$(0.5+0.1)\times7+$电视插座$(1+0.1)$	m	34.480
		AL1-1-c3		$\downarrow(1.5+0.1)+\rightarrow0.47+5.01+3.46+11.87+5.31+$ $5.3+$↑普通插座$(0.5+0.1)\times7+$电视插座$(1+0.1)$	m	38.320
		AL1-1-c4		$\downarrow(1.5+0.1)+\rightarrow0.47+4.33+8.72+9.36+5.3+$ $3.42+$↑普通插座$(0.5+0.1)\times8+$电视插座$(1+0.1)$	m	39.100
		AL1-1-c5		$\downarrow(1.5+0.1)+\rightarrow0.47+4.99+5.58+4.02+3.81+$ $12.04+3.93+3.79+$↑普通插座$(0.5+0.1)\times11$	m	46.830
		AL1-2-c1		$\downarrow(1.5+0.1)+\rightarrow0.47+4.83+2.15+9.6+5.31\times$ $2+$↑普通插座$(0.5+0.1)\times7+$电视插座$(1+0.1)$	m	34.570
		AL1-2-c2		$\downarrow(1.5+0.1)+\rightarrow0.47+4.84+2.15+9.45+5.31\times$ $2+$普通插座$(0.5+0.1)\times7+$电视插座$(1+0.1)$	m	34.430
		AL1-2-c3		$\downarrow(1.5+0.1)+\rightarrow0.47+5.25+8.72+11.74+$ $5.31+$↑普通插座$(0.5+0.1)\times7+$电视插座$(1+0.1)$	m	38.390
		AL1-2-c4		$\downarrow(1.5+0.1)+\rightarrow0.47+4.84+3.38+9.45+5.31\times$ $2+$↑普通插座$(0.5+0.1)\times7+$电视插座$(1+0.1)$	m	35.660
		AL1-2-c5		$\downarrow(1.5+0.1)+\rightarrow0.47+5.13+5.58+3.74+$ $16.02+3.93+$↑普通插座$(0.5+0.1)\times11$	m	43.070
		AL1-1-w1		$\uparrow(3.9-0.1-1.5-0.8)+\rightarrow0.47+19.52+1.73+$ $0.63+$↓卫生间插座$(3.9-0.1-1.5)$	m	26.150
		AL1-2-w1		$\uparrow(3.9-0.1-1.5-0.8)+\rightarrow0.47+19.57+1.73+$ $0.79+$↓卫生间插座$(3.9-0.1-1.5)$	m	26.360
		AL1-1-g1		$\uparrow(3.9-0.1-1.5-0.8)+\rightarrow0.47+0.94+1.3+$ $0.72+1.44+24.82+1.3+0.73+1.45+0.74+3.25+$ 2.57	m	41.230
				$3.68+3.42+1.64+4.1+3.14+0.69+2.24+$ $0.43+5.47+$↓到开关$(3.9-0.1-1.3)\times7$	m	42.310
		AL1-1-g2		$\uparrow(3.9-0.1-1.5-0.8)+\rightarrow0.47+8.81+1.67+$ $6.29\times4+2.91+2.62+3.07$	m	46.210
				$5.99+1.4+3.18+$↓到开关$(3.9-0.1-1.3)\times4$	m	20.570

续表

序号	项目名称	回路编号	穿线根数	工程量计算式	单位	工程量
1	电气配管暗配SC15	AL1-2-g1	穿3线	$\uparrow(3.9-0.1-1.5-0.8)+\rightarrow 0.47+0.94+0.79+0.8+24.63+1.45\times 2+0.81+3.03$	m	35.870
				$2.53+3.54+4.06+3.12+2.25+5.88+0.91+\downarrow$到开关$(3.9-0.1-1.3)\times 7$	m	39.790
		AL1-2-g2		$\uparrow(3.9-0.1-1.5-0.8)+\rightarrow 0.47+1.04+1.44+0.53+24.86+1.9+3.54+0.96+2.22+2.33+0.98$	m	41.770
				$1.1\times 2+8.4+0.5+8.96+7.14+9.61+1+1.33+7.24+9.26+2.09+1.05+24.64+1.9+1.99+3.53+0.98+2.33+0.94$	m	95.090
				$\downarrow$到应急照明灯$(3.9-0.1-2.5)\times 17+$到疏散标志灯$(3.9-0.1-0.5)\times 8+$到安全出口标志灯$(3.9-0.1-$门高$2.2-0.2)\times 18$	m	73.700
		AL1-1-f1		$\uparrow(3.9-0.1-1.5-0.8)+\rightarrow 0.47+0.69+5.24+2.85+3.13+4.92+0.58+3.88+0.52+0.66+5.91$	m	30.350
				$0.76+\downarrow$到开关$(3.9-0.1-1.3)\times 3$	m	8.260
		AL1-1-f2		$\uparrow(3.9-0.1-1.5-0.8)+\rightarrow 0.47+0.69+4.33+1.33+9.54+2.73+3.13+4.92+2.85+2.19+0.98$	m	34.660
				$2.75+0.94+\downarrow$到开关$(3.9-0.1-1.3)\times 3$	m	11.190
		AL1-2-f1		$\uparrow(3.9-0.1-1.5-0.8)+\rightarrow 0.47+0.81+7.01+4.92\times 3+1.07+4.19+20.03+2.33+3.4+3.18$	m	58.750
				$0.98+\downarrow$到开关$(3.9-0.1-1.3)\times 6$	m	15.980
		AL1-2-f2		$\uparrow(3.9-0.1-1.5-0.8)+\rightarrow 0.47+0.81+3.18+1.29+18.95+3.07+3.18+6.07+0.95+2.15\times 2$	m	43.770
				$4.82\times 2+\downarrow$到开关$(3.9-0.1-1.3)\times 4$	m	19.640
		SC15 穿3线管合计			m	1 395.27

续表

序号	项目名称	回路编号	穿线根数	工程量计算式	单位	工程量
2	电气配管暗配SC20	AL1-1-n1	穿4线	$\rightarrow 2.23 + 1.11 + 1.1 + 2.72 + \downarrow(3.9 - 0.1 - 1.3)$	m	9.660
			穿5线	$\rightarrow 1.64 + \downarrow(3.9 - 0.1 - 1.3)$	m	4.140
		AL1-1-n2	穿4线	$\rightarrow 1.1 + 1.11 + 2.72 + 2.23 + \downarrow(3.9 - 0.1 - 1.3)$	m	9.660
			穿5线	$\rightarrow 1.57 + \downarrow(3.9 - 0.1 - 1.3)$	m	4.070
		AL1-1-n3	穿4线	$\rightarrow 1.1 + 1.11 + 2.23 + \downarrow(3.9 - 0.1 - 1.3)$	m .	9.170
			穿5线	$\rightarrow 1.53 + \downarrow(3.9 - 0.1 - 1.3)$	m	4.030
		AL1-1-n4	穿4线	$\rightarrow 1.1 + 1.11 + 2.23 + \downarrow(3.9 - 0.1 - 1.3)$	m	6.940
			穿5线	$\rightarrow 1.57 + \downarrow(3.9 - 0.1 - 1.3)$	m	4.070
		AL1-1-n5	穿4线	$\rightarrow 3.19 + 1.51 + 3.16 + \downarrow$开关$(3.9 - 0.1 - 1.3)$	m	10.360
			穿5线	$\rightarrow 1.16 + \downarrow$到开关$(3.9 - 0.1 - 1.3)$	m	3.660
		AL1-2-n1	穿4线	$\rightarrow 1.11 + 1.1 + 2.23 + 2.72 + \downarrow$到开关$(3.9 - 0.1 - 1.3)$	m	9.660
			穿5线	$\rightarrow 1.53 + \downarrow$到开关$(3.9 - 0.1 - 1.3)$	m	4.030
		AL1-2-n2	穿4线	$\rightarrow 1.1 + 1.11 + 2.72 + 2.23 + \downarrow$到开关$(3.9 - 0.1 - 1.3)$	m	9.660
			穿5线	$\rightarrow 1.53 + \downarrow$到开关$(3.9 - 0.1 - 1.3)$	m	4.030
		AL1-2-n3	穿4线	$\rightarrow 2.57 + 2.23 + 1.1 + 1.11 + \downarrow$到开关$(3.9 - 0.1 - 1.3)$	m	9.510
			穿5线	$\rightarrow 2.57 + 2.18 + \downarrow$到开关$(3.9 - 0.1 - 1.3)$	m	7.250
		AL1-2-n4	穿4线	$\rightarrow 1.1 + 1.11 + 2.23 + \downarrow$到开关$(3.9 - 0.1 - 1.3)$	m	6.940
			穿5线	$\rightarrow 1.64 + \downarrow$到开关$(3.9 - 0.1 - 1.3)$	m	4.140
		AL1-2-n5	穿4线	$\rightarrow 3.16 + 3.03$	m	6.190
			穿5线	$\rightarrow 1.24 + 0.6 + 1.03 + \downarrow$到开关$(3.9 - 0.1 - 1.3) \times 2$	m	7.870
		AL1-1-g1	穿4线	$\rightarrow 2.14 + 2.15 + \downarrow$到开关$(3.9 - 0.1 - 1.3)$	m	6.790
			穿5线	$\rightarrow 1.33 + \downarrow$到开关$(3.9 - 0.1 - 1.3)$	m .	3.830
		AL1-1-g2	穿4线	$\rightarrow 5.22 + 3.22 + 3.07$	m	11.510
			穿5线	$\rightarrow 1.7 + 3.22 + 1.54 + 1.41 + 2.75 + 2.92 + \downarrow$到开关$(3.9 - 0.1 - 1.3) \times 4$	m	23.540
		SC20 穿 4 线管合计			m	106.05
		SC20 穿 5 线管合计			m	74.66

续表

序号	项目名称	回路编号	穿线根数	工程量计算式	单位	工程量
3	电气配管暗配SC32	AL-N1 至 AL1-1	管内穿 BV- 5×16	N1：↓(1.0+0.1)+→(0.87+3.31+5.14+0.49+1.21)+↑(1.5+0.1)	m	13.72
		AL-N2 至 AL1-2	管内穿 BV- 5×16	N2：↓(1.0+0.1)+→(1.10+3.60+1.94+0.48+1.62)+↑(1.5+0.1)	m	11.44
		SC20 管合计			m	25.16
4	管内穿线 BV-2.5	AL1-1 AL1-2		(1 395.27+预留1.3×30)×3+106.05×4+74.66×5+进开关盒预留7×1+进灯头盒预留19×1+进插座盒预留4×1=4 302.81+424.2+373.3=5 100.31	m	5 100.31
5	管内穿线 BV-16	AL-N1 至 AL1-1 AL-N2 至 AL1-2	BV- 5×16	(13.72+11.44)×5+预留(1.8+1.3)×2×5=125.8+31=156.8	m	156.8
6	凿槽及恢复		φ20	开关管7根×(3.9-1.3-梁板高0.5)+插座管4根×0.3+进配电箱管(上进)3根×(3.9-1.5-0.8-0.5)+进配电箱管(下进)1根×1.5	m	20.7

项目 **6**
建筑防雷与接地系统

本项目以某游泳池和某住宅楼建筑防雷与接地为例,讲解建筑防雷与接地的识图、列项以及工程量计算。本项目学习通过5个任务来完成,具体内容如下:

序号	任务名称	备注
任务6.1	接闪器识图、列项与算量计价	
任务6.2	引下线识图、列项与算量计价	以某游泳池的防雷接地图纸为例,完成各项任务,要求在课内完成
任务6.3	接地装置识图、列项与算量计价	
任务6.4	其他附件识图、列项与算量计价	
任务6.5	建筑防雷与接地系统列项与算量计价综合训练	以5#教学楼防雷接地装置施工图为例,完成整个项目的列项与算量,要求在课外完成

建筑物的防雷装置一般由接闪器、引下线和接地装置3部分组成。其原理就是引导雷云与防雷装置之间放电,使雷电流迅速流散到大地中去,从而保护建筑物免受雷击。建筑物防雷装置组成见图6.1。

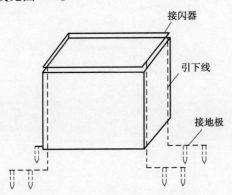

雷电原理及防雷措施

防雷接地系统的组成

防雷接地施工工艺

图6.1 建筑物防雷装置示意图

图 6.2～6.4 是某游泳池的防雷接地系统的设计说明及平面图。下面以此项目施工图为载体来学习防雷接地系统的识图、列项与算量计价。

七、建筑物防雷

1. 本工程年预计雷击次数 $N = 0.033$ 次/a，按三类防雷建筑设计。

2. 分别在 5 个装饰物的立柱上装设 5 支避雷针，针长 1 m。同时利用金属立柱作引下线，再通过柱内两根对角主筋与接地装置焊接。

3. 对于 4 层楼梯间的位置，在女儿墙压顶内暗敷设 φ8 圆钢做避雷带，利用柱内两根对角主筋作引下线，并在离地 0.5 m 的位置设接地电阻测试盘。

4. 凡突出屋面的金属物体均应就近与接闪器焊接。

八、等电位联结及接地

1. 利用建筑物的基础钢筋作接地装置，并用——40×4 镀锌扁钢沿建筑四周敷设成一圈闭合的接地体，接地电阻 $R \leq 4 \ \Omega$。

2. 在电源引入处（设备间）设一总等电位联结箱 MEB，同时在浴室、厕所、更衣室各设一局部等电位联结箱 LEB，共 6 个局部等电位联结箱 LEB。

3. 总等电位联结箱 MEB 通过两根接地干线与接地体相连，局部等电位联结箱 LEB 通过接地干线与总等电位联结箱 MEB 相连。本工程的接地干线用沿建筑物四周敷设的——40×4 镀锌扁钢。

4. 按标准图集 02D501-2 进行等电位联结安装。

图 6.2 防雷接地设计说明

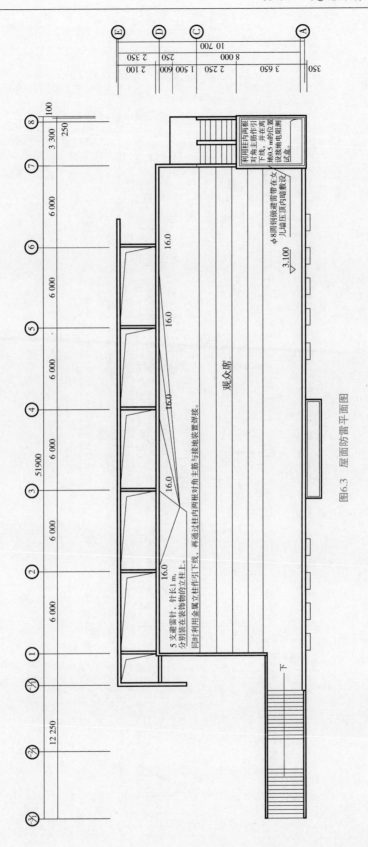

图6.3 屋面防雷平面图

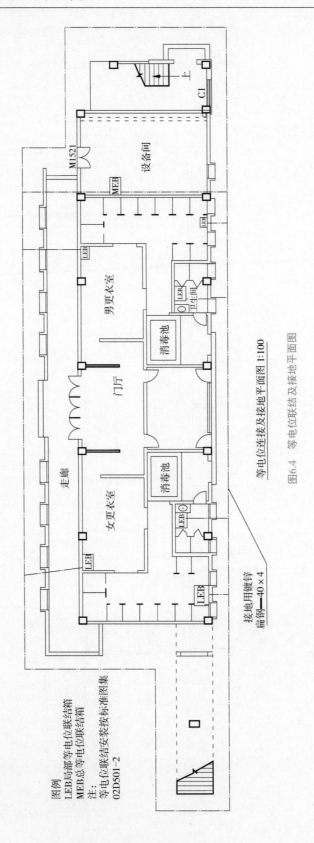

图例
LEB局部等电位联结箱
MEB总等电位联结箱
注：
等电位联结安装按标准图集
02D501-2

等电位连接及接地平面图 1:100

图6.4 等电位联结及接地平面图

任务6.1 接闪器识图、列项与算量计价

本任务以某游泳池的防雷接地施工图为载体,讲解接闪器的识图、列项与工程量计算的方法。具体的任务描述如下:

任务名称	接闪器识图、列项与算量计价	学时数(节)		2
教学环境	工程造价理实一体化实训室、造价工作室	授课对象		高职工程管理类专业二年级学生
项目载体	某游泳池的防雷接地系统			
教学目标	知识目标:熟悉接闪器工程量清单、消耗量定额相关知识;熟悉工程量计算规则与方法。能力目标:能依据施工图,利用工具书编制接闪器工程量清单及清单计价表。素质目标:培养科学严谨的职业态度,以及精益求精、勤勉尽职、团结协作的职业精神。			
应知应会	一、学生应知的知识点:1.常用接闪器的种类及避雷针、避雷带的安装基本技术要求。2.接闪器工程量清单项目设置的内容及注意事项。3.接闪器工程量清单项目特征描述的内容。4.接闪器工程量清单计价注意事项。二、学生应会的技能点:1.会计算接闪器工程量。2.能编制接闪器工程量清单。3.能对接闪器工程量清单进行清单计价。			
重点、难点	教学重点:工程量清单项目的编制、工程量计算及定额套价。教学难点:避雷带工程量的计算。			
教学方法	1.项目教学法;2.任务驱动法;3.线上线下混合教学法;4.小组讨论法			
教学实施	1.任务资讯:学生完成该学习任务需要掌握的相关知识或需要查阅的信息。2.任务分析:教师布置任务,通过项目教学法引导学生完成防雷接地施工图的识读。3.任务实施:教师引导学生以小组学习的方式完成学习任务,要求学生在课前预习,线上完成微课、动画及PPT等教学资源的观看,线下由教师引导学生按照学习任务的要求掌握防雷接地系统的识图、列项、算量与计价等基本技能。			
考核评价	1.云平台线上提问考核。2.课堂完成给定案例、成果展示,实行自评及小组互评。3.课程累计评价、多方评价,综合评定成绩。			

➤ 任务资讯

避雷针算量与计价

避雷带算量与计价

6.1.1 接闪器

接闪器是专门用来接受雷击的金属导体。其形式可分为避雷针、避雷带(线)、避雷网以及兼作接闪的金属屋面和金属构件(如金属烟囱、风管)等。所有接闪器都必须经过接地引下线与接地装置相连接。

(1)避雷针

避雷针是安装在建筑物突出部位或独立装设的针形导体,在雷云的感应下,将雷云的放电通路吸引到避雷针本身,完成避雷针的接闪作用,由它及与它相连的引下线和接地体将雷电流安全导入地中,从而保护建筑物和设备免受雷击。避雷针的样式见图6.5。

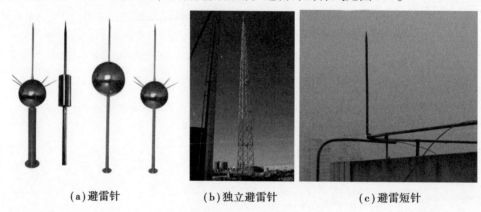

| (a)避雷针 | (b)独立避雷针 | (c)避雷短针 |

图6.5 各式避雷针

(2)避雷带和避雷网

避雷带就是用小截面圆钢或扁钢装于建筑物易遭雷击的部位,如屋脊、屋檐、屋角、女儿墙和山墙等条形长带。避雷网相当于纵横交错的避雷带叠加在一起,形成多个网孔,它既是接闪器,又是防感应雷的装置(见图6.6)。

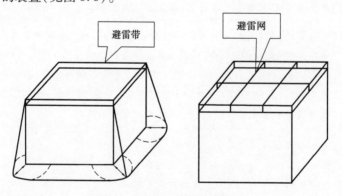

图6.6 避雷带和避雷网示意图

(3)避雷线

避雷线一般采用截面不小于 35 mm² 的镀锌钢绞线,架设在架空线路之上,以保护架空线路免受直接雷击(见图6.7)。

图 6.7　避雷线示意图

（4）金属屋面

除一类防雷建筑物外，金属屋面的建筑物宜利用其屋面作为接闪器，但应符合有关规范的要求。

6.1.2　常用的接闪器工程量清单项目

工程量清单项目设置及工程量计算规则，应按表 6.1 的规定执行。

表 6.1　常用接闪器清单项目

项目编码	项目名称	项目特征	计量单位	工程量计算规则	工程内容
030409005	避雷网	1.名称 2.材质 3.规格 4.安装形式 5.混凝土块标号	m	按设计图示尺寸以长度计算（含附加长度）	1.避雷网制作、安装 2.混凝土块制作 3.补刷（喷）油漆
030409006	避雷针	1.名称 2.材质 3.规格 4.安装形式、高度	根	按设计图示数量计算	1.避雷针制作、安装 2.补刷（喷）油漆
注:避雷网,按延长米计算,其长度按设计图示规定长度另加3.9%的附加长度。					

> **任务分析**

6.1.3 接闪器识图

(1)避雷针识图

图 6.8 是游泳池观看台装饰柱避雷针安装平面图,从图中了解到:避雷针一共 5 支,安装在装饰物立柱上,标高 16 m。从图 6.2 防雷接地设计说明了解到,避雷针自身针长 1 m。

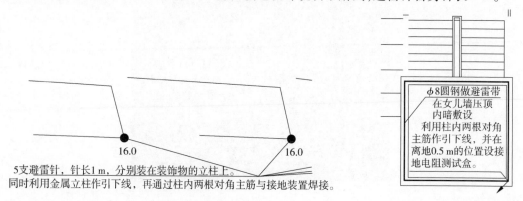

5支避雷针,针长1m,分别装在装饰物的立柱上。
同时利用金属立柱作引下线,再通过柱内两根对角主筋与接地装置焊接。

φ8圆钢做避雷带
在女儿墙压顶
内暗敷设
利用柱内两根对角
主筋作引下线,并在
离地0.5 m的位置设接
地电阻测试盒。

图 6.8 避雷针安装平面图   图 6.9 避雷带安装平面图

(2)避雷带识图

图 6.9 是游泳池附属用房四层楼梯间顶的避雷带安装平面图,从图中了解到:避雷带采用 φ8 镀锌圆钢,沿楼顶女儿墙压顶内暗敷设一圈。

> **任务实施**

6.1.4 接闪器清单列项

根据《通用安装工程工程量计算规范》(GB 50856—2013)D.9 防雷及接地装置,结合游泳池施工图,接闪器清单列项见表 6.2。

表 6.2 接闪器清单列项表

序号	清单编号	项目名称	单位
1	030409006001	避雷针安装	根
2	030409005001	避雷网制作与安装	m

6.1.5 接闪器工程量计算

根据《通用安装工程工程量计算规范》(GB 50856—2013)D.9 防雷及接地装置的要求进行计算。

(1)避雷针工程量计算

按设计图示数量计算。

（2）避雷网工程量计算

按设计图示尺寸以水平长度加垂直长度计算，另考虑附加长度 3.9%。水平长度从防雷平面图上用比例尺量取，垂直长度用标高相减。

接闪器的清单工程量计算见表 6.3。

表 6.3　接闪器清单工程量计算表

序号	清单编号	项目名称与特征描述	单位	工程量	计算式
1	030409006001	避雷针制作与安装，ϕ10 镀锌圆钢，针长 1 m，装饰柱上，安装高度 16 m	根	5	5
2	030409005001	避雷网制作与安装，ϕ8 镀锌圆钢，沿女儿墙压顶内暗敷	m	14.75	$(3.5 + 3.6) \times 2 \times (1 + 3.9\%) = 14.75$

6.1.6　接闪器清单计价

以广西安装工程消耗量定额为例，接闪器的清单计价见表 6.4。

表 6.4　接闪器清单计价表

序号	清单编号	项目名称与特征描述	单位	工程量
1	030409006001	避雷针制作与安装，ϕ10 镀锌圆钢，针长 1 m，装饰柱上，安装高度 16 m	根	5
	B4-1253	避雷针墙上安装，针长 1 m	根	5
2	030409005001	避雷网制作与安装，ϕ8 镀锌圆钢，沿女儿墙压顶内暗敷	m	14.75
	B4-1229	避雷网安装，ϕ8 镀锌圆钢，沿女儿墙敷设	10 m	1.48

任务 6.2　引下线识图、列项与算量计价

本任务以某游泳池的防雷接地施工图为载体，讲解引下线的识图、列项与工程量计算的方法。具体的任务描述如下：

任务名称	引下线识图、列项与算量计价	学时数（节）	2
教学环境	工程造价理实一体化实训室、造价工作室	授课对象	高职工程管理类专业二年级学生
项目载体	某游泳池的防雷接地系统		

续表

教学目标	知识目标:熟悉引下线工程量清单、消耗量定额相关知识;熟悉工程量计算规则与方法。 能力目标:能依据施工图,利用工具书编制引下线工程量清单及清单计价表。 素质目标:培养科学严谨的职业态度,以及精益求精、勤勉尽职、团结协作的职业精神。
应知应会	一、学生应知的知识点: 1.引下线常用的施工做法。 2.引下线工程量清单项目设置的内容及注意事项。 3.引下线工程量清单项目特征描述的内容。 4.引下线工程量清单计价注意事项。 二、学生应会的技能点: 1.会计算引下线工程量。 2.能编制引下线工程量清单。 3.能对引下线工程量清单进行清单计价。
重点、难点	教学重点:工程量清单项目的编制、工程量计算及定额套价。 教学难点:引下线工程量的计算。
教学方法	1.项目教学法;2.任务驱动法;3.线上线下混合教学法;4.小组讨论法
教学实施	1.任务资讯:学生完成该学习任务需要掌握的相关知识或需要查阅的信息。 2.任务分析:教师布置任务,通过项目教学法引导学生完成防雷接地施工图的识读。 3.任务实施:教师引导学生以小组学习的方式完成学习任务,要求学生在课前预习,线上完成微课、动画及PPT等教学资源的观看,线下由教师引导学生按照学习任务的要求,掌握防雷接地系统的识图、列项、算量与计价等基本技能。
考核评价	1.云平台线上提问考核; 2.课堂完成给定案例、成果展示,实行自评及小组互评; 3.课程累计评价、多方评价,综合评定成绩。

➤ 任务资讯

防雷引下线
算量与计价

6.2.1 引下线

引下线是连接接闪器和接地装置的金属导体。其做法如下:

①采用圆钢或扁钢。采用圆钢时,直径不应小于 8 mm;采用扁钢时,其截面不应小于 48 mm²,厚度不应小于4 mm。烟囱上安装的引下线,圆钢直径不应小于12 mm,扁钢截面不应小于 100 mm²,厚度不应小于4 mm。

②利用建筑物的金属构件、金属烟囱、烟囱的金属爬梯、混凝土柱内的钢筋、钢柱等作为引下线。利用柱内钢筋作引下线时,每根柱中至少用到 2 根主筋(见图6.10)。

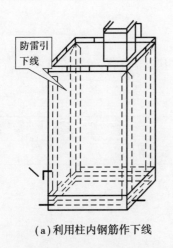
（a）利用柱内钢筋作下线

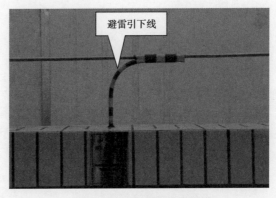
（b）引下线与屋顶避雷带相接

图6.10 防雷引下线

6.2.2 常用的引下线工程量清单项目

工程量清单项目设置及工程量计算规则，应按表6.5的规定执行。

表6.5 常用引下线清单项目

项目编码	项目名称	项目特征	计量单位	工程量计算规则	工程内容
030409003	避雷引下线	1.名称 2.材质 3.规格 4.安装部位 5.安装形式 6.断接卡子、箱材质、规格	m	按设计图示尺寸以长度计算（含附加长度）	1.避雷引下线制作、安装 2.断接卡子、箱制作、安装 3.利用主钢筋焊接 4.补刷（喷）油漆

注：1.利用柱筋作引下线的，需描述柱主筋焊接根数。
  2.利用柱钢筋做引下线时，每一柱钢筋按焊接2根主筋考虑。如果焊接主筋数超过2根时，可按比例调整。
  3.引下线敷设，按设计长度以"m"为计量单位计算工程量，其长度按设计图示规定长度另加3.9%的附加长度计算。但利用柱钢筋做引下线的工程量计算不能另加3.9%的附加长度。

▶任务分析

6.2.3 引下线识图

如图6.4所示，避雷针的引下线先利用装饰金属立柱，再利用混凝土柱的主筋通长焊接，要求装饰金属立柱与混凝土柱主筋焊连成电气通路。

如图6.5所示，避雷带的引下线利用混凝土柱内两根对角主筋通长焊接。

6.2.4 引下线清单列项

根据《通用安装工程工程量计算规范》(GB 50856—2013)D.9 防雷及接地装置,结合游泳池施工图,引下线清单列项见表6.6。

表 6.6 引下线清单列项表

序号	清单编号	项目名称	单位
1	030409003001	避雷引下线敷设,利用混凝土柱内 2 根对角主筋	m

6.2.5 引下线工程量计算

提示:

①利用混凝土柱的主筋通长焊接,是按2根主筋焊连来计算工程量的;如果超过2根,工程量应按比例调整。

②引下线工程量计算,按设计图示尺寸以长度计算,如果是采用圆钢、扁钢等型钢时要考虑附加长度3.9%。

③避雷针标高 16 m,扣除其自身长度 1 m,其引下线的地面垂直长度为 15 m,另考虑埋深 1 m。

经查看建筑施工图的立面图,四层顶女儿墙标高是 15 m,因此避雷带的引下线地面垂直长度为 15 m,另考虑埋深 1 m。引下线的清单工程量计算见表6.7。

表 6.7 引下线清单工程量计算表

序号	清单编号	项目名称与特征描述	单位	工程量	计算式
1	030409003001	避雷引下线敷设,利用混凝土柱内 2 根主钢筋焊接	m	96	避雷针引下线:$(16-1) \times 5 +$ 埋深 $1 \times 5 = 80$ 避雷带引下线:$15 + 1 = 16$ 合计:$80 + 16 = 96$

6.2.6 引下线清单计价

以广西安装工程消耗量定额为例,引下线的清单计价见表6.8。

表 6.8 引下线清单计价表

序号	清单编号	项目名称与特征描述	单位	工程量
1	030409003001	避雷引下线,利用混凝土柱内两根主钢筋焊接	m	96
	B4-1225	避雷引下线敷设,利用建筑物主筋引下	10 m	9.6
注:定额内利用建筑物主筋引下按 2 根钢筋考虑,超过 2 根时按比例调整。					

任务6.3 接地装置识图、列项与算量计价

本任务以某游泳池的防雷接地施工图为载体,讲解接地装置的识图、列项与工程量计算的方法。具体的任务描述如下:

任务名称	接地装置识图、列项与算量计价	学时数(节)		2
教学环境	工程造价理实一体化实训室、造价工作室	授课对象		高职工程管理类专业二年级学生
项目载体	某游泳池的防雷接地系统			
教学目标	知识目标:熟悉接地装置工程量清单、消耗量定额相关知识;熟悉工程量计算规则与方法。 能力目标:能依据施工图,利用工具书编制接地装置工程量清单及清单计价表。 素质目标:培养科学严谨的职业态度,以及精益求精、勤勉尽职、团结协作的职业精神。			
应知应会	一、学生应知的知识点: 1.接地装置常用的施工做法。 2.接地装置工程量清单项目设置的内容及注意事项。 3.接地装置工程量清单项目特征描述的内容。 4.接地装置工程量清单计价注意事项。 二、学生应会的技能点: 1.会计算接地装置工程量。 2.能编制接地装置工程量清单。 3.能对接地装置工程量清单进行清单计价。			
重点、难点	教学重点:工程量清单项目的编制、工程量计算及定额套价。 教学难点:接地母线工程量的计算。			
教学方法	1.项目教学法;2.任务驱动法;3.线上线下混合教学法;4.小组讨论法			
教学实施	1.任务资讯:学生完成该学习任务需要掌握的相关知识或需要查阅的信息。 2.任务分析:教师布置任务,通过项目教学法引导学生完成防雷接地施工图的识读。 3.任务实施:教师引导学生以小组学习的方式完成学习任务,要求学生在课前预习,线上完成微课、动画及PPT等教学资源的观看,线下由教师引导学生按照学习任务的要求掌握防雷接地系统的识图、列项、算量与计价等基本技能。			
考核评价	1.云平台线上提问考核。 2.课堂完成给定案例、成果展示,实行自评及小组互评。 3.课程累计评价、多方评价,综合评定成绩。			

➤ 任务资讯

6.3.1　接地装置

接地装置是把引下线引下的雷电流迅速流散到大地土壤中去,分为自然接地体和人工接地体,见图6.11。

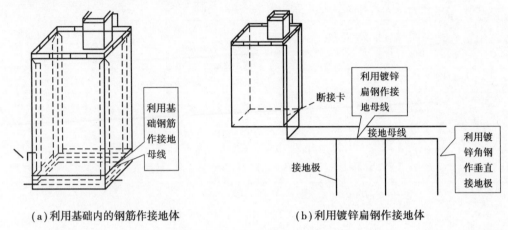

（a）利用基础内的钢筋作接地体　　　　　（b）利用镀锌扁钢作接地体

图6.11　接地装置示意图

（1）自然接地体

自然接地体是指利用钢筋混凝土基础中的钢筋或混凝土基础中的金属结构作为接地体。

（2）人工接地体

埋入土壤中或混凝土基础中作散流用的金属导体称为人工接地体,按其敷设方式,可分为垂直接地体和水平接地体。

①垂直接地体可采用直径50 mm的角钢、钢管或圆钢,长度宜为2.5 m,每间隔5 m埋一根,顶端埋深为0.7 m,用水平接地线将其连成一体。角钢厚度不应小于4 mm,钢管壁厚不应小于3.5 mm,圆钢直径不应小于10 mm。

②水平接地体可采用—25×4～—40×4的镀锌扁钢做成,埋深一律为0.5～0.8 m。在腐蚀性较强的土壤中,应采取热镀锌等防腐措施或加大截面。埋接地体时,应将周围填土夯实,不得回填砖石灰渣之类杂土。通常接地体均应采用镀锌钢材,土壤有腐蚀性时,应适当加大接地体和连接线截面,并加厚镀锌层。

6.3.2　常用的接地装置工程量清单项目

工程量清单项目设置及工程量计算规则,应按表6.9的规定执行。

表6.9 常用接地装置清单项目

项目编码	项目名称	项目特征	计量单位	工程量计算规则	工程内容
030409001	接地极	1. 名称 2. 材质 3. 规格 4. 土质	根(块)	按设计图示数量计算	1. 接地极(板、桩)制作、安装 2. 补刷(喷)油漆
030409002	接地母线	1. 名称 2. 材质 3. 规格 4. 安装部位 5. 安装形式	m	按设计图示尺寸以长度计算(含附加长度)	1. 接地母线制作、安装 2. 利用地(圈)梁钢筋焊接 3. 接地抽头 4. 补刷(喷)油漆

注:1. 利用基础地(圈)梁主筋作接地母线项目编码列项,且须描述地(圈)梁主筋焊接根数。

2. 利用基础钢筋做接地母线时,基础钢筋按焊接2根主筋考虑。如果焊接主筋数超过2根时,可按比例调整。

3. 接地母线敷设,按设计长度以"m"为计量单位计算工程量,其长度按设计图示规定长度另加3.9%的附加长度计算。但利用基础钢筋做接地体的工程量计算不能另加3.9%的附加长度。

➤任务分析

6.3.3 接地装置识图

识读图6.2与图6.4,接地装置采用——40×4镀锌扁钢沿建筑外侧敷设,两部分应连成电气通路,并与接地端子板连接。

➤任务实施

6.3.4 接地装置清单列项

接地装置清单列项见表6.10。

表6.10 接地装置清单列项表

序号	清单编号	项目名称	单位
1	030409002001	接地母线,采用——40×4镀锌扁钢沿建筑外侧敷设	m

6.3.5 接地装置工程量计算

接地母线工程量按设计图示尺寸以长度计算,另考虑附加长度3.9%。接地装置的清单工程量计算见表6.11。

表6.11 接地装置清单工程量计算表

序号	清单编号	项目名称与特征描述	单位	工程量	计算式
1	030409002001	接地母线,采用—40×4镀锌扁钢沿建筑外侧敷设	m	175.59	$(10.1+8.4+37+2.9+8.5+10.2+55.4+4.7+13+1.2+2.8+3.7+2.8+1.3+3.85+3.8\times2)\times(1+3.9\%)=175.59$

6.3.6 接地装置清单计价

以广西安装工程消耗量定额为例,接地装置的清单计价见表6.12。

表6.12 接地装置清单计价

序号	清单编号	项目名称与特征描述	单位	工程量
1	030409002001	接地母线,采用—40×4镀锌扁钢沿建筑外侧敷设	m	175.59
	B4-1201	接地母线敷设,采用—40×4镀锌扁钢	10 m	17.56

任务6.4 其他附件识图、列项与算量计价

本任务以某游泳池的防雷接地施工图为载体,讲解防雷接地系统其他附件的识图、列项与工程量计算的方法。具体的任务描述如下:

任务名称	防雷接地系统其他附件识图、列项与算量计价	学时数(节)	2
教学环境	工程造价理实一体化实训室、造价工作室	授课对象	高职工程管理类专业 二年级学生
项目载体	某游泳池的防雷接地系统		
教学目标	知识目标:熟悉防雷接地系统其他附件工程量清单、消耗量定额相关知识;熟悉工程量计算规则与方法。 能力目标:能依据施工图,利用工具书编制防雷接地系统其他附件的工程量清单及清单计价表。 素质目标:培养科学严谨的职业态度,以及精益求精、勤勉尽职、团结协作的职业精神。		
应知应会	一、学生应知的知识点: 1.其他附件常用的施工做法。 2.其他附件工程量清单项目设置的内容及注意事项。 3.其他附件工程量清单项目特征描述的内容。 4.其他附件工程量清单计价注意事项。 二、学生应会的技能点: 1.会计算其他附件工程量。 2.能编制其他附件工程量清单。 3.能对其他附件工程量清单进行清单计价。		

续表

重点、难点	教学重点:工程量清单项目的编制、工程量计算及定额套价。 教学难点:工程量的计算。
教学方法	1.项目教学法;2.任务驱动法;3.线上线下混合教学法;4.小组讨论法
教学实施	1.任务资讯:学生完成该学习任务需要掌握的相关知识或需要查阅的信息。 2.任务分析:教师布置任务,通过项目教学法引导学生完成防雷接地施工图的识读。 3.任务实施:教师引导学生以小组学习的方式完成学习任务,要求学生在课前预习,线上完成微课、动画及PPT等教学资源的观看,线下由教师引导学生按照学习任务的要求掌握防雷接地系统的识图、列项、算量与计价等基本技能。
考核评价	1.云平台线上提问考核。 2.课堂完成给定案例、成果展示,实行自评及小组互评。 3.课程累计评价、多方评价,综合评定成绩。

➢ 任务资讯

6.4.1 其他附件

防雷接地工程其他附件主要包括均压环、等电位联结、断接卡、接地电阻测量。

1)均压环

均压环是用来防雷电侧面入侵的防雷装置。安装方式分两种:一种是利用建筑物圈梁的钢筋沿建筑物的外围敷设一圈;一种是采用圆钢或扁钢另敷。无论是哪种方式,均压环都要与引下线进行焊接,这样才能将雷电流导入地下。

外墙的金属门窗接地也是防雷电侧面入侵的防雷措施。常用的做法是:在窗洞和圈梁主筋预埋金属件,用—25×4的扁钢或φ10圆钢连接预埋件,预埋件跟窗框可采用螺栓连接或焊接。

2)等电位联结

等电位联结是将建筑物内的金属构架、金属装置、电气设备不带电的金属外壳和电气系统的保护导体等与接地装置作可靠的电气连接。常用的有总等电位联结(MEB)、局部等电位联结(LEB)(见图6.12)。

(1)总等电位联结(MEB)

总等电位联结是在建筑物进线处,将PE线或PEN线与电气装置接地干线,建筑物内的各种金属管道(如水管、煤气管、采暖空调管等)以及建筑物金属构件等都接向总等电位联结端子,使它们都具有基本相等的电位。

（2）局部等电位联结（LEB）

局部等电位联结是在远离总等电位联结处、非常潮湿、触电危险性大的局部地域进行的等电位联结，作为总等电位联结的一种补充。其作法是：使用有电源的洗浴设备，用 PE 线将洗浴部位及附件的金属管道、部件相互连接起来（见图 6.13）。

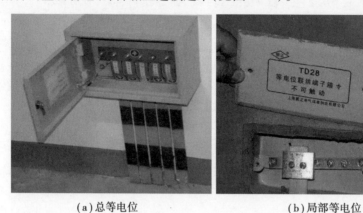

（a）总等电位　　　　　　　（b）局部等电位

图 6.12　卫生间等电位联结示意图

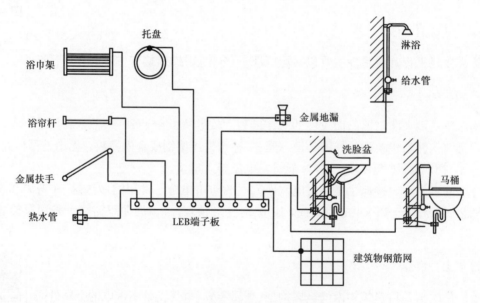

图 6.13　卫生间等电位联结示意图

3）接地跨接线

接地跨接线是两个金属体（机柜、桥架、线槽、钢筋、金属管等）之间的接地金属连接体（导线、圆钢、扁钢、扁铜等）。常见的接地跨接线有伸缩（沉降）缝、金属管道法兰接地跨接线等（见图 6.14）。

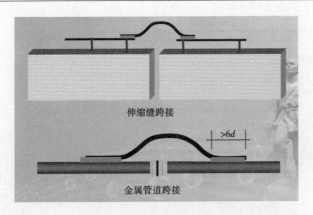

接地跨接线
算量与计价

接地电阻
测试点算
量与计价

图 6.14　接地跨接线示意图

4)接地电阻测试点

接地电阻测试点是用来测量接地系统的接地电阻。常用的电阻测试点做法有如下两种：

①断接卡。当采用多根专设引下线时,为便于测量接地电阻以及检查引下线、接地线的连接状况,宜在各引下线距地面 $0.3 \sim 1.8 \text{ m}$ 之间设置断接卡[见图 6.15(a)]。

②当利用混凝土内钢筋、钢柱等作为引下线时,可在引下线适当地点设接地测试点[见图 6.15(b)]。

(a)断接卡 　　　　　　　　　(b)测试点

图 6.15　接地电阻测试点做法

5)接地装置调试

接地装置调试主要工作内容是测量其接地电阻。测量接地电阻的方法较多,目前使用最多的是用接地电阻仪(见图 6.16)。接地电阻的数值应符合规范要求,一般为 $30 \ \Omega$、$20 \ \Omega$、$10 \ \Omega$,特殊情况要求在 4Ω 以下,具体数据按设计确定,如不符合要求则应采取措施直至满足要求为止。

221

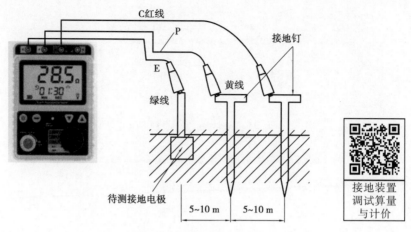

图 6.16　接地电阻测试示意图

6.4.2　常用的其他附件工程量清单项目

工程量清单项目设置及工程量计算规则,应按表 6.13 的规定执行。

表 6.13　常用其他附件清单项目

项目编码	项目名称	项目特征	计量单位	工程量计算规则	工程内容
030409004	均压环	1.名称 2.材质 3.规格 4.安装形式	m	按设计图示尺寸以长度计算(含附加长度)	1.均压环敷设 2.柱主筋与圈梁焊接 3.利用圈梁钢筋焊接 4.补刷(喷)油漆
030409008	等电位端子箱、测试板	1.名称 2.材质 3.规格	台(块)	按设计图示数量计算	本体安装
桂 030409013	接地跨接(构架接地)	1.名称 2.材质 3.规格	处	按设计图示数量计算	1.制作 2.安装 3.补刷(喷)油漆
桂 030409014	钢铝窗接地		处	按设计图示数量计算	
桂 030409015	等电位均压环		m²	按设计图示尺寸以面积计算	
030414011	接地装置	1.名称 2.类别	系统(组、根)	按设计图示数量计算	接地电阻测试

注:1.接地跨接线以"处"为计量单位计算工程量,按设计图示数量计算。
　　2.总等电位箱按成套产品考虑,已包含 2 m 的接地扁钢;局部等电位箱已包含 0.3 m 的接地圆钢敷设。
　　3.钢、铝合金窗接地以"处"为计量单位。钢窗、铝合金窗接地按设计要求,每一樘金属窗按一处计算。
　　4.利用梁钢筋做均压环时,每一梁钢筋按焊接 2 根主筋考虑,且已含柱与梁、梁与梁之间搭接的钢筋。如果焊接主筋数超过 2 根时,按比例调整。
　　5.均压环敷设,按设计长度以"m"为计量单位计算工程量,其长度按设计图示规定长度另加 3.9% 的附加长度计算。但利用梁钢筋做均压环的工程量计算不能另加 3.9% 的附加长度。

➤**任务分析**

6.4.3　其他附件的识图

图 6.17 表示在电源进线端或总配电箱处设置总等电位端子箱 MEB,作为重复接地及引出 PE 线;图 6.18 表示在卫生间等位置设置局部等电位端子箱,作为局部接地用。根据施工规范要求,防雷接地装置施工完毕需进行测试,一栋单体建筑通常按 1 个系统测试设置。

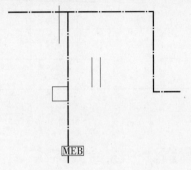
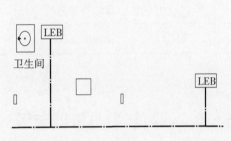

图 6.17　总等电位端子箱 MEB 安装平面图　　图 6.18　局部电位端子箱 LEB 安装局部平面图

➤**任务实施**

6.4.4　其他附件清单列项与工程量计算

其他附件清单列项与工程量计算如表 6.14 所示。

表 6.14　其他附件清单列项与工程量表

序号	清单编号	项目名称与特征描述	单位	工程量
1	030409008001	总等电位端子箱 MEB	台	1
2	030409008002	局部等电位端子箱 LEB	台	6
3	030409008003	接地电阻测试盒	台	1
4	030414011001	接地装置测试	系统	1

6.4.5　其他附件清单计价

其他附件清单计价如表 6.15 所示。

表 6.15　其他附件清单计价表

序号	清单编号	项目名称与特征描述	单位	工程量
1	030409008001	总等电位端子联接箱 MEB	台	1
	B4-1277	总等电位端子联接箱 MEB	台	1

续表

序号	清单编号	项目名称与特征描述	单位	工程量
2	030409008002	局部等电位端子联接箱 LEB	台	6
	B4-1278	局部等电位端子联接箱 LEB	台	6
3	030409008003	接地电阻测试板	块	1
	B4-1279	接地电阻测试板	块	1
4	030414011001	接地装置测试	系统	1
	B4-2123	接地网调试	系统	1

任务6.5　建筑防雷与接地装置列项与算量计价综合训练

任务名称	建筑防雷与接地装置列项与算量计价综合训练	学时数(节)	4
教学环境	工程造价理实一体化实训室、造价工作室	授课对象	高职工程管理类专业二年级学生
项目载体	某教学楼防雷接地系统		
任务目标	本任务以某教学楼防雷接地施工图纸为例,训练学生编制工程量清单的完整性、系统性。		
任务描述	1.能根据图纸完整列出防雷接地装置清单项目,做到不漏项、不重项,清单项目名称与描述正确。 2.能熟练识读施工图纸,会计算各清单子目工程量。		
重点、难点	教学重点:工程量清单项目编制的完整性。 教学难点:清单计价。		
教学实施	1.项目教学法;2.任务驱动法;3.小组讨论法		
考核评价	1.任务资讯:学生完成该学习任务需要掌握的相关知识或需要查阅的信息。 2.任务分析:教师布置任务,通过项目教学法引导学生完成防雷接地系统施工图的识读。 3.任务实施:教师引导学生以小组学习的方式完成学习任务,要求学生在课前预习,线上完成微课、动画及PPT等教学资源的观看,线下由教师引导学生按照学习任务的要求掌握防雷接地系统的识图、列项、算量与计价等基本技能。		

▷ 任务分析

6.5.1 工程量清单编制及清单计价注意事项

1)工程量清单项目名称及特征描述

编制工程量清单时,一定要根据工程的实际情况和图纸,把内容逐项列举清楚,例如:

①接地母线应描述清楚安装部位(户内、户外),安装形式是利用镀锌扁钢、镀锌圆钢设置,还是利用地(圈)钢筋焊接。利用地(圈)钢筋焊接的还应描述清楚是用2根还是4根钢筋焊接。

②避雷网安装形式:沿女儿墙敷设、沿坡屋面屋脊敷设、沿隔热板敷设。

③避雷针的安装形式需描述清楚,如:装在避雷网上;装在烟囱上;装在平面屋顶上;装在墙上;装在金属容器顶上;装在金属容器壁上;装在构筑物上。

④引下线的安装形式主要是单设引下线还是利用建筑物钢筋引下。单设引下线有利用金属构件引下、沿建筑构筑物明敷引下、沿建筑构筑物暗敷引下3种。利用建筑物钢筋作引下线的,一定要描述采用几根钢筋焊接作为引下线。

⑤利用桩基础作接地极时,应描述承台下桩的根数,如3根桩以内、7根桩以内、10根桩以内。

⑥均压环安装形式:利用圈梁主筋作均压环还是利用镀锌圆钢、镀锌扁钢沿圈梁单独敷设。

2)清单工程量计算

①接地极制作安装根据材质与土质,按设计图示安装数量以"根"或"块"为计量单位。垂直接地极长度按设计长度计算,设计无规定时,每根长度按2.5m计算。若设计有管帽,管帽另按加工件计算。

②接地母线、避雷引下线、避雷网敷设,均按延长米计算,其长度按设计图示规定长度另加3.9%的附加长度(包括转弯、上下波动、避绕障碍物,搭接头所占长度)计算。计算公式如下:

$$清单工程量 = 设计图示尺寸 × (1 + 3.9\%)$$

注:利用基础钢筋作接地体、利用梁钢筋作均压环及利用建筑物主筋作引下线等工程量,不能另加3.9%的附加长度。

③户外接地母线地沟开挖量,一般情况下挖沟的沟底宽按0.4 m,上宽按0.5 m,沟深按0.75 m,每米沟长的土方量按0.34 m² 计算,设计要求埋深不同时,则按实际土方量计算。地沟按自然地坪和一般土质综合考虑的,如遇有石方、矿渣、积水、障碍物等情况,可另行计算。

④利用柱、圈梁、地圈梁主筋分别作引下线、均压环、接地母线时,每一柱子或圈梁、地圈梁按焊接2根主筋考虑,且已含柱与梁、梁与梁之间搭接的钢筋。如果焊接主筋数超过2根,可按比例调整。

⑤接地跨接线以"处"为计量单位,适用于非电气设备、管线、金属件等要求接地时套用。对于用电设备、配电箱、电气配管、桥架等接地,由于在其安装项目中已含接地工作内容,接地跨接线不能再列项。户外配电装置构架均需接地,每副构架按"1处"计算。

⑥钢窗、铝合金窗接地按设计要求,每一扇金属窗按"1处"计算。金属门及栏杆接地列入

钢铝窗接地项目工程量中。

⑦等电位均压环是指卫生间的等电位均压环,按卫生间的设计图示尺寸以"m²"计算。

3)工程量清单计价注意事项

①定额适用于建筑物、构筑物的防雷接地,变配电系统接地,设备接地以及避雷针的接地装置。

②铜接地母线(无焊接)敷设适用于放热焊的铜接地母线敷设;普通焊接敷设方式执行铜接地母线敷设子目。

③定额不包括接地电阻率高的土质换土和化学处理的土壤及由此发生的接地电阻测试等费用。另外,定额中也未包括铺设沥青绝缘层,如需铺设,可另行计算。

④定额中,避雷针的安装、半导体少长针消雷装置的安装均已考虑了高空作业的因素。

⑤独立避雷针的加工制作执行电气设备安装工程第十三章附属工程中的"一般铁构件"制作定额。

⑥利用铜绞线作接地引下线时,配管、穿铜绞线执行该册相应定额。

⑦金属门及栏杆接地安装按钢铝窗接地定额。

⑧卫生间等电位均压环安装是按卫生间地面梁钢筋使用 ϕ10 圆钢跨接焊接考虑。

⑨建筑物屋顶的防雷接地装置执行避雷网安装相应项目,电缆支架的接地线安装执行户内接地母线敷设相应项目。

⑩总等电位箱定额按成套产品考虑,已包含 2m 的接地扁钢;局部等电位箱已包含 0.3 m 的接地圆钢敷设。超过部分另执行相关防雷接地定额。

⑪断接卡箱制作安装按设计规定装设的断接卡子数量计算。箱内无断接卡子制作内容,定额乘以系数 0.5。

➤ 任务实施

6.5.2 工程量清单编制及清单计价(见表6.16~6.18)

建筑防雷接地系统工程量清单列项如表6.16所示。建筑防雷工程量计算如表6.17所示。建筑防雷工程量清单计价如表6.18所示。

表6.16 建筑防雷接地系统工程量清单列项

工程名称:5#教学楼防雷

序号	清单编号	项目名称	单位	工程量
1	030409002001	接地母线,利用基础梁内钢筋 > ϕ12 钢筋 4 根作接地母线	m	404
2	030409002002	接地母线,利用——40 ×4 镀锌扁钢	m	3.12
3	030409003001	避雷引下线,利用结构柱内主筋不少于 2 根作为引下线	m	199.2
4	030409005001	避雷网,在屋面沿女儿墙明敷 ϕ12 镀锌圆钢作避雷带	m	156.02
5	030409005002	避雷网,在屋面沿屋脊暗敷 ϕ12 镀锌圆钢作避雷带	m	172.68

序号	清单编号	项目名称	单位	工程量
6	030409008001	接地测试板	块	2
7	030409008002	总等电位连接板	块	1
8	030409008003	卫生间局部等电位连接板	块	8
9	030414011001	接地装置调试	系统	1

表 6.17　建筑防雷工程量计算表

工程名称:5#教学楼防雷

序号	项目名称	单位	工程量	计算式
1	利用基础梁内 4 根钢筋作接地母线	m	404	$67 \times 4 + 17 \times 8$(利用 4 根钢筋作接地母线时,工程量乘以 2)
2	利用——40×4 镀锌扁钢作接地母线	m	3.12	$1.5 \times 2 \times (1+3.9\%)$(预留外甩连接板用)
3	利用结构柱内利 4 根主筋作为引下线	m	199.2	$12 \times (15.6+1)$
4	沿女儿墙明敷φ12 镀锌圆钢避雷带	m	156.02	$(25.24+1.5+3.7+1.5+4.75) \times 4 \times (1+3.9\%) + 1.7 \times 2 \times (1+3.9\%)$
5	沿屋脊暗敷φ12 镀锌圆钢作避雷带	m	172.68	$(11.9 \times 4 + 24.7 \times 2 + 17.3 \times 4) \times (1+3.9\%)$
6	接地测试板	块	2	根据图纸设计要求计算
7	总等电位	块	1	总配电箱处安装
8	卫生间局部等电位	块	8	根据施工验收规范要求,每个卫生间均需安装
9	接地装置调试	系统	1	一栋建筑按一个系统计算

表 6.18　建筑防雷工程量清单计价表

工程名称:5#教学楼防雷

序号	清单编号	项目名称	单位	工程量	附注
1	030409002001	接地母线,利用基础梁内钢筋 >φ12 钢筋 4 根作接地母线	m	404	
	B4-1202	利用基础梁内钢筋作接地母线	10 m	40.4	定额×系数 2
2	030409002002	接地母线,利用——40×4 镀锌扁钢	m	3.12	
	B4-1201	接地母线敷设,利用——40×4 镀锌扁钢	10 m	0.31	
3	030409003001	避雷引下线,利用结构柱内 4 主筋作为引下线	m	199.2	
	B4-1225	利用结构柱内主筋作为引下线	10 m	19.92	定额×系数 2

续表

序号	清单编号	项目名称	单位	工程量	附注
4	030409005001	避雷网,在屋面沿女儿墙明敷φ12镀锌圆钢作避雷带	m	156.02	
	B4-1229	避雷带在屋面沿女儿墙敷设φ12镀锌圆钢	10 m	15.60	
5	030409005002	避雷网,在屋面沿屋脊暗敷φ12镀锌圆钢作避雷带	m	172.68	
	B4-1231	避雷带在屋面沿隔热板敷设φ12镀锌圆钢	10 m	17.27	
6	030409008001	接地测试板	块	2	
	B4-1279	接地测试板	块	2	
7	030409008002	总等电位端子联接箱	台	1	
	B4-1277	总等电位端子联接箱	台	1	
8	030409008003	卫生间局部等电位端子联接箱	台	8	
	B4-1278	卫生间局部等电位端子联接箱	台	8	
9	030414011001	接地装置调试	系统	1	
	B4-2123	接地网调试	系统	1	

项目 **7**

室内有线电视、电话及网络系统

本项目以某教学楼室内电视、电话及网络系统为例,讲解室内电视、电话及网络系统的识图、列项以及工程量计算。本项目的实训是由简单到复杂,按照工作过程,通过 3 个任务来完成。具体的实训任务内容如下:

序号	任务名称	备注
任务 7.1	室内有线电视系统识图、列项与算量计价	以某教学楼的弱电系统施工图纸为例,完成各项任务,各任务要求在课内完成
任务 7.2	室内电话系统识图、列项与算量计价	
任务 7.3	室内网络系统识图、列项与算量计价	

任务 7.1 室内有线电视系统识图、列项与算量计价

本任务主要讲解室内有线电视系统列项与工程量计算的方法。具体的任务描述如下:

任务名称	室内有线电视系统识图、列项与算量计价	学时数(节)	4
教学环境	工程造价理实一体化实训室、造价工作室	授课对象	高职工程管理类专业 二年级学生
项目载体	5 号教学楼有线电视系统		
教学目标	知识目标:熟悉有线电视系统工程量清单、消耗量定额相关知识;熟悉工程量计算规则与方法。 能力目标:能依据施工图,利用工具书编制有线电视系统工程量清单及清单计价表。 素质目标:培养科学严谨的职业态度,以及精益求精、勤勉尽职、团结协作的职业精神。		
应知应会	一、学生应知的知识点: 1.有线电视系统组成、材料、施工工艺。 2.有线电视系统工程量清单项目设置的内容及注意事项。		

续表

应知应会	3.有线电视系统清单项目特征描述的内容。 4.有线电视系统工程量清单计价注意事项。 二、学生应会的技能点： 1.会计算有线电视系统工程量。 2.能编制有线电视系统工程量清单。 3.能对有线电视系统工程量清单进行清单计价。
重点、难点	教学重点：工程量清单项目的编制、工程量计算及定额套价。 教学难点：有线电视系统管线工程量的计算。
教学方法	1.项目教学法;2.任务驱动法;3.线上线下混合教学法;4.小组讨论法
教学实施	1.任务资讯：学生完成该学习任务需要掌握的相关知识或需要查阅的信息。 2.任务分析：教师布置任务，通过项目教学法引导学生完成有线电视系统施工图的识读。 3.任务实施：教师引导学生以小组学习的方式完成学习任务，要求学生在课前预习，线上完成微课、动画及PPT等教学资源的观看，线下由教师引导学生按照学习任务的要求掌握有线电视系统的识图、列项、算量与计价等基本技能。
考核评价	1.云平台线上提问考核。 2.课堂完成给定案例、成果展示，实行自评及小组互评。 3.课程累计评价、多方评价，综合评定成绩。

➤ 任务资讯

7.1.1　有线电视系统的组成

有线电视(CATV)系统由前端、信号传输分配网络和用户终端三部分组成,如图7.1所示。

图7.1　有线电视系统组成图

（1）前端系统

前端系统主要包括电视接收天线、频道放大器、频率变换器、自播节目设备、卫星电视接收设备、导频信号发生器、调制器、混合器以及连接线缆等部件。

（2）信号传输分配网络

分配网络分无源和有源两类。无源分配网络只有分配器、分支器和传输电缆等无源器件,

分配器与分支器

有线电视线缆

其可连接的用户较少。有源分配网络增加了线路放大器,因此其连接的用户数可以增多。线路放大器多采用全频道放大器,以补偿用户增多、线路增长后的信号损失。

分配器的功能是将一路输入信号的能量均等地分配给两个或多个输出的器件,一般有二分配器、三分配器、四分配器。分配器的表示符号如图 7.2 所示,实物图见图 7.3。

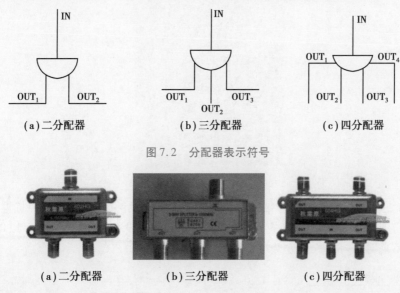

(a)二分配器　　　　　　(b)三分配器　　　　　　(c)四分配器

图 7.2　分配器表示符号

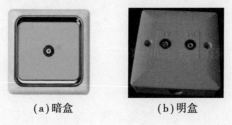

(a)二分配器　　　　　(b)三分配器　　　　　(c)四分配器

图 7.3　分配器实物图

(3)用户终端

有线电视系统的用户终端是供给电视机电视信号的接线器,又称为用户接线盒,分为暗盒与明盒两种(见图 7.4)。

(a)暗盒　　　　　　(b)明盒

图 7.4　用户终端

7.1.2　有线电视系统主要设备及安装

建筑室内有线电视系统属于有线电视(CATV)系统的一部分,按照信号传送的方向,主要有以下组成部分:进户线→电视前端箱→电视管线→用户终端盒。

(1)进户线

有线电视系统的进户线一般采用电视同轴电缆穿管埋地进户,其做法类似照明系统的进户线。通常用导电芯直径来衡量其大小。比如 SYWVP-75-9,表示物理发泡聚乙烯绝缘聚氯乙烯护套带屏蔽的有线电视电缆,导电芯是铜芯,铜芯直径是 9 mm。

(2)电视前端箱

前端箱一般分箱式、柜式、台式 3 种。箱式前端明装于前置间内时,箱底距地 1.2 m,暗装为

1.2~1.5 m。台式前端安装在前置间内的操作台桌面上,高度不宜小于0.8 m,且应牢固 。柜式前端宜落地安装在混凝土基础上面,安装方式同落地式动力配电箱。前端箱如图7.5所示。

图7.5 前端电视箱

房屋建筑工程中的前端箱通常带有放大器和分配器等元件,一般情况下一栋楼设一个。

放大器、分支(配)器应按图纸规定的位置安装,除可装设在前端箱内,也可以单独明装或暗装(见图7.6)。固定应牢靠,安装于室外时应有防水措施。

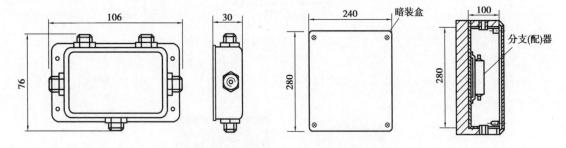

图7.6 分配器和分支器安装示意图

(3)有线电视线

有线电视传输电缆常用同轴电缆,有 SYV 型、SYFV 型、SDV 型、SYWV 型、SYKV 型、SYDY 型等,其特性阻抗均为 75 Ω。同轴电缆有实芯同轴电缆、藕芯同轴电缆、物理高发泡同轴电缆,其结构如图7.7所示。敷线施工工艺同电气照明系统。

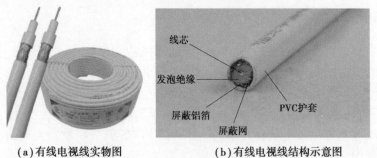

(a)有线电视线实物图　　　　(b)有线电视线结构示意图

图7.7 有线电视线

（4）用户终端盒安装

用户盒分明装和暗装（见图7.8）。明装用户盒可直接用塑料胀管和木螺钉固定在墙上；暗装用户盒应配合土建施工将盒及电缆保护管理入墙内，盒口应和墙面保持平齐，面板可略高出墙面。

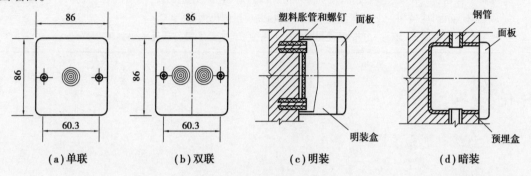

（a）单联　　　　　（b）双联　　　　　（c）明装　　　　　（d）暗装

图7.8　用户终端盒安装图

7.1.3　常用的有线电视系统工程量清单项目

工程量清单项目设置及工程量计算规则，应按表7.1的规定执行。

表7.1　常用有线电视系统清单项目

项目编码	项目名称	项目特征	计量单位	工程量计算规则	工程内容
030502004	分线接线箱（盒）	1.名称 2.材质 3.规格 4.安装方式	个（台、套、列、块）	按设计图示数量计算	1.本体安装 2.底盒安装
030502004	电视、电话插座	1.名称 2.安装方式 3.底盒材质、规格	个		
030505005	射频同轴电缆	1.名称 2.规格 3.敷设方式	m	按设计图示尺寸以长度计算（含预留长度及附加长度）	1.敷设 2.标记
030505006	同轴电缆接头	1.规格 2.方式			
030505013	分配网络	1.名称 2.功能 3.规格 4.安装方式	个	按设计图示数量计算	
030505014	终端调试	1.名称 2.功能			调试

续表

> 注:1.土方工程,应按附录 D 电气设备安装工程相关项目编码列项。
> 2.开挖路面工程,应按附录 D 电气设备安装工程相关项目编码列项。
> 3.配管工程、线槽、桥架、电气设备、电气器件、接线箱、盒、电线、接地系统、凿(压)槽、打孔、打洞、人孔、手孔、立杆工程,应按附录 D 电气设备安装工程相关项目编码列项。
> 4.机架等项目的除锈、刷油,应按附录 M 刷油、防腐蚀、绝热工程相关项目编码列项。

▶ 任务分析

7.1.4 有线电视系统识图

(1)进线

从电气施工总说明和有线电视系统(见图 7.9)可知,本工程有线电视进线为采用 SYWV—75—12 同轴电缆穿 SC50 管埋地引入,埋地深度为 0.8 m。

(2)有线电视施工图的识读

图 7.9 中, 表示放大分配器; 表示四分支器; 表示有线电视插座; 表示浪涌保护器(电涌保护器),又称避雷器(简称 SPD),适用于额定电压至 380 V 的供电系统中,对间接雷电和直接雷电影响或其他瞬时过压的电涌进行保护。浪涌保护器要与接地系统相接。

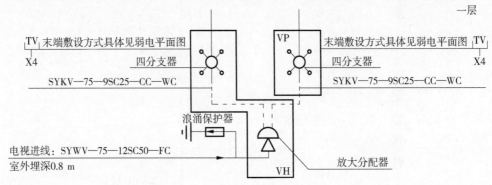

图 7.9 一层有线电视系统图

本工程有线电视系统采用远地前端系统模式,信号分配采用分配-分支方式。本工程仅为系统管线的预埋。前端设备及器件的型号规格由承包商按规范要求配置,并负责系统的调试和开通。干线选用 SYKV-75-9 同轴电缆穿钢管埋地,埋墙敷设;分支线均采用 SYKV-75-5 同轴电缆穿钢管埋楼板,埋墙敷设。

从图 7.10 可以知道,电视前端箱和电视分支器箱的尺寸都是 470 mm × 470 mm × 120 mm(宽×高×厚),安装方式为底边距地 2.5 m 暗装;电视插座的型号为 KG31VTV75,距顶 1.0 m 暗装;2 根 SYKV-75-5 同轴电缆穿 SC25 管,1 根 SYKV-75-5 同轴电缆穿 SC15 管,敷设方式为沿天花板暗敷设。

十二、线型标注

- - - T - - - 数据支线 1×4UTP CAT6 SC15-FC
- - - 2T - - - 数据支线 1×4UTP CAT6 SC20-FC
- - - 3T - - - 数据支线 1×4UTP CAT6 SC20-FC
- - - V - - - 电视支线 SYKV-75-5 SC15-CC
- - - 2V - - - 电视支线 SYKV-75-5 SC25-CC
- - - nF - - - 电话支线 nHPV-2×0.5SC-FC

n 为电话对数,1～3 根 SC15,4～6 根 SC20

1	VH	电视前端箱	470×470×120	距地 2.5 m 暗装	
2	VP	电枢分支器箱	470×470×120	距地 2.5 m 暗装	
3	VP	网络机柜	500×700×180	距地 0.5 m 暗装	
4	F	电话箱	300×400×120	距地 0.5 m 暗装	
5	TV	电视出线口	KG31VTV75	距顶 1.0 m 暗装	
6	TO	网络出线口	KGC01	距地 0.5 m 暗装	
7	TP	电话出线口	KGT01	距地 0.5 m 暗装	

图 7.10 线型标注及图例

➤ 任务实施

7.1.5 有线电视系统干线清单计价与工程量计算

根据电视系统图和弱电平面图完成电视干线清单计价与工程量计算。干线管线工程量的计算方法:同轴电缆长度 =(导管长度 + 预留长度)×1.025。

1)干线管线清单列项与计价(见表 7.2)

表 7.2 干线管线清单列项与计价表

序号	清单编号	项目名称	单位	工程量
1	030411001001	电气暗配管 SC25	m	48.6
	B4-1446	电气暗配管 SC25	100 m	0.49
2	030505005001	管内穿同轴电视电缆 SYKV-75-9	m	63.3
	B5-0365	管内穿同轴电视电缆 SYKV-75-9	100 m	0.63

2)干线管线工程量计算(见表 7.3)

表 7.3 干线管线工程量计算表

序号	项目名称	单位	工程量	计算式
1	电气暗配管 SC25	m	48.6	→26.2 + ↑(3.9 - 2.5 - 0.47)×2 + (3.9 - 0.47)×6
2	管内穿同轴电视电缆 SYKV-75-9	m	63.3	→26.2 + ↑(3.9 - 2.5 - 0.47)×2 + (3.9 - 0.47)×6 + 预留(0.47 + 0.47)×14)× 1.025

7.1.6　有线电视系统支线清单列项与工程量计算

本任务以图7.11为例,完成有线电视支线清单列项与工程量计算。有线电视支线工程量的计算方法:同轴电缆长度 =(导管长度 + 预留长度)× 导线根数 ×1.025。在计算有线电视支线工程量时,需注意预留长度除了箱预留(高 + 宽),还有电视插座的预留(按每个插座0.2 m计)。

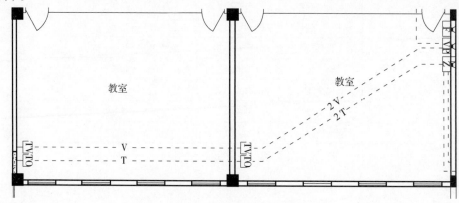

图 7.11　二层局部弱电平面图

1)支线管线清单列项与计价(见表7.4)

表7.4　支线管线清单列项与计价表

序号	清单编号	项目名称	单位	工程量
1	030411001001	电气暗配管 SC25	m	12.5
	B4-1446	电气暗配管 SC25	100 m	0.13
2	030411001002	电气暗配管 SC15	m	11.6
	B4-1444	电气暗配管 SC15	100 m	0.12
3	030505005001	管内穿同轴电视电缆 SYKV-75-5	m	39.9
	B5-0365	管内穿同轴电视电缆 SYKV-75-5	100 m	0.40

2)支线管线工程量计算(见表7.5)

表7.5　支线管线工程量计算表

序号	项目名称	单位	工程量	计算式
1	电气暗配管 SC25	m	12.5	2V:→10.6 + ↑3.9 - 2.5 - 0.47 + 1
2	电气暗配管 SC15	m	11.6	1V:→9.6 + ↑1 + 1
3	管内穿同轴电视电缆 SYKV-75-5	m	39.9	((→10.6 + ↑3.9 - 2.5 - 0.47 + 1) × 2 +→9.6 + ↑1 + 1 + 预留(0.47 + 0.47) × 2 + 0.2 × 2) × 1.025

7.1.7 有线电视系统综合训练

以 5#教学楼弱电施工图纸为例,训练学生编制工程量清单的完整性、系统性。

1)有线电视系统清单列项与计价(见表 7.6)

表 7.6 有线电视系统清单列项与计价表

序号	清单编号	项目名称	单位	工程量
1	030502003001	电视前端箱(空箱)	台	1
	B5-0203	电视前端箱(空箱)	台	1
2	030502003002	电视分线箱(空箱)	台	7
	B5-0203	电视分线箱(空箱)	台	7
3	030411001001	电气暗配管 SC25	m	207.6
	B4-1446	电气暗配管 SC25	100 m	2.08
4	030411001002	电气暗配管 SC15	m	201.5
	B4-1444	电气暗配管 SC15	100 m	2.02
5	030505005001	管内穿同轴电视电缆 SYKV-75-9	m	63.3
	B5-0365	管内穿同轴电视电缆 SYKV-75-9	100 m	0.63
6	030505005002	管内穿同轴电视电缆 SYKV-75-5	m	569.9
	B5-0365	管内穿同轴电视电缆 SYKV-75-5	100 m	5.70
7	030302004001	暗装电视插座	个	32
	B5-0227	暗装电视插座	10 个	3.2

2)有线电视系统工程量计算(见表 7.7)

表 7.7 有线电视系统工程量计算表

序号	项目名称	单位	工程量	计算式
1	电视前端箱(空箱)	台	1	1
2	电视分线箱(空箱)	台	7	7
3	电气暗配管 SC25	m	207.6	SYKV-75-9：→26.2 + ↑(3.9 − 2.5 − 0.47)×2 +(3.9 − 0.47)×6 2×SYKV-75-5： 1 层：→10.6 + 10 + 10 + 4.4 + ↑(3.9 − 2.5 − 0.47)×4 + 1×4 2 层：→10.6 + 10 + 4.4 + ↑(3.9 − 2.5 − 0.47)×3 + 1×3

续表

序号	项目名称	单位	工程量	计算式
3	电气暗配管 SC25	m	207.6	3 层:$\rightarrow 10.6+10+10+4.4+\uparrow(3.9-2.5-0.47)\times 4+1\times 4$ 4 层:$\rightarrow 10.6+10+10+4.4+\uparrow(3.9-2.5-0.47)\times 4+1\times 4$
4	电气暗配管 SC15	m	201.5	SYKV-75-5: 1 层:$\rightarrow 9.6+9.6+12+9.6+\uparrow 1\times 2\times 4$ 2 层:$\rightarrow 9.6+9.6+9.6+\uparrow 1\times 2\times 3$ 3 层:$\rightarrow 9.6+9.6+12+9.6+8.2+\uparrow 1\times 2\times 4+(3.9-2.5-0.47)+1$ 4 层:$\rightarrow 9.6+9.6+12+9.6+8.2+\uparrow 1\times 2\times 4+(3.9-2.5-0.47)+1$
5	管内穿同轴电视电缆 SYKV-75-9	m	63.3	$[\rightarrow 26.2+\uparrow(3.9-2.5-0.47)\times 2+(3.9-0.47)\times 6+$预留$(0.47+0.47)\times 14]\times 1.025$
6	管内穿同轴电视电缆 SYKV-75-5	m	569.9	1 层:$[\rightarrow 10.6+10+10+4.4+\uparrow(3.9-2.5-0.47)\times 4+1\times 4]\times 2+\rightarrow 9.6+9.6+12+9.6+\uparrow 1\times 2\times 4+$预留$0.2\times 8+(0.47+0.47)\times 8$ 2 层:$[\rightarrow 10.6+10+4.4+\uparrow(3.9-2.5-0.47)\times 3+1\times 3]\times 2+\rightarrow 9.6+9.6+9.6+\uparrow 1\times 2\times 3+$预留$0.2\times 6+(0.47+0.47)\times 6$ 3 层:$[\rightarrow 10.6+10+10+4.4+\uparrow(3.9-2.5-0.47)\times 4+1\times 4]\times 2+\rightarrow 9.6+9.6+12+9.6+8.2+\uparrow 1\times 2\times 4+(3.9-2.5-0.47)+1+$预留$0.2\times 9+(0.47+0.47)\times 9$ 4 层:$[\rightarrow 10.6+10+10+4.4+\uparrow(3.9-2.5-0.47)\times 4+1\times 4]\times 2+\rightarrow 9.6+9.6+12+9.6+8.2+\uparrow 1\times 2\times 4+(3.9-2.5-0.47)+1+$预留$0.2\times 9+(0.47+0.47)\times 9$ 合计:1.025
7	暗装电视插座	个	32	$8+6+9\times 2$

任务7.2　室内电话系统识图、列项与算量计价

本任务以5号教学楼弱电系统施工图为载体,讲解室内电话系统的识图、列项与工程量计算的方法。具体的任务描述如下:

任务名称	室内电话系统识图、列项与算量计价	学时数(节)	4
教学环境	工程造价理实一体化实训室、造价工作室	授课对象	高职工程管理类专业 二年级学生
项目载体	5号教学楼电话系统		
教学目标	知识目标:熟悉有线电视系统工程量清单、消耗量定额相关知识;熟悉工程量计算规则与方法。 能力目标:能依据施工图,利用工具书编制电话系统工程量清单及清单计价表。 素质目标:培养科学严谨的职业态度,以及精益求精、勤勉尽职、团结协作的职业精神。		
应知应会	一、学生应知的知识点: 1.电话系统组成、材料、施工工艺。 2.电话系统工程量清单项目设置的内容及注意事项。 3.电话系统清单项目特征描述的内容。 4.电话系统工程量清单计价注意事项。 二、学生应会的技能点: 1.会计算电话系统工程量。 2.能编制电话系统工程量清单。 3.能对电话系统工程量清单进行清单计价。		
重点、难点	教学重点:工程量清单项目的编制、工程量计算及定额套价。 教学难点:有线电视系统管线工程量的计算。		
教学方法	1.项目教学法;2.任务驱动法;3.线上线下混合教学法;4.小组讨论法		
教学实施	1.任务资讯:学生完成该学习任务需要掌握的相关知识或需要查阅的信息。 2.任务分析:教师布置任务,通过项目教学法引导学生完成电话系统施工图的识读。 3.任务实施:教师引导学生以小组学习的方式完成学习任务,要求学生在课前预习,线上完成微课、动画及PPT等教学资源的观看,线下由教师引导学生按照学习任务的要求掌握电话系统的识图、列项、算量与计价等基本技能。		
考核评价	1.云平台线上提问考核。 2.课堂完成给定案例、成果展示,实行自评及小组互评。 3.课程累计评价、多方评价,综合评定成绩。		

▶ 任务资讯

7.2.1　电话交换系统的组成

电话交换系统是通信系统的主要内容之一,如图 7.12 所示。电话交换系统由 3 部分组成,即电话交换设备、传输系统和用户终端设备。

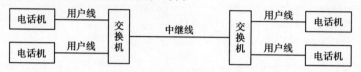

图 7.12　电话通信系统示意图

（1）用户终端设备

用户终端设备有很多种,常见的有电话机、电话传真机和电传等。

（2）电话传输系统

如图 7.13 所示,电话传输系统负责在各交换点之间传递信息。在电话网中,传输系统分为用户线和中继线两种。

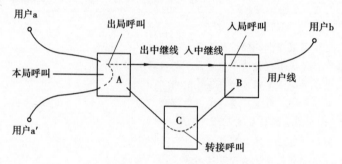

图 7.13　电话传输示意图

（3）电话交换设备

电话交换设备是电话通信系统的核心。电话通信最初是在两点之间通过原始的受话器和导线的连接由点的传导来进行,如果仅需要在两部电话机间进行通话,只要用一对导线将两部电话机连接起来就可实现。但如果有成千上万部电话机之间需要互相通话,就需要有电话交换机。

7.2.2　电话系统主要设备及安装

建筑室内电话系统按照信号传送的方向,主要有以下组成部分:进户线→电话分线箱→电话线路→电话出线盒。

（1）进户线

电话系统的进户线一般采用大对数电缆,大对数电缆的构造如图 7.14 所示。比如 HYA-50 ×2 ×0.5 是常用的大对数电话电缆,两芯为一对,此电缆共 50 对,导电芯为铜芯,铜芯直径是 0.5 mm。电话进户线的施工做法类似照明系统的进户线,一般采用电缆穿管埋地进户。

电话系统
线缆

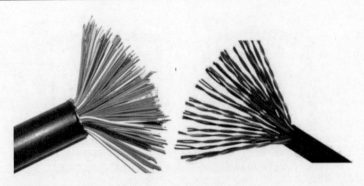

图 7.14 大对数电话电缆

（2）电话分线箱

电话电缆传输的电话信号必须通过分线箱才能传送到与电话出线口连接的电话终端。电话分线箱可以明装或暗装，一般距地 1.3 m 左右，其实物见图 7.15。

图 7.15 30 对电话分线箱实物图

（3）电话线路

根据智能建筑的特点，配线子系统线路的敷设通常采用两种形式，即地板下或地平面中敷设与楼层吊顶敷设。采用地板下或地平面中敷设的方式主要有图 7.16 所示 3 种形式。

（a）地槽敷设

（b）地表暗管敷设

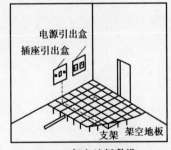

（c）架空地板敷设

图 7.16 线缆敷设方式

（4）电话出线盒

电话出线盒一般设于工作场所、住宅的起居室或主卧室、宾馆的床头柜后及卫生间内。电话出线盒宜暗设，应采用专用出线盒或插座，不得使用其他插座代用。安装高度以底边距室内地面计算，一般房间为 0.2～0.3 m，卫生间为 1.4～1.5 m。电话出线盒实物见图 7.17。

241

(a)单孔电话插座　　　　　　(b)双孔电话插座

图 7.17　电话出线盒实物图

在电话出线盒一侧宜安装一个单相 220 V 电源插座,以备数据终端之用,两者距离宜为 0.5 m,电话插座应与电源插座齐平,如图 7.16 所示。室内出线盒与通信终端相接部分的连线不宜超过 7 m,可在室内明配线或地板下敷设。

7.2.3　常用的电话系统工程量清单项目

工程量清单项目设置及工程量计算规则,应按表 7.8(本表摘自建设工程工程量清单计价规范(GB 50854～50862—2013)附录中相应的表)的规定执行。

表 7.8　常用电话系统清单项目

项目编码	项目名称	项目特征	计量单位	工程量计算规则	工程内容
030502004	分线接线箱(盒)	1.名称 2.材质 3.规格 4.安装方式	个(台、套、列、块)	按设计图示数量计算	1.本体安装 2.底盒安装
030502004	电视、电话插座	1.名称 2.安装方式 3.底盒材质、规格	个		
030502006	穿放、布放电话线缆	1.名称 2.规格 3.线缆对数 4.敷设方式	m	按设计图示尺寸以长度计算(含预留长度及附加长度)	1.敷设 2.标记 3.卡接

注:1.土方工程,应按附录 D 电气设备安装工程相关项目编码列项。

2.开挖路面工程,应按附录 D 电气设备安装工程相关项目编码列项。

3.配管工程、线槽、桥架、电气设备、电气器件、接线箱(盒)、电线、接地系统、凿(压)槽、打孔、打洞、人孔、手孔、立杆工程,应按附录 D 电气设备安装工程相关项目编码列项。

4.机架等项目的除锈、刷油,应按附录 M 刷油、防腐蚀、绝热工程相关项目编码列项。

➤任务分析

7.2.4　电话系统识图

（1）进线

从电气施工总说明和电话系统图（见图7.18）可知，本工程电话进线为采用HYA22-30（2×0.5）大对数电话电缆穿SC50管埋地引入，埋地深度为0.8 m。

（2）电话系统施工图的识读

图7.18中，□F□表示电话分线箱；TP表示电话插座。本工程不设交换机，直接由公用电信网引来外线。一层设总电话箱，其余每层设电话分线箱。电话干线采用HYA-10（2×0.5）通信电缆穿钢管埋地、埋墙敷设。电话支线采用HPV-2×0.5通讯线穿钢管埋楼板、墙敷设。

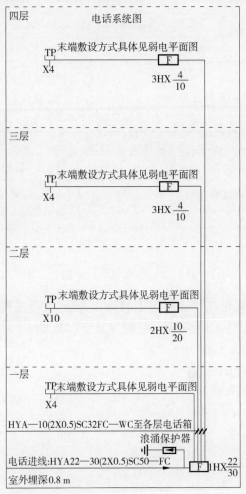

图7.18　电话系统图

从图7.10可以知道，电话箱的尺寸是300 mm×400 mm×120 mm（宽×高×厚），安装方式为底边距地0.5 m暗装；电话插座的型号为KGC01，距地0.5 m暗装；1~3根电话支线HPV-2×0.5穿SC15管，4~6根电话支线HPV-2×0.5穿SC20管，敷设方式为沿地板暗敷设。

任务实施

7.2.5 电话系统干线清单列项与工程量计算

根据电话系统图和弱电平面图完成电话干线清单计价与工程量计算。电话干线工程量的计算方法:电话电缆长度 = (导管长度 + 预留长度) × 1.025。

(1)干线清单列项与计价(见表7.9)

表7.9 干线清单列项与计价表

序号	清单编号	项目名称	单位	工程量
1	030411001001	电气暗配管 SC32	m	21
	B4-1447	电气暗配管 SC32	100 m	0.21
2	030502006001	管内穿大对数电话电缆 HYA-10(2×0.5)	m	25.8
	B5-0229	管内穿大对数电话电缆 HYA-10(2×0.5)	100 m	0.26

(2)干线工程量计算(见表7.10)

表7.10 干线工程量计算表

序号	项目名称	单位	工程量	计算式
1	电气暗配管 SC32	m	21	$\uparrow(3.9-0.4)×6$
2	管内穿大对数电话电缆 HYA-10 (2×0.5)	m	25.8	$[\uparrow(3.9-0.4)×6+预留(0.3+0.4)×6]×1.025$

7.2.6 电话系统支线清单计价与工程量计算

本任务以图7.19为例,电话支线工程量的计算方法:电话线长度 = (导管长度 + 预留长度) × 导线根数。在计算电话支线工程量时,需注意预留长度除了箱预留(高 + 宽),还有电话插座的预留(按每个插座0.2 m计)。

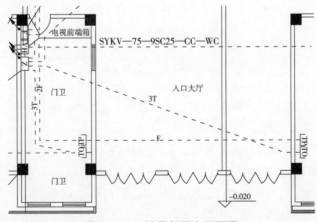

图7.19 二层局部弱电平面图

（1）支线清单列项与计价（见表 7.11）

表 7.11　支线清单列项与计价表

序号	清单编号	项目名称	单位	工程量
1	030411001001	电气暗配管 SC20	m	9.5
	B4-1445	电气暗配管 SC20	m	9.5
2	030411001002	电气暗配管 SC15	m	10.6
	B4-1444	电气暗配管 SC15	m	10.6
3	030502005001	管内穿电话线 HPV-2 ×0.5	m	31.4
	B5-0228	管内穿电话线 HPV-2 ×0.5	m	31.4

（2）支线工程量计算（见表 7.12）

表 7.12　支线工程量计算表

序号	项目名称	单位	工程量	计算式
1	电气暗配管 SC20	m	9.5	2F:→8.5 + ↑0.5 ×2
2	电气暗配管 SC15	m	10.6	1F:→9.6 + ↑0.5 ×2
3	管内穿电话线 HPV-2 ×0.5	m	31.4	（→8.5 + ↑0.5 ×2）×2 +→9.6 + ↑0.5 ×2 + 预留（0.3 +0.4）×2 +0.2 ×2

7.2.7　室内电话系统综合训练

以 5#教学楼弱电施工图纸为例，训练学生编制工程量清单的完整性、系统性。要求学生能根据图纸按工程量清单计价要求列项，做到不漏项、不多项，项目名称描述正确。

（1）电话系统清单列项与计价（见表 7.13）

表 7.13　电话系统清单列项与计价表

序号	清单编号	项目名称	单位	工程量
1	030502003001	电话箱（空箱）	台	4
	B5-0202	电话箱（空箱）	台	4
2	030302004001	暗装电话插座	个	22
	B5-0199	暗装电话插座	10 个	2.2
3	030411001001	电气暗配管 SC32	m	21
	B4-1447	电气暗配管 SC32	100 m	0.21
4	030411001002	电气暗配管 SC20	m	33.9
	B4-1445	电气暗配管 SC20	100 m	0.34
5	030411001003	电气暗配管 SC15	m	174.2

续表

序号	清单编号	项目名称	单位	工程量
	B4-1444	电气暗配管 SC15	100 m	1.74
6	030502006001	管内穿大对数电话电缆 HYA-10(2×0.5)	m	25.83
	B5-0229	管内穿大对数电话电缆 HYA-10(2×0.5)	100 m	0.26
7	030502005001	管内穿电话线 HPV-2×0.5	m	459.2
	B5-0228	管内穿电话线 HPV-2×0.5	100 m	4.59

(2)电话系统工程量计算(见表7.14)

表7.14 电话系统工程量计算表

序号	项目名称	单位	工程量	计算式
1	电话箱(空箱)	台	4	4
2	暗装电话插座	台	22	4 + 10 + 4×2
3	电气暗配管 SC32	m	21	HYA-10(2×0.5)：↑(3.9-0.4)×6
4	电气暗配管 SC20	m	33.9	(4~6)× HPV-2×0.5： 2F(4)：→12.7 + 9.4 + ↑0.5×4 2F(5)：→0.2 2F(6)：→8.6 + ↑0.5×2
5	电气暗配管 SC15	m	174.2	(1~3)HPV-2×0.5： 1F(2)：→12.7 + 8.5 + ↑0.5×4 1F(1)：→9.8 + 9.6 + ↑0.5×4 2F(3)：→9.8 + 0.2 + ↑0.5×2 2F(2)：→13 + 3.6 + ↑0.5×4 2F(1)：→0.2 + 9.6 + ↑0.5×2 3F(2)：→12.7 + 8.5 + ↑0.5×4 3F(1)：→9.8 + 9.6 + ↑0.5×4 4F(2)：→12.7 + 8.5 + ↑0.5×4 4F(1)：→9.8 + 9.6 + ↑0.5×4
6	管内穿大对数电话电缆 HYA-10(2×0.5)	m	25.83	[↑(3.9-0.4)×6 + 预留(0.3+0.4)×6]×1.025
7	管内穿电话线 HPV-2×0.5	m	459.2	1F：(→12.7 + 8.5 + ↑0.5×4)×2 + →9.8 + 9.6 + ↑0.5×4 + 预留(0.3+0.4)×4 + 0.2×4 2F：(→8.6 + ↑0.5×2)×6 + (→0.2)×5 + (→12.7 + 9.4 + ↑0.5×4)×4 + (→9.8 + 0.2 + ↑0.5×2)×3 + (→13 + 3.6 + ↑0.5×4)×2 + →0.2 + 9.6 + ↑0.5×2 + 预留(0.3+0.4)×10 + 0.2×10

序号	项目名称	单位	工程量	计算式
7	管内穿电话线 HPV-2×0.5	m	459.2	3F:(→12.7+8.5+↑0.5×4)×2+→9.8+9.6+↑0.5×4+预留(0.3+0.4)×4+0.2×4 　4F:(→12.7+8.5+↑0.5×4)×2+→9.8+9.6+↑0.5×4+预留(0.3+0.4)×4+0.2×4

任务 7.3　室内网络系统识图、列项与算量计价

本任务以 5 号教学楼弱电系统施工图为载体,讲解室内网络系统的识图、列项与工程量计算的方法,具体的任务描述如下:

任务名称	室内网络系统识图、列项与算量计价	学时数(节)	4
教学环境	工程造价理实一体化实训室、造价工作室	授课对象	高职工程管理类专业 二年级学生
项目载体	5 号教学楼网络系统		
教学目标	知识目标:熟悉网络系统工程量清单、消耗量定额相关知识;熟悉工程量计算规则与方法。 能力目标:能依据施工图,利用工具书编制网络系统工程量清单及清单计价表。 素质目标:培养科学严谨的职业态度,以及精益求精、勤勉尽职、团结协作的职业精神。		
应知应会	一、学生应知的知识点: 1.网络系统的组成、材料、施工工艺。 2.网络系统工程量清单项目设置的内容及注意事项。 3.网络系统清单项目特征描述的内容。 4.网络系统工程量清单计价注意事项。 二、学生应会的技能点: 1.会计算网络系统工程量。 2.能编制网络系统工程量清单。 3.能对网络系统工程量清单进行清单计价。		
重点、难点	教学重点:工程量清单项目的编制、工程量计算及定额套价。 教学难点:网络系统管线工程量的计算。		
教学方法	1.项目教学法;2.任务驱动法;3.线上线下混合教学法;4.小组讨论法		

续表

教学实施	1.任务资讯:学生完成该学习任务需要掌握的相关知识或需要查阅的信息。 2.任务分析:教师布置任务,通过项目教学法引导学生完成网络系统施工图识读。 3.任务实施:教师引导学生以小组学习的方式完成学习任务,要求学生在课前预习,线上完成微课、动画及PPT等教学资源的观看,线下由教师引导学生按照学习任务的要求掌握网络系统的识图、列项、算量与计价等基本技能。
考核评价	1.云平台线上提问考核。 2.课堂完成给定案例、成果展示,实行自评及小组互评。 3.课程累计评价、多方评价,综合评定成绩。

➤ 任务资讯

7.3.1 室内网络系统主要设备及安装

网络系统 线缆	信息插座安 装展示	智能DD箱 安装展示

建筑室内电话系统按照信号传送的方向,主要有以下组成部分:进户线→网络分线箱→网络线路→信息终端盒。

(1)进户线

网络系统的进户线目前多采用光纤。光纤是由一束光导纤维组成,而光导纤维是一种能够传导光信号的极细而柔软的介质,通常用塑料和玻璃制造,光纤是光导纤维的简称(见图7.20)。

图7.20 光纤

网络进户线的施工做法类似照明系统的进户线,一般采用电缆穿管埋地进户。

(2)网络分线箱

网络分线箱内通常由专业公司根据信息点的数量配置交换机、配线架等装置。对于住宅这类建筑,通常每户设一个多媒体接线箱,电视、电话、网络系统共用。分线箱安装方式同照明系统的配电箱,明装或暗装在墙上。

(3)网络线路

网络线路的敷设同电话线路。数据信号至用户终端的网线,通常采用4对8芯双绞线电缆。双绞线是由具有绝缘保护层的铜导线,按一定的密度互相绞缠在一起形成的线对组成。双绞线有类别之分,如三类、四类、五类、超五类、六类及六类以上。原则上数字越大,版本越新,技术越先进,带宽也越宽,价格也越贵。双绞线分为屏蔽双绞线和非屏蔽双绞线,非屏蔽双绞线适用于网络流量不大的场合中。屏蔽式双绞线具有一个金属甲套,对电磁干扰具有较强的抵抗能力,适用于网络流量较大的高速网络协议应用。

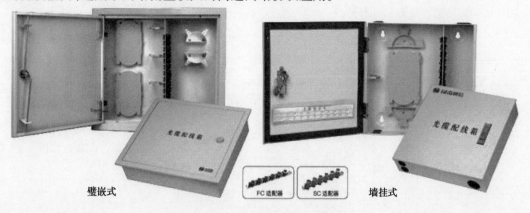

图 7.21　多媒体接线箱实物图

（4）信息终端盒

信息插座有单口、双口之分,安装方式类似照明系统的插座,分为明装和暗装两种。信息插座实物见图 7.22。

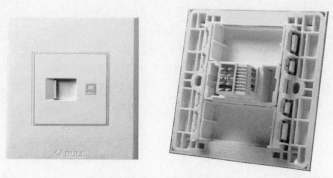

图 7.22　信息插座实物图

7.3.2　常用的网络系统工程量清单项目

工程量清单项目设置及工程量计算规则,应按表 7.15 的规定执行。

表 7.15　常用网络系统清单项目

项目编码	项目名称	项目特征	计量单位	工程量计算规则	工程内容
030502004	分线接线箱（盒）	1.名称 2.材质 3.规格 4.安装方式	个（台、套、列、块）	按设计图示数量计算	1.本体安装 2.底盒安装

续表

项目编码	项目名称	项目特征	计量单位	工程量计算规则	工程内容
030502005	双绞线缆	1.名称 2.规格 3.线缆对数 4.敷设方式	m	按设计图示尺寸以长度计算（含预留长度及附加长度）	1.敷设 2.标记 3.卡接
030502007	光缆				
030502012	信息插座	1.名称 2.类别 3.规格 4.安装方式 5.底盒材质、规格	个(块)	按设计图示数量计算	1.底盒安装 2.端接模块 3.安装面板
030502019	双绞线缆测试	1.测试类别 2.测试内容	链路(对)		测试
030502020	光纤测试		链路		

注:1.土方工程,应按附录D电气设备安装工程相关项目编码列项。

2.开挖路面工程,应按附录D电气设备安装工程相关项目编码列项。

3.配管工程、线槽、桥架、电气设备、电气器件、接线箱(盒)、电线、接地系统、凿(压)槽、打孔、打洞、人孔、手孔、立杆工程,应按附录D电气设备安装工程相关项目编码列项。

4.机架等项目的除锈、刷油,应按附录M刷油、防腐蚀、绝热工程相关项目编码列项。

▶ 任务分析

7.3.3 网络系统识图

(1)进线

从电气施工总说明和网络系统图可知,本工程网络进线为采用光纤穿SC50管埋地引入,埋地深度为0.8 m。

(2)网络系统施工图的识读

图7.23中,$\boxed{Z}$表示网络机柜;$\overset{TO}{\sqcup}$表示网络插座。本工程网络系统用于支持建筑物内语音、数据和图文信息的传输,传输频率为100 MHz。一层设总网络机柜,其余每层设层网络机柜。线路及敷设:①垂直数据干线选用大对数电缆穿钢管埋地、埋墙敷设;②水平支线均选用六类4对非屏蔽双绞线,穿钢管保护暗敷。

从图7.10可以知道,网络机柜的尺寸是500 mm×700 mm×180 mm(宽×高×厚),安装方式为底边距地0.5 m暗装;网络插座的型号为KGT01,距地0.5 m暗装;1根六类4对非屏蔽双绞线穿SC15管,2~3根六类4对非屏蔽双绞线穿SC20管,敷设方式为沿地板暗敷设。

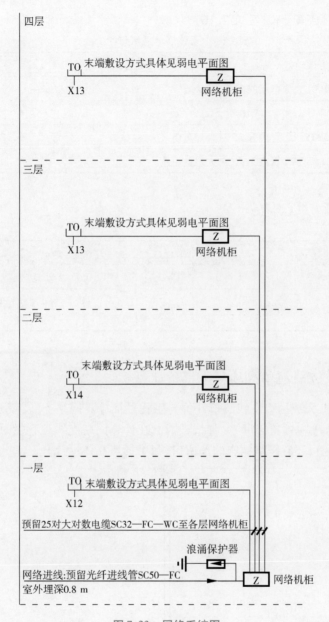

图 7.23 网络系统图

➤ 任务实施

7.3.4 网络系统干线清单列项与工程量计算

根据网络系统图和弱电平面图完成网络干线清单计价与工程量计算。网络干线工程量的计算方法:网络电缆长度 = (导管长度 + 预留长度) × 导线根数 × 1.025。

（1）干线清单列项与计价（见表7.16）

表7.16　干线清单列项与计价表

序号	清单编号	项目名称	单位	工程量
1	030411001001	电气暗配管 SC32	m	19.2
	B4-1447	电气暗配管 SC32	100 m	0.19
2	030502005001	管内穿 25 对大对数电缆	m	27.1
	B5-0231	管内穿 25 对大对数电缆	100 m	0.27

（2）干线工程量计算（见表7.17）

表7.17　干线工程量计算表

序号	项目名称	单位	工程量	计算式
1	电气暗配管 SC32	m	19.2	$\uparrow(3.9-0.7)\times6$
2	管内穿 25 对大对数电缆	m	27.1	$[\uparrow(3.9-0.7)\times6+$ 预留 $(0.5+0.7)\times6]\times$ 1.025

7.3.5　网络系统支线清单列项与工程量计算

以图7.24为例,完成网络支线清单计价与工程量计算。网络支线工程量的计算方法:网络线长度 =（导管长度 + 预留长度）× 导线根数。在计算网络支线工程量时,需注意预留长度除了箱预留（高 + 宽）,还有网络插座的预留（按每个插座0.2 m计）。

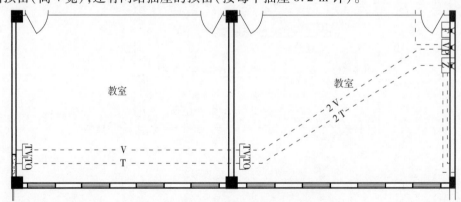

图7.24　二层局部弱电平面图

（1）支线清单列项与计价（见表7.18）

表7.18　支线清单列项与计价表

序号	清单编号	项目名称	单位	工程量
1	030411001001	电气暗配管 SC20	m	11.6
	B4-1445	电气暗配管 SC20	100 m	0.12
2	030411001002	电气暗配管 SC15	m	10.6

序号	清单编号	项目名称	单位	工程量
	B4-1444	电气暗配管 SC15	100 m	0.11
3	030502005001	管内穿六类 4 对非屏蔽双绞线	m	36.6
	B5-0271	管内穿六类 4 对非屏蔽双绞线	100 m	0.37

（2）支线工程量计算（见表 7.19）

表 7.19 支线工程量计算表

序号	项目名称	单位	工程量	计算式
1	电气暗配管 SC20	m	11.6	2T:→10.6 + ↑0.5×2
2	电气暗配管 SC15	m	10.6	1T:→9.6 + ↑0.5×2
3	管内穿六类 4 对非屏蔽双绞线	m	36.6	(→10.6 + ↑0.5×2) ×2 +→9.6 + ↑0.5×2 + 预留(0.5 +0.7) ×2 +0.2×2

7.3.6 室内网络系统综合训练

以 5#教学楼弱电施工图纸为例，训练学生编制工程量清单的完整性、系统性。通过本任务的实训，使学生具备能根据图纸按工程量清单计价要求列项，做到不漏项、不多项，项目名称描述正确的能力。

（1）网络系统清单列项与计价（见表 7.20）

表 7.20 网络系统清单计价表

序号	清单编号	项目名称	单位	工程量
1	030502003001	网络机柜（空箱）	台	4
	B5-0203	网络机柜（空箱）	台	4
2	030502012001	暗装网络插座	个	52
	B5-0329	暗装网络插座	个	52
3	030411001001	电气暗配管 SC32	m	19.2
	B4-1447	电气暗配管 SC32	100 m	0.19
4	030411001002	电气暗配管 SC20	m	401.3
	B4-1445	电气暗配管 SC20	100 m	4.01
5	030411001003	电气暗配管 SC15	m	185.6
	B4-1444	电气暗配管 SC15	100 m	1.86
6	030502006001	管内穿25 对大对数电缆	m	27.1
	B5-0231	管内穿25 对大对数电缆	100 m	0.27

续表

序号	清单编号	项目名称	单位	工程量
7	030502005001	管内穿六类4对非屏蔽双绞线	m	1 279.3
	B5-0271	管内穿六类4对非屏蔽双绞线	100 m	12.79

（2）网络系统工程量计算（见表7.21）

表7.21　网络系统工程量计算表

序号	项目名称	单位	工程量	计算式
1	网络机柜(空箱)	台	4	4
2	暗装网络插座	个	52	$12+14+13\times2$
3	电气暗配管SC32	m	19.2	$\uparrow(3.9-0.7)\times6$
4	电气暗配管SC20	m	401.3	1F(3)：$\rightarrow17.8+12.5+13.9+7.2+\uparrow0.5\times2\times4$ 1F(2)：$\rightarrow13+13+3.6+\uparrow0.5\times2\times3$ 2F(3)：$\rightarrow12.7+26.8+\uparrow0.5\times2\times2$ 2F(2)：$\rightarrow10.4+18.8+7.8+17.8+13+\uparrow0.5\times2\times5$ 3F(3)：$\rightarrow12.7+26.8+18.2+\uparrow0.5\times2\times3$ 3F(2)：$\rightarrow10.4+13+3.6+7.8+\uparrow0.5\times2\times4$ 4F(3)：$\rightarrow12.7+26.8+18.2+\uparrow0.5\times2\times3$ 4F(2)：$\rightarrow10.4+13+3.6+7.8+\uparrow0.5\times2\times4$
5	电气暗配管SC15	m	185.6	1F(1)：$\rightarrow9.6+3.6+12+9.6+9.6+\uparrow0.5\times2\times5$ 2F(1)：$\rightarrow9.6+3.6+0.2+9.6+9.6+0.2+0.2+\uparrow0.5\times2\times4$ 3F(1)：$\rightarrow9.6+3.6+12+9.6+9.6+0.2+\uparrow0.5\times2\times5$ 4F(1)：$\rightarrow9.6+3.6+12+9.6+9.6+0.2+\uparrow0.5\times2\times5$
6	管内穿25对大对数电缆	m	27.1	$[\uparrow(3.9-0.7)\times6+预留(0.5+0.7)\times6]\times1.025$

续表

序号	项目名称	单位	工程量	计算式
7	管内穿六类 4 对非屏蔽双绞线	m	1 279.3	1F:(→17.8+12.5+13.9+7.2+↑0.5×2×4)×3+(→13+13+3.6+↑0.5×2×3)×2+→9.6+3.6+12+9.6+9.6+↑0.5×2×5+预留(0.5+0.7)×12+0.2×12 2F:(→12.7+26.8+↑0.5×2×2)×3+(→10.4+18.8+7.8+17.8+13+↑0.5×2×5)×2+→9.6+3.6+0.2+9.6+9.6+0.2+0.2+↑0.5×2×4+预留(0.5+0.7)×14+0.2×14 3F:(→12.7+26.8+18.2+↑0.5×2×3)×3+(→10.4+13+3.6+7.8+↑0.5×2×4)×2+→9.6+3.6+12+9.6+9.6+0.2+↑0.5×2×5+预留(0.5+0.7)×13+0.2×13 4F:(→12.7+26.8+18.2+↑0.5×2×3)×3+(→10.4+13+3.6+7.8+↑0.5×2×4)×2+→9.6+3.6+12+9.6+9.6+0.2+↑0.5×2×5+预留(0.5+0.7)×13+0.2×13

项目 **8**

建筑动力配电系统

本项目以常见的风机、水泵以及排污泵等动力配电系统为例,讲解动力配电系统的识图、列项以及工程量计算。本项目通过 4 个任务来完成。具体的学习任务内容如下:

序号	任务名称	备注
任务8.1	风机配电识图、列项与算量计价	以风机、水泵及排污泵的配电为例,讲解每一个系统清单列项及工程量的计算方法
任务8.2	水泵配电识图、列项与算量计价	
任务8.3	排污泵配电识图、列项与算量计价	
任务8.4	动力配电系统列项与算量计价综合训练	以某工程地下一层的局部动力配电系统施工图为例,完成动力配电工程的清单列项与算量计价

> ▶ **任务资讯**

1)配电基本知识

(1)基本概念

①电机:电机是发电机和电动机的统称。发电机将其他形式的能量转化为电能,供给用电设备;而电动机将电能转化为机械能,用于拖动各种机械。

②交流同步电机:同步电机既可以作发电机,也可以作电动机。火力与水力发电厂里的发电机大多是三相同步发电机。作为电动机时,同步电机主要用于转速恒定、功率较大的机械,如大型水泵、空压机和矿井通风机等。

③调相机:调相机原理上就是同步电机,运行于电动机状态,但不带机械负载,只向电力系统提供无功功率,又称同步补偿机。生产实际中,除选用一部分同步电动机外,还在电网的受电端装设一些同步调相机,用于改善电网的功率因数,维持电网电压水平。由于它不带机械负载,转轴比正常电机细一些。

④交流异步电动机:以交流电通入定子绕组,产生旋转磁场,驱动转子转动。按相数分类有三相与单相电动机。三相异步电动机按转子结构分为鼠笼式和绕线式两种;按安装方式分

为卧式和立式两种。异步电动机具有结构简单、运行可靠、维护方便及价格便宜等优点,被广泛应用于各种起重机、机床、鼓风机、水泵、皮带运输机等设备中。

三相交流异步电动机主要由静止的部分——定子和旋转的部分——转子组成,定子和转子之间由气隙分开。图8.1为三相异步电动机结构示意图。

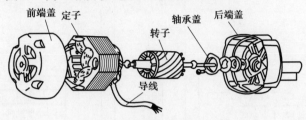

图8.1　三相异步电动机结构

电动机的额定功率在0.5 kW(家用电器除外)以上时,基本采用三相交流异步电动机。三相交流异步电动机的三相绕组为对称三相负载,由三相电源供电,可以不接中性线(零线),但设备的金属外壳要作保护接地。

(2)供配电系统

为了提高供电的安全性、可靠性、连续性、运行的经济性,并提高设备的利用率,减少整个地区的总备用电容量,常将发电厂、电力网和电力用户连成一个整体,这样组成的统一整体称为电力系统。

建筑变配电系统组成　建筑变配电系统识图

目前我国的建筑变配电系统一般由以下环节构成:高压进线→10 kV 高压配电→变压器降压→0.4 kV 低压配电、低压无功补偿。建筑中存在有一、二类负荷者,还应按规定配置备用电源。典型电力系统示意图如图8.2所示。

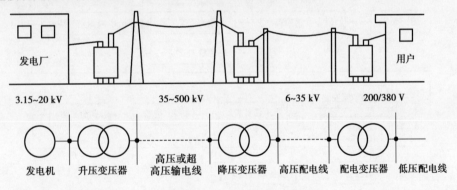

图8.2　电力系统示意图

(3)动力配电线路

动力配电线路是指给各种生产设备供电的线路。按照规程,动力电与照明电应该尽可能分别供电,以免相互影响。动力配电方式有放射式和链式。动力配电系统示意图如图8.3所示。

动力配电线路额定电压多为380 V,一般是三相电。常见的动力配电系统有生活用水泵、电梯、消防泵、消防卷帘门及通风防排烟等系统的配电。动力配电的施工工艺流程如图8.4所示。

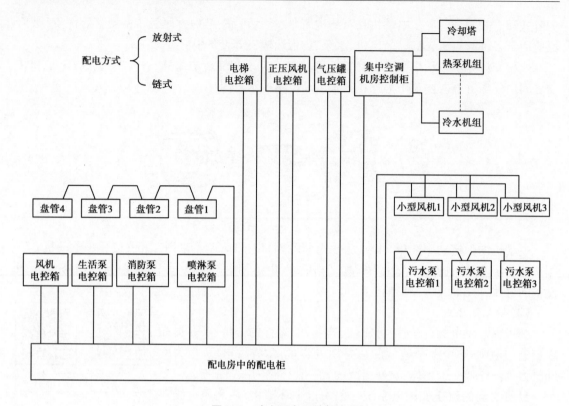

图 8.3　动力配电系统示意图

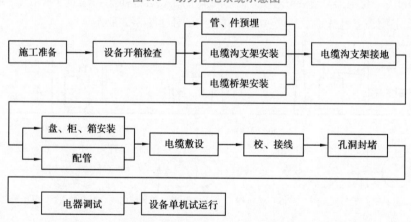

图 8.4　动力配电施工工艺流程图

2) 动力配电系统常用的工程量清单项目

工程量清单项目设置及工程量计算规则,应按表 8.1 的规定执行。

表8.1　动力配电系统安装清单项目

项目编码	项目名称	项目特征	计量单位	工程量计算规则	工程内容
030404017	配电箱	1.名称 2.型号 3.规格 4.安装方式	台	按设计图示数量计算	本体安装、接线 补刷(喷)油漆 接地
030411001	配管	1.名称 2.材质 3.规格 4.配置形式	m	按设计图示尺寸以长度计算	1.电线管路敷设 2.接地
030411002	线槽	1.名称 2.材质 3.规格	m	按设计图示尺寸以长度计算	1.本体安装 2.补刷(喷)油漆 3.接地
030411003	桥架	1.名称 2.型号 3.规格 4.材质 5.类型	m	按设计图示尺寸以长度计算	1.本体安装 2.接地
030411004	配线	1.名称 2.配线形式 3.型号 4.规格 5.材质	m	按设计图示尺寸以单线长度计算(含预留长度)	1.配线 2.支持体(夹板、绝缘子、槽板等)安装
桂030411007	可挠金属短管	1.名称 2.材质 3.规格 4.长度	根	按设计图示数量计算	安装
030408001	电力电缆	1.名称 2.型号 3.规格 4.材质 5.敷设方式、部位 6.电压等级	m	按设计图示尺寸以长度计算(含预留长度及附加长度)	电缆敷设
030408006	电力电缆头	1.名称 2.型号 3.规格 4.材质、类型 5.安装部位 6.电压等级(kV) 7.制作方法	个	按设计图示数量计算	1.电力电缆头制作 2.电力电缆头安装 3.接地

续表

项目编码	项目名称	项目特征	计量单位	工程量计算规则	工程内容
030408008	防火堵洞	1.名称 2.材质 3.方式 4.部位	处(kg)	按设计图示数量计算	安装
030408009	防火隔板		m²	按设计图示尺寸以面积计算	
030408010	防火涂料		kg	按设计图示尺寸以质量计算	
030406006	低压交流异步电动机检查接线及调试	1.名称 2.型号 3.容量(kW) 4.控制保护方式	台	按设计图示数量计算	1.检查接线 2.接地 3.接零 4.调试
030406009	微型电机、电加热器	1.名称 2.型号 3.规格	台	按设计图示数量计算	

工程量清单项目名称及特征描述：

①建筑动力配电系统配管、配线的清单列项方法同建筑照明系统配管配线。

②电机的检查接线项目中,应描述电机的名称、型号、规格、容量和重量。

③电机干燥和电机解体检查工作要等到电机到货后,通过检查,才能确认是否需要做,因此招标时通常无法确认,在这种情况下,可在该项清单名称中注明不含电机干燥及电机解体检查,待结算时按实计价。

④电机检查接线及调试按设计图数量以台或组计算。

任务 8.1　风机配电识图、列项与算量计价

本任务以某办公楼动力配电系统施工图为载体,讲解风机配电识图、列项与算量计价的方法。具体的任务描述如下：

任务名称	风机配电识图、列项与算量计价	学时数(节)	4
教学环境	工程造价理实一体化实训室、造价工作室	授课对象	高职工程管理类专业 二年级学生
项目载体	某办公楼动力配电系统局部施工图		
教学目标	知识目标:熟悉风机配电工程量清单、消耗量定额相关知识;熟悉工程量计算规则与方法。 能力目标:能依据施工图,利用工具书编制风机配电工程量清单及清单计价表。 素质目标:培养科学严谨的职业态度,以及精益求精、勤勉尽职、团结协作的职业精神。		

应知应会	一、学生应知的知识点: 1.风机配电系统图中常用元器件的图例。 2.风机配电管线工程量计算方法。 3.风机配电工程量清单计价注意事项。 二、学生应会的技能点: 1.能识读风机配电系统图,能理解系统图中各元器件名称、用途及工作原理。 2.会根据施工图进行清单列项及项目特征描述,并计算工程量。
重点、难点	教学重点:工程量清单项目的编制、工程量计算及定额套价。 教学难点:电缆预留长度的计算。
教学方法	1.项目教学法;2.任务驱动法;3.线上线下混合教学法;4.小组讨论法
教学实施	1.任务资讯:学生完成该学习任务需要掌握的相关知识或需要查阅的信息。 2.任务分析:教师布置任务,通过项目教学法引导学生完成风机配电系统施工图的识读。 3.任务实施:教师引导学生以小组学习的方式完成学习任务,要求学生在课前预习,线上完成微课、动画及 PPT 等教学资源的观看,线下由教师引导学生按照学习任务的要求掌握风机配电系统的识图、列项、算量与计价等基本技能。
考核评价	1.云平台线上提问考核。 2.课堂完成给定案例、成果展示,实行自评及小组互评。 3.课程累计评价、多方评价,综合评定成绩。

➤ 任务分析

8.1.1　风机配电识图

　　图 8.5 是排烟风机配电系统图。由系统图可知,该控制箱控制排烟风机和防火阀。排烟风机为双速风机,平时为低速,用于排风;发生火灾时自动切换为高速,满足排烟的需要。为了便于识图,将排烟风机配电系统图上的元器件进行编号,图中各元器件的名称见图 8.6。

　　图 8.7 为排烟风机平面布置图,共两个回路:一个回路为风机供电,另外一个回路为防火阀供电。注意:根据系统图可知为风机供电的回路由两组线组成:一组线为 NH-BV-4×16,穿 SC32 钢管暗敷;另一组线为 NH-BV-3×6,穿 SC20 钢管暗敷。由于该风机为双速风机,故其电源进线设计为两组。

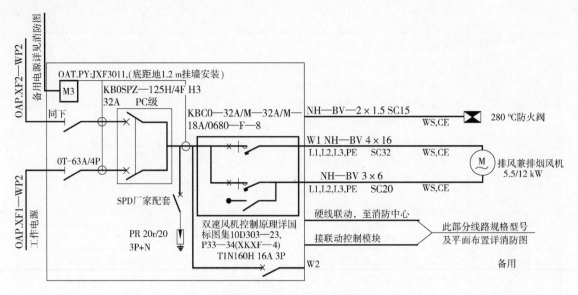

图 8.5 排烟风机配电系统图

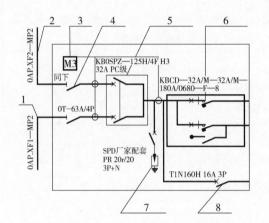

1—主用电源；

2—备用电源；

3—与消防联动的模块；

4—隔离开关；

5—双电源切换开关,当主电源断电时自动切换到备用电源；

6—双速风机切换开关,本系统图中是通过 3 个交流接触器来完成；

7—浪涌保护器,也叫防雷器；

8—小型断路器

图 8.6 排烟风机配电箱元器件编号图

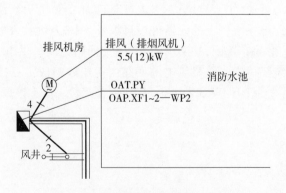

图 8.7 排烟风机配电局部平面图

▶ 任务实施

8.1.2　风机配电清单列项与工程量计算

以图8.3为例,排烟风机配电清单列项与工程量计算见表8.2。

表8.2　排烟风机清单列项与工程量计算表

序号	项目编码	项目名称	单位	工程量	计算式
1	030404017001	排烟风机控制箱 OAT PY 挂墙安装	台	1	
2	030411001001	电气配管 SC32 砖混凝土结构暗敷	m	3.7	↓1.2 + →2 + ↑0.5(风机高)
3	030411001002	电气配管 SC20 砖混凝土结构暗敷	m	3.7	↓1.2 + →2 + ↑0.5(风机高)
4	030411001003	电气配管 SC15 砖混凝土结构暗敷	m	4.7	↑(梁底3.5 - 1.2 - 0.8箱高) + →2.7 + ↓0.5(梁底3.5 - 风管高3)
5	030411004001	管内穿动力线 NH-BV-16	m	24	[3.7 + 箱预留(0.5 + 0.8) + 风机接线盒预留1]×4
6	030411004002	管内穿动力线 NH-BV-6	m	18	[3.7 + 箱预留(0.5 + 0.8) + 风机接线盒预留1]×3
7	030411004003	管内穿动力线 NH-BV-2.5	m	14	[4.7 + 箱预留(0.5 + 0.8) + 风阀接线盒预留1]×2
8	桂 030411007001	可挠金属短管,每根长1 m 左右	根	1	各种电机的检查接线,规范要求均需配有相应的金属软管,每台配 1 ~ 1.5 m,平均1.25 m
9	030406006001	低压交流异步电动机检查接线及调试13 kW 以内	台	1	
10	030404031001	防火阀检查接线	台	1	

(1)清单列项注意事项

配电箱与控制箱的区别:可按箱子里的元器件来区分,配电箱内的电器元件一般都是塑壳断路器、空气开关、隔离开关之类,元器件种类少;控制箱内的电器元件一般会有交流接触器、指示灯、按钮等,元器件种类相对多一些。排烟风机控制箱应按控制箱列项。

（2）工程量计算说明

①排烟风机配电箱的尺寸按宽 0.5 m（宽）×0.8 m（高）×0.3 m（厚）考虑，风管安装顶高为 3 m，地下室层高为 4.2 m。

②计算范围：从排烟风机控制箱出线开始计算。

③金属软管工程量计算方法：由接线盒到灯具、消防探头、动力设备等的金属软管要另计。各种电机的检查接线，规范要求均需配有相应的金属软管，如设计有规定的，按设计规格和数量计算；设计没有规定的，平均每台电机配金属软管 1~1.5 m（平均按 1.25 m）。

8.1.3 风机配电清单计价

以广西安装工程消耗量定额为例，排烟风机配电清单计价见表 8.3。

表 8.3 排烟风机清单计价表

序号	项目编码	项目名称	单位	工程量
1	030404017001	排烟风机控制箱 OAT PY 挂墙安装	台	1
	B4-0303	排烟风机控制箱 OAT PY 挂墙安装	台	1
2	030411001001	电气配管 SC32 砖混凝土结构暗敷	m	3.7
	B4-1420	电气配管 SC32 砖混凝土结构暗敷	100 m	0.04
3	030411001002	电气配管 SC20 砖混凝土结构暗敷	m	3.7
	B4-1418	电气配管 SC20 砖混凝土结构暗敷	100 m	0.04
4	030411001003	电气配管 SC15 砖混凝土结构暗敷	m	4.7
	B4-1417	电气配管 SC15 砖混凝土结构暗敷	100 m	0.05
5	030411004001	管内穿动力线 NH-BV-16	m	24
	B4-1586	管内穿线 NH-BV-16	100 m	0.24
6	030411004002	管内穿动力线 NH-BV-6	m	18
	B4-1584	管内穿动力线 NH-BV-6	100 m	0.18
7	030411004003	管内穿动力线 NH-BV-2.5	m	14
	B4-1582	管内穿动力线 NH-BV-2.5	100 m	0.14
8	桂 030411007	可挠金属短管，每根长 1 m 左右	根	1
	B4-1511	金属软管敷设，每根长 1 m 左右	10 根	0.1
9	030406006001	低压交流异步电动机检查接线及调试 13 kW 以内	台	1
	B4-0588	低压交流异步电动机检查接线及调试 13 kW 以内	台	1
	B4-0657	低压交流异步电动机调试（电磁控制）	台	1
10	030404031001	防火阀检查接线	台	1
	B4-0367	一般小型电器检查接线	台	1

清单计价注意事项：一般小型电器检查接线定额适用于带电信号的阀门、水流指示器、压

力开关、驱动装置及泄露报警开关、水处理仪的接线、校线绝缘测试工作。

任务8.2 水泵配电识图、列项与算量计价

本任务以某办公楼动力配电系统施工图为载体,讲解水泵配电识图、列项与工程量计算的方法,具体的任务描述如下:

任务名称	水泵配电识图、列项与算量计价	学时数(节)	4
教学环境	工程造价理实一体化实训室、造价工作室	授课对象	高职工程管理类专业二年级学生
项目载体	某办公楼动力配电系统局部施工图		
教学目标	知识目标:熟悉水泵配电工程量清单、消耗量定额相关知识;熟悉工程量计算规则与方法。 能力目标:能依据施工图,利用工具书编制水泵配电工程量清单及清单计价表。 素质目标:培养科学严谨的职业态度,以及精益求精、勤勉尽职、团结协作的职业精神。		
应知应会	一、学生应知的知识点: 1.水泵配电系统图中常用元器件的图例。 2.水泵配电管线工程量计算方法。 3.水泵配电工程量清单计价注意事项。 二、学生应会的技能点: 1.能识读水泵配电系统图,能理解系统图中各元器件名称、用途及工作原理。 2.会根据施工图进行清单列项及项目特征描述,并计算工程量。		
重点、难点	教学重点:工程量清单项目的编制、工程量计算及定额套价。 教学难点:电缆预留长度的计算。		
教学方法	1.项目教学法;2.任务驱动法;3.线上线下混合教学法;4.小组讨论法		
教学实施	1.任务资讯:学生完成该学习任务需要掌握的相关知识或需要查阅的信息。 2.任务分析:教师布置任务,通过项目教学法引导学生完成风机配电系统施工图的识读。 3.任务实施:教师引导学生以小组学习的方式完成学习任务,要求学生在课前预习,线上完成微课、动画及PPT等教学资源的观看,线下由教师引导学生按照学习任务的要求掌握水平配电系统的识图、列项、算量与计价等基本技能。		
考核评价	1.云平台线上提问考核。 2.课堂完成给定案例、成果展示,实行自评及小组互评。 3.课程累计评价、多方评价,综合评定成绩。		

▶任务分析

8.2.1　水泵配电系统识图

以图8.8~8.12为例说明水泵配电系统识图。

①消火栓泵和喷淋泵的配电属于消防配电,采用双电源供电,控制箱内安装有双电源切换开关,如图8.8和图8.9所示。

②由于消火栓泵和自动喷淋泵的电动机功率比较大,故启动电流也大,因此采用星三角降压启动。采用星三角启动的原理如图8.11所示。采用星三角降压启动时要注意:进入电机接线盒电源线为两组,见图8.8和图8.9。

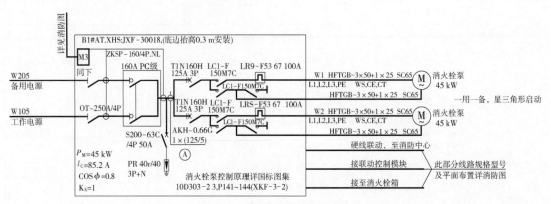

图8.8　消火栓泵配电系统图

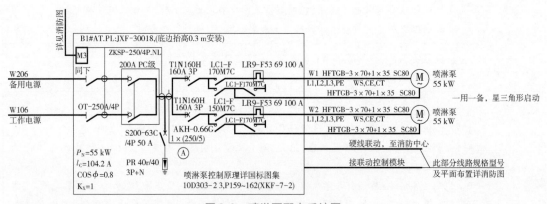

图8.9　喷淋泵配电系统图

③喷淋泵和消火栓泵控制箱至水泵的配线敷设方式为:先沿3 m高的300 mm×150 mm的桥架敷设,至水泵上方后再沿SC80管道垂直敷设至电机接线盒,如图8.12所示。

④生活泵控制箱控制原理图由厂家提供,其电源至水泵的配线敷设方式为:采用SC40的管道埋地敷设至电机接线盒,如图8.10所示。

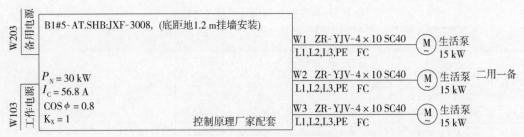

图 8.10 生活泵配电系统图

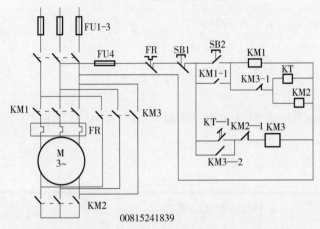

图 8.11 星三角降压启动原理图

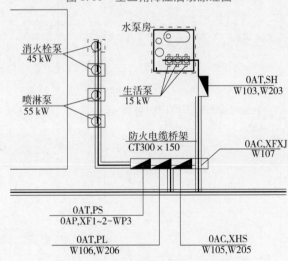

图 8.12 水泵配电局部平面图

➤ 任务实施

8.2.2 水泵配电清单列项与工程量计算

以图 8.13 为例,水泵的配电清单列项与工程量计算,见表 8.4。

表8.4 水泵清单列项与工程量计算表

序号	项目编码	项目名称	单位	工程量	计算式
1	030404017001	消火栓泵控制柜 XHS 落地安装	台	1	
2	030404017002	喷淋泵控制柜 PL 落地安装	台	1	
3	030404017003	生活泵控制柜 SHB 落地安装	台	1	
4	030411003001	电缆桥架 300×150	m	12.5	→4.8+6.3+↓(3-2-0.3)×2=12.5
5	030411001001	电缆保护管 SC80 明敷	m	8	↓(桥架高3 m-电机接线盒高1 m)×4
6	030411001002	电缆保护管 SC65 明敷	m	8	↓(桥架高3 m-电机接线盒高1 m)×4
7	030411001002	电缆保护管 SC40 明敷	m	11.69	生活泵1:↓0.4+→1.43+0.62+↑1=3.45 生活泵2:↓0.4+→1.43+1.1+↑1=3.93 生活泵3:↓0.4+→1.43+1.48+↑1=4.31
8	030408001001	电力电缆敷设 HFTGB 3×70+1×35	m	48.2	喷淋泵1:[↑(3-2-0.3)+→3.2+2.2+↓2+预留(2.8+0.5)]×2=22.8 喷淋泵2:[↑(3-2-0.3)+→3.2+3.5+↓2+预留(2.8+0.5)]×2=25.4
9	030408001002	电力电缆敷设 HFTGB 3×50+1×25	m	62.4	消火栓泵1:[↑(3-2-0.3)+→4.2+4.8+↓2+预留(2.8+0.5)]×2=30 消火栓泵2:[↑(3-2-0.3)+→4.2+6+↓2+预留(2.8+0.5)]×2=32.4

续表

序号	项目编码	项目名称	单位	工程量	计算式
10	030408001003	电力电缆敷设 ZR-YJV 4×10	m	21.59	生活泵1:3.45+预留(2.8+0.5)=6.75 生活泵2:3.93+预留(2.8+0.5)=7.23 生活泵3:4.31+预留(2.8+0.5)=7.61
11	030408006001	电力电缆头制作安装 3×70+1×35	个	8	喷淋泵采用星三角启动,每台有4个电缆头
12	030408006002	电力电缆头制作安装 3×50+1×25	个	8	消火栓泵采用星三角启动,每台有4个电缆头
13	030406006001	低压交流异步电动机检查接线及调试30 kW以内	台	3	生活泵3台
14	030406006002	低压交流异步电动机检查接线及调试100 kW以内	台	4	消防喷淋泵2台,消火栓泵2台
15	桂030404037001	基础槽钢制作安装10#	m	8.4	按配电柜的底边周长计算,(0.8+0.6)×2×3=8.4
16	030413001001	一般铁构件制作安装	kg	47.5	桥架1.5~2 m安装一个支架,12.5 m的桥架共需7个支架,每个支架重(1.2×2+0.4)×2.422=47.5
17	桂030411007001	可挠金属短管,每根长1 m左右	根	11	生活泵每台电机配1根可挠金属短管,消防喷淋泵、消火栓泵每台配2根金属软管
18	031201003001	金属结构刷油,刷红丹漆两遍	kg	131.5	47.5+8.4×10=131.5
19	031201003002	金属结构刷油,刷调和漆两遍	kg	131.5	
20	030408008001	防火堵洞(盘柜下)	处	6	每个柜两处,共3个柜

工程量计算说明：

①水泵控制柜的尺寸按 0.8 m(宽) ×2 m(高) ×0.6 m(厚)考虑,配电箱距地安装高度为 0.3 m,地下室层高为 4.2 m,桥架安装高 3 m。

②喷淋泵、消火栓泵计算范围为:PL、XHS 控制柜至水泵电机接线盒。

8.2.3 水泵配电清单计价

以广西安装工程消耗量定额为例,介绍水泵的配电清单计价的方法,见表 8.5。

表 8.5 水泵清单计价表

序号	项目编码/定额编号	项目名称/定额名称	单位	工程量	附注
1	030404017001	消火栓泵控制柜 XHS 落地安装	台	1	
	B4-0268	消火栓泵控制柜 XHS 落地安装	台	1	
2	030404017002	喷淋泵控制柜 PL 落地安装	台	1	
	B4-0268	喷淋泵控制柜 PL 落地安装	台	1	
3	030404017003	生活泵控制柜 SHB 落地安装	台	1	
	B4-0268	生活泵控制柜 SHB 落地安装	台	1	
4	030411003001	电缆桥架 300 mm ×150 mm 敷设	m	12.5	
	B4-0906	电缆桥架 300 mm ×150 mm 敷设	10 m	1.25	
5	030411001001	电缆保护管 SC80 明敷	m	8	
	B4-1440	电缆保护管 SC80 明敷	100 m	0.08	
6	030411001002	电缆保护管 SC65 明敷	m	8	
	B4-1439	电缆保护管 SC65 明敷	100 m	0.08	
7	030411001002	电缆保护管 SC40 明敷	m	11.69	
	B4-1437	电缆保护管 SC40 明敷	100 m	0.12	
8	030408001001	电力电缆敷设 HFTGB 3 ×70 +1 ×35	m	48.2	
	B4-0995	电力电缆敷设 HFTGB 3 ×70 +1 ×35	100 m	0.48	
9	030408001002	电力电缆敷设 HFTGB 3 ×50 +1 ×25	m	62.4	
	B4-0995	电力电缆敷设 HFTGB 3 ×50 +1 ×25	100 m	0.62	
10	030408001003	电力电缆敷设 ZR—YJV 4 ×10	m	21.59	
	B4-0992	电力电缆敷设 ZR—YJV 4 ×10	100 m	0.22	
11	030408006001	电力电缆头制作安装 3 ×70 +1 ×35 干包式	个	8	
	B4-1050	电力电缆头制作安装 3 ×70 +1 ×35 干包式	个	8	
12	030408006002	电力电缆头制作安装 3 ×50 +1 ×25 干包式	个	8	
	B4-1050	电力电缆头制作安装 3 ×50 +1 ×25 干包式	个	8	
13	030406006001	低压交流异步电动机检查接线及调试 30 kW 以内	台	3	

序号	项目编码/定额编号	项目名称/定额名称	单位	工程量	附注
	B4-0588	低压交流异步电动机检查接线 30 kW 以内	台	3	
	B4-0657	低压交流异步电动机调试(电磁控制)	台	3	
14	030406006002	低压交流异步电动机检查接线及调试 100 kW 以内	台	4	
	B4-0590	低压交流异步电动机检查接线 100 kW 以内	台	4	
	B4-0657	低压交流异步电动机调试(电磁控制)	台	4	
15	桂 030404037001	基础槽钢制作安装 10#	m	8.4	
	B4-0485	基础槽钢制作安装 10#	10 m	8.4	
16	030413001001	一般铁构件制作安装	kg	47.5	
	B4-2001	一般铁构件制作安装	100 kg	0.48	
17	桂 030411007001	可挠金属短管,每根长 1 m 左右	根	11	
	B4-1511	金属软管敷设,每根长 1 m 左右	10 根	1.1	
18	031201003001	金属结构刷油,刷红丹漆两遍	kg	131.5	
	B11-0117	一般钢结构刷红丹漆第一遍	100 kg	1.32	
	B11-0118	一般钢结构刷红丹漆第二遍	100 kg	1.32	
19	031201003002	金属结构刷油,刷调和漆两遍	kg	131.5	
	B11-0126	一般钢结构刷调和漆第一遍	100 kg	1.32	
	B11-0127	一般钢结构刷调和漆第二遍	100 kg	1.32	
20	030408008001	防火堵洞(盘柜下)	处	6	
	B4-0960	防火堵洞(盘柜下)	处	6	

任务 8.3　排污泵配电识图、列项与算量计价

本任务以某办公楼动力配电系统施工图为载体,讲解排污泵识图、列项与工程量计算的方法。具体的任务描述如下:

任务名称	排污泵配电识图、列项与算量计价	学时数(节)	4
教学环境	工程造价理实一体化实训室、造价工作室	授课对象	高职工程管理类专业二年级学生
项目载体	某办公楼动力配电系统局部施工图		

续表

教学目标	知识目标:熟悉排污泵配电工程量清单、消耗量定额相关知识;熟悉工程量计算规则与方法。 能力目标:能依据施工图,利用工具书编制排污泵配电工程量清单及清单计价表。 素质目标:培养科学严谨的职业态度,以及精益求精、勤勉尽职、团结协作的职业精神。
应知应会	一、学生应知的知识点: 1.排污泵配电系统图中常用元器件的图例。 2.排污泵配电管线工程量计算方法。 3.排污泵配电工程量清单计价注意事项。 二、学生应会的技能点: 1.能识读排污泵配电系统图,能理解系统图中各元器件名称、用途及工作原理。 2.会根据施工图进行清单列项及项目特征描述,并计算工程量。
重点、难点	教学重点:工程量清单项目的编制、工程量计算及定额套价。 教学难点:电缆预留长度的计算。
教学方法	1.项目教学法;2.任务驱动法;3.线上线下混合教学法;4.小组讨论法
教学实施	1.任务资讯:学生完成该学习任务需要掌握的相关知识或需要查阅的信息。 2.任务分析:教师布置任务,通过项目教学法引导学生完成排污泵配电系统施工图的识读。 3.任务实施:教师引导学生以小组学习的方式完成学习任务,要求学生在课前预习,线上完成微课、动画及PPT等教学资源的观看,线下由教师引导学生按照学习任务的要求掌握排污泵配电系统的识图、列项、算量与计价等基本技能。
考核评价	1.云平台线上提问考核。 2.课堂完成给定案例、成果展示,实行自评及小组互评。 3.课程累计评价、多方评价,综合评定成绩。

➤ 任务分析

8.3.1　排污泵配电系统识图

①根据图 8.13 OAT. PS 排水泵配电系统图可知,本工程地下室共有 3 个集水井,每个集水井中均安装有排污泵,所有排污泵的电源均来自 OAT. PS 配电柜。

②图 8.14 为排水泵 PS1 控制箱系统图。从该系统图可知,该集水井处安装有两台 3 kW 的排水泵。集水井内的水位由水位控制器控制。当水位上升到设定值时,排污泵自行启动,当水位下降到最低水位设定值时,排污泵自动关闭。

③图 8.15 为排水泵 PS1 控制箱的平面布置图。由该图可知,该排污泵的电源配电柜与喷淋泵配电柜、消火栓泵配电柜并排安装在一起。从 OAT. PS 配电柜引出的电源线先沿桥架敷设,再沿 SC40 钢管敷设至排污泵控制箱,由排污泵控制箱再分出两个回路分别控制两台排污泵。

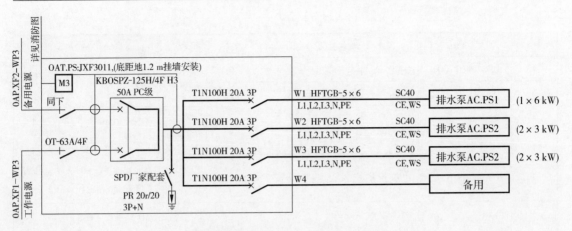

图 8.13　OAT. PS 排水泵配电系统图

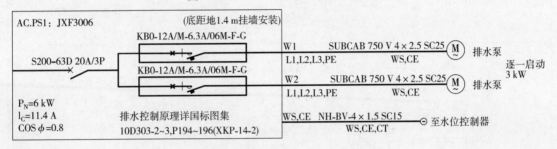

图 8.14　排水泵 PS1 控制箱系统图

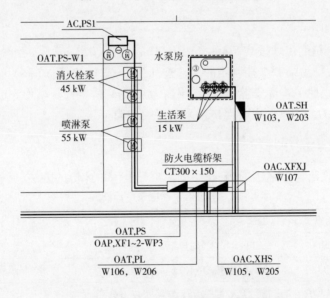

图 8.15　排水泵 PS1 控制箱平面布置局部图

➤ 任务实施

8.3.2　排污泵配电清单列项与工程量计算

本任务以图 8.14 为例,介绍排污泵配电清单列项与工程量计算的方法,见表 8.6。

表8.6　排污泵配电清单列项与工程量计算表

序号	项目编码	项目名称	单位	工程量	计算式
1	030404017001	OAT. PS 配电柜挂墙安装	台	1	
2	030404017002	排污泵控制箱 PS1 挂墙安装	台	1	
3	030411001001	电缆保护管 SC40 明敷	m	3.1	→1.4+0.9+↓（3−1.4−箱高0.8）=3.1
4	030411001002	电缆保护管 SC25 明敷	m	7.6	［↓1.4+→0.9+↓1.5（泵安装深度）］×2=7.6
5	030408001001	电力电缆敷设 HFTGB 5×6	m	14.9	↑（3−1.2−0.8）+→2.3+7.8+0.9+↓（3−1.4−箱高0.8）+预留（1.3+0.8）=14.9
6	030408001002	电力电缆敷设 SUBCAB 4×2.5	m	10.2	［↓1.4+→0.9+↓1.5（泵安装深度）+预留（0.8+0.5）］×2=10.2
7	030406006001	低压交流异步电动机检查接线 3 kW 以内	台	2	

工程量计算说明：

①OAT. PS 配电箱的尺寸按0.5 m（宽）×0.8 m（高）×0.3 m（厚）考虑,其安装高度为底边距地1.2 m 安装;排污泵 PS1 控制箱的尺寸按0.3 m（宽）×0.5 m（高）×0.3 m（厚）考虑,其安装高度为底边距地1.4 m 安装;地下室层高为4.2 m,桥架安装高为3 m。

②计算范围为:OAT. PS 配电柜至排污泵 PS1 控制箱。

8.3.3　排污泵配电清单计价

以广西安装工程消耗量定额为例,介绍排污泵配电清单计价的方法,见表8.7。

表8.7　排污泵配电清单计价表

序号	项目编码	项目名称	单位	工程量	附　注
1	030404017001	OAT. PS 配电箱挂墙安装	台	1	
	B4-0303	成套配电箱 OAT. PS 安装	台	1	
2	030404017002	排污泵控制箱 PS1 挂墙安装	台	1	
	B4-0302	成套配电箱 PS1 安装	台	1	
3	030411001001	电缆保护管 SC40 明敷	m	3.1	
	B4-1437	电缆保护管 SC40 明敷	100 m	0.03	
4	030411001002	电缆保护管 SC25 明敷	m	7.6	

序号	项目编码	项目名称	单位	工程量	附 注
	B4-1435	电缆保护管 SC25 明敷	100 m	0.08	
5	030408001001	电力电缆敷设 HFTGB 5×6	m	14.9	
	B4-0992	电力电缆敷设 HFTGB 5×6	100 m	0.15	
6	030408001002	电力电缆敷设 SUBCAB 4×2.5	m	10.2	
	B4-0992	电力电缆敷设 SUBCAB 4×2.5	100 m	0.10	
7	030406006001	低压交流异步电动机检查接线 3 kW 以内	台	2	
	B4-0587	低压交流异步电动机检查接线 3 kW 以内	台	2	

任务 8.4   动力配电系统列项与算量计价综合训练

本任务以图 8.16(水泵房配电局部平面图)为例,训练学生编制动力配电系统工程量清单的完整性、系统性。具体的任务描述如下:

任务名称	动力配电系统列项与算量计价综合训练	学时数(节)	4
教学环境	工程造价理实一体化实训室、造价工作室	授课对象	高职工程管理类专业二年级学生
项目载体	某办公楼动力配电系统局部施工图		
任务目标	本任务以某工程项目地下动力局部平面图为例,训练学生编制工程量清单的完整性、系统性。		
任务描述	1.能根据图纸完整列出常用动力设备配电的清单项目,做到不漏项、不重项,清单项目名称与描述要正确。 2.能熟练识读施工图纸,会计算各清单项目工程量。		
重点、难点	教学重点:工程量清单项目编制的完整性。 教学难点:清单计价。		
教学实施	1.项目教学法;2.任务驱动法;3.小组讨论法		
考核评价	1.任务资讯:学生完成该学习任务需要掌握的相关知识或需要查阅的信息。 2.任务分析:教师布置任务,通过项目教学法引导学生完成动力配电系统施工图的识读。 3.任务实施:教师引导学生以小组学习的方式完成学习任务,要求学生在课前预习,线上完成微课、动画及 PPT 等教学资源的观看,线下由教师引导学生按照学习任务的要求掌握动力配电系统的识图、列项、算量与计价等基本技能。		

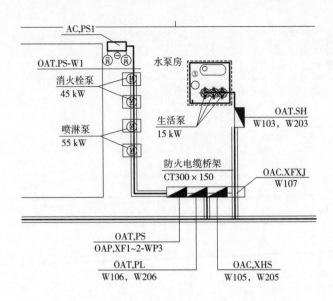

图 8.16　水泵房配电局部平面图

➤ 任务实施

地下一层动力配电清单列项与工程量计算表如表 8.8 所示。

表 8.8　地下一层动力配电清单列项与工程量计算表

序号	项目编码	项目名称	单位	工程量	计算式
1	030404017001	消火栓泵控制柜 XHS 落地安装	台	1	
2	030404017002	喷淋泵控制柜 PL 落地安装	台	1	
3	030404017003	生活泵控制柜 SHB 落地安装	台	1	
4	030404017001	OAT. PS 配电柜挂墙安装	台	1	
5	030404017002	排污泵控制箱 PS1 挂墙安装	台	1	
6	030404017001	排烟风机控制箱 OAT PY 挂墙安装	台	1	
7	030411003001	电缆桥架 300 × 150	m	68.3	动力配电干线： →35.5 + 3.5 + 2.5 + 1.3 × 3 + 5.2 + 0.7 = 51.3 ↓排烟风机(3 − 1.2 − 0.5) + ↓喷淋(3 − 2 − 0.3) + ↓消火栓 (3 − 2 − 0.3) + ↓生活(3 − 2 − 0.3) + ↓加压风机(3 − 1.4 − 0.5) = 4.5 消防控制柜至消防泵：→4.8 + 6.3 + ↓(3 − 2 − 0.3) × 2 = 12.5

续表

序号	项目编码	项目名称	单位	工程量	计算式
8	030411001001	电缆保护管 SC80 明敷	m	8	喷淋泵：↓（桥架高 3 m - 电机接线盒高 1 m）×4
9	030411001002	电缆保护管 SC65 明敷	m	8	消火栓泵：↓（桥架高 3 m - 电机接线盒高 1 m）×4
10	030411001002	电缆保护管 SC40 明敷	m	17.1	生活泵 1：↓1.2 + →1.4 + 0.6 + ↑1 = 4.2 生活泵 2：↓1.2 + →1.4 + 1.1 + ↑1 = 4.7 生活泵 3：↓1.2 + →1.4 + 1.5 + ↑1 = 5.1 排污泵：→1.4 + 0.9 + ↓（3 - 箱底边高 1.4 - 箱高 0.8）= 3.1
11	030411001001	钢管 SC32 暗敷	m	3.7	风机：↓1.2 + →2 + ↑0.5（风机高）
12	030411001002	电缆保护管 SC25 明敷	m	7.6	排污泵：[↓1.4 + →0.9 + ↓1.5（泵安装深度）]×2 = 7.6
13	030411001002	钢管 SC20 暗敷	m	3.7	风机：↓1.2 + →2 + ↑0.5（风机高）
14	030411001003	钢管 SC15 暗敷	m	4.7	防火阀：↑（梁底 3.5 - 1.2 - 0.8 箱高）+ →2.7 + ↓0.5（梁底 3.5 - 风管高 3）
15	030408001001	电力电缆敷设 HFTGB 3 ×70 + 1 ×35	m	48.2	喷淋泵 1：[↑（3 - 2 - 0.3）+ →3.2 + 2.2 + ↓2 + 预留（2.8 + 0.5）]×2 = 22.8 喷淋泵 2：[↑（3 - 2 - 0.3）+ →3.2 + 3.5 + ↓2 + 预留（2.8 + 0.5）]×2 = 25.4 喷淋泵电源 W106/W206：（→14.6 + 1.4 + ↓0.7 + 预留 2.8）×2 = 39
16	030408001002	电力电缆敷设 HFTGB 3 ×50 + 1 ×25	m	62.4	消火栓泵 1：[↑（3 - 2 - 0.3）+ →4.2 + 4.8 + ↓2 + 预留（2.8 + 0.5）]×2 = 30 消火栓泵 2：[↑（3 - 2 - 0.3）+ →4.2 + 6 + ↓2 + 预留（2.8 + 0.5）]×2 = 32.4 消火栓泵电源 W105/W205：（→13.5 + 1.4 + ↓0.7 + 预留 2.8）×2 = 36.8

续表

序号	项目编码	项目名称	单位	工程量	计算式
17	030408001002	电力电缆敷设 HFTGB 3×16+2×10	m	88.2	风机电源 W104/W204：(→35.5+3.5+2.5+↓1.3+预留 1.3)×2=88.2
18	030408001003	电力电缆敷设 ZR-YJV 5×16	m	40.8	生活泵电源 W103/W203：(→12.8+5.3+↓1+预留 1.3)×2=40.8
19	030408001003	电力电缆敷设 ZR-YJV 4×10	m	19.4	生活泵 1：4.2+预留(1.3+0.5)=6 生活泵 2：4.7+预留(1.3+0.5)=6.5 生活泵 3：5.1+预留(1.3+0.5)=6.9
20	030408001001	电力电缆敷设 HFTGB 5×6	m	14.9	排污泵电源：↑(3-1.2-0.8)+→2.3+7.8+0.9+↓(3-箱底边高 1.4-箱高 0.8)+预留(1.3+0.8)=14.9
21	030408001002	电力电缆敷设 SUBCAB 4×2.5	m	10.2	排污泵：[↓1.4+→0.9+↓1.5(泵安装深度)+预留(0.8+0.5)]×2=10.2
22	030411004001	管内穿线 NH-BV-16	m	24	风机：(3.7+箱预留(0.5+0.8)+风机接线盒预留 1)×4
23	030411004002	管内穿线 NH-BV-6	m	18	风机：(3.7+箱预留(0.5+0.8)+风机接线盒预留 1)×3
24	030411004003	管内穿线 NH-BV-2.5	m	14	防火阀：(4.7+箱预留(0.5+0.8)+风阀接线盒预留 1)×2
25	030408006001	电力电缆头制作安装 3×70+1×35	个	10	
26	030408006002	电力电缆头制作安装 3×50+1×25	个	10	
27	030408006003	电力电缆头制作安装 3×16+2×10	个	2	
28	030408006004	电力电缆头制作安装 5×16	个	2	

序号	项目编码	项目名称	单位	工程量	计算式
29	030408009001	防火隔板	m²	10.3	根据图纸设计要求,主用电源和备用电源共用一条桥架时,中间需用防火隔板。 桥架长 68.3m×桥架高 0.15 m = 10.3 m²
30	030408008001	防火堵洞(盘柜下)	处	10	每个配电柜两处,共 5 个配电柜需要防火堵洞
31	030406006002	低压交流异步电动机检查接线及调试 100 kW 以内	台	4	喷淋泵、消火栓泵共 4 台
32	030406006001	低压交流异步电动机检查接线及调试 30 kW 以内	台	3	生活泵 3 台
33	030406006001	低压交流异步电动机检查接线及调试 13 kW 以内	台	1	风机 1 台
34	030406006001	低压交流异步电动机检查接线 3 kW 以内	台	2	排污泵 1 台
35	030404031001	防火阀检查接线	个	1	
36	桂 030404037001	基础槽钢制作安装 10#	m	8.4	
37	030413001001	一般铁构件制作安装	kg	271	桥架 1.5 ~ 2 m 安装一个支架,68.3 m 的桥架共需约 40 个支架,每个支架重(1.2 × 2 + 0.4)× 2.422 = 6.78 支架总重:6.78 × 40 = 271 kg
38	桂 030411007001	可挠金属短管,每根长 1 m 左右	根	14	
39	031201003001	金属结构刷油,刷红丹漆两遍	kg	355	271 kg(支架重)+84 kg(槽钢重)= 355 kg
40	031201003002	金属结构刷油,刷调和漆两遍	kg	355	

工程量计算说明:

a. 根据地下一层局部动力平面图,图中的桥架、电缆、配电箱(柜)等均按图全部计算。

b. 各种设备电源的供电电缆规格可从供配电系统图中查知。

②地下一层动力配电清单计价如表8.9所示。

表8.9 地下一层动力配电清单计价表

序号	项目编码	项目名称	单位	工程量	附注
1	030404017001	消火栓泵控制柜 XHS 落地安装	台	1	
	B4-0268	消火栓泵控制柜 XHS 落地安装	台	1	
2	030404017002	喷淋泵控制柜 PL 落地安装	台	1	
	B4-0268	喷淋泵控制柜 PL 落地安装	台	1	
3	030404017003	生活泵控制柜 SHB 落地安装	台	1	
	B4-0268	生活泵控制柜 SHB 落地安装	台	1	
4	030404017001	OAT. PS 配电柜挂墙安装	台	1	
	B4-0303	成套配电箱 OAT. PS 安装	台	1	
5	030404017002	排污泵控制箱 PS1 挂墙安装	台	1	
	B4-0302	成套配电箱 PS1 安装	台	1	
6	030404017001	排烟风机控制箱 OAT PY 挂墙安装	台	1	
	B4-0303	排烟风机控制箱 OAT PY 挂墙安装	台	1	
7	030411003001	电缆桥架 300 mm×150 mm	m	68.3	
	B4-0906	电缆桥架 300 mm×150 mm 敷设	10 m	6.83	
8	030411001001	电缆保护管 SC80 明敷	m	8	
	B4-1440	电缆保护管 SC80 明敷	100 m	0.08	
9	030411001002	电缆保护管 SC65 明敷	m	8	
	B4-1439	电缆保护管 SC65 明敷	100 m	0.08	
10	030411001002	电缆保护管 SC40 明敷	m	17.1	
	B4-1437	电缆保护管 SC40 明敷	100 m	0.17	
11	030411001002	电缆保护管 SC25 明敷	m	7.6	
	B4-1435	电缆保护管 SC25 明敷	100 m	0.17	
12	030411001001	钢管 SC32 暗敷	m	3.7	
	B4-1420	电气配管 SC32 砖混凝土结构暗敷	100 m	0.04	
13	030411001002	钢管 SC20 暗敷	m	3.7	
	B4-1418	电气配管 SC20 砖混凝土结构暗敷	100 m	0.04	
14	030411001003	钢管 SC15 暗敷	m	4.7	

序号	项目编码	项目名称	单位	工程量	附注
	B4-1417	电气配管 SC15 砖混凝土结构暗敷	100 m	0.05	
15	030408001001	电力电缆敷设 HFTGB 3×70+1×35	m	48.2	
	B4-0995	电力电缆敷设 HFTGB 3×70+1×35	100 m	0.48	
16	030408001002	电力电缆敷设 HFTGB 3×50+1×25	m	62.4	
	B4-0995	电力电缆敷设 HFTGB 3×50+1×25	100 m	0.62	
17	030408001002	电力电缆敷设 HFTGB 3×16+2×10	m	88.2	乘以系数 1.3
	B4-0993	电力电缆敷设 HFTGB 3×16+2×10	100 m	0.88	
18	030408001003	电力电缆敷设 ZR-YJV 5×16	m	40.8	乘以系数 1.3
	B4-0993	电力电缆敷设 ZR-YJV 5×16	100 m	0.41	
19	030408001003	电力电缆敷设 ZR-YJV 4×10	m	19.4	
	B4-0992	电力电缆敷设 ZR-YJV 4×10	100 m	0.19	
20	030408001001	电力电缆敷设 HFTGB 5×6	m	14.9	
	B4-0992	电力电缆敷设 HFTGB 5×6	100 m	0.15	
21	030408001002	电力电缆敷设 SUBCAB 4×2.5	m	10.2	
	B4-0992	电力电缆敷设 SUBCAB 4×2.5	100 m	0.10	
22	030411004001	管内穿线 NH-BV-16	m	24	
	B4-1586	管内穿线 NH-BV-16	100 m	0.24	
23	030411004002	管内穿线 NH-BV-6	m	18	
	B4-1584	管内穿动力线 NH-BV-6	100 m	0.18	
24	030411004003	管内穿线 NH-BV-2.5	m	14	
	B4-1582	管内穿动力线 NH-BV-2.5	100 m	0.14	

续表

序号	项目编码	项目名称	单位	工程量	附注
25	030408006001	电力电缆头制作安装 3×70 + 1×35 干包式	个	10	
	B4-1050	电力电缆头制作安装 3×70 + 1×35 干包式	个	10	
26	030408006002	电力电缆头制作安装 3×50 + 1×25 干包式	个	10	
	B4-1050	电力电缆头制作安装 3×50 + 1×25 干包式	个	10	
27	030408006003	电力电缆头制作安装 3×16 + 2×10 干包式	个	2	
	B4-1048	电力电缆头制作安装 3×16 + 2×10 干包式	个	2	乘以系数1.3
28	030408006004	电力电缆头制作安装 5×16 干包式	个	2	
	B4-1048	电力电缆头制作安装 5×16 干包式	个	2	乘以系数1.3
29	030408009001	防火隔板	m^2	10.3	
	B4-0963	防火隔板	m^2	10.3	
30	030408008001	防火堵洞(盘柜下)	处	10	
	B4-0960	防火堵洞(盘柜下)	处	10	
31	030406006002	低压交流异步电动机检查接线及调试 100 kW 以内	台	4	
	B4-0590	低压交流异步电动机检查接线 100 kW 以内	台	4	
	B4-0657	低压交流异步电动机调试(电磁控制)	台	4	
32	030406006001	低压交流异步电动机检查接线及调试 30 kW 以内	台	3	
	B4-0588	低压交流异步电动机检查接线 30 kW 以内	台	3	

序号	项目编码	项目名称	单位	工程量	附注
	B4-0657	低压交流异步电动机调试（电磁控制）	台	3	
33	030406006001	低压交流异步电动机检查接线及调试 13 kW 以内	台	1	
	B4-0588	低压交流异步电动机检查接线 13 kW 以内	台	1	
	B4-0657	低压交流异步电动机调试（电磁控制）	台	1	
34	030406006001	低压交流异步电动机检查接线 3 kW 以内	台	2	
	B4-0587	低压交流异步电动机检查接线 3 kW 以内	台	2	
35	030404031001	防火阀检查接线	个	1	
	B4-0367	一般小型电器检查接线	台	1	
36	桂 030404037001	基础槽钢制作安装 10#	m	8.4	
	B4-0485	基础槽钢制作安装 10#	10 m	8.4	
37	030413001001	一般铁构件制作安装	kg	271	
	B4-2001	一般铁构件制作安装	100 kg	2.71	
38	桂 030411007001	可挠金属短管，每根长 1 m 左右	根	14	
	B4-1511	金属软管敷设，每根长 1 m 左右	10 根	1.4	
39	031201003001	金属结构刷油，刷红丹漆两遍	kg	355	
	B11-0117	一般钢结构刷红丹漆第一遍	100 kg	3.55	
	B11-0118	一般钢结构刷红丹漆第二遍	100 kg	3.55	
40	031201003002	金属结构刷油，刷调和漆两遍	kg	355	
	B11-0126	一般钢结构刷调和漆第一遍	100 kg	3.55	
	B11-0127	一般钢结构刷调和漆第二遍	100 kg	3.55	

项目 9
火灾自动报警系统

火灾自动报警系统的组成及工作原理比较复杂和抽象,初学者拿到一套图纸往往不知所措,不知从何下手。本项目通过一个实际的总线制工程案例讲解消防报警系统的难点知识,并按照2013《建设工程工程量计算规范广西壮族自治区实施细则》(以下简称"广西细则")的规定,结合《广西壮族自治区安装工程消耗量定额》(2015版)(以下简称"定额"),一步步讲解消防自动报警系统的工程量清单的编制及计价过程。本项目分3个任务讲解,具体任务如下:

序号	任务名称	备注
任务9.1	消防自动报警设备和元器件识图、列项与算量计价	以一栋3层楼(含地下一层)的消防自动报警系统作为案例讲解识图、列项、算量计价
任务9.2	消防自动报警管线识图、列项与算量计价	
任务9.3	消防自动报警系统调试列项与算量	

任务9.1 消防自动报警设备和元器件识图、列项与算量计价

本任务以某住宅楼消防自动报警系统施工图(见图9.1~9.5)为载体,讲解消防自动报警系统设备和元器件识图、列项、工程量计算的方法。具体的任务描述如下:

任务名称	消防自动报警设备和元器件识图、列项与算量计价	学时数(节)	4
教学环境	工程造价理实一体化实训室、造价工作室	授课对象	高职工程管理类专业二年级学生
项目载体	某住宅楼消防自动报警系统		
教学目标	知识目标:熟悉消防自动报警系统设备和元器件工程量清单、消耗量定额相关知识;熟悉工程量计算规则与方法。 能力目标:能依据施工图编制消防报警设备和元器件工程量清单及清单计价表。 素质目标:培养科学严谨的职业态度,以及精益求精、勤勉尽职、团结协作的职业精神。		

应知应会	一、学生应知的知识点: 1.消防自动报警系统的组成。 2.消防自动报警系统的常用设备和元器件。 3.常用的消防模块。 4.消防自动报警设备和元器件敷设工程量清单计价注意事项。 二、学生应会的技能点: 1.能编制消防自动报警设备和元器件工程量清单。 2.能对消防自动报警设备和元器件进行清单计价。
重点、难点	教学重点:工程量清单项目的编制及定额套价。 教学难点:消防模块的列项与计价。
教学方法	1.项目教学法;2.任务驱动法;3.线上线下混合教学法;4.小组讨论法
教学实施	1.任务资讯:学生完成该学习任务需要掌握的相关知识或需要查阅的信息。 2.任务分析:教师布置任务,通过项目教学法引导学生完成消防自动报警系统施工图的识读。 3.任务实施:教师引导学生以小组学习的方式完成学习任务,要求学生在课前预习,线上完成微课、动画及PPT等教学资源的观看,线下由教师引导学生按照学习任务的要求掌握消防自动报警系统的识图、列项、算量与计价等基本技能。
考核评价	1.云平台线上提问考核。 2.课堂完成给定案例、成果展示,实行自评及小组互评。 3.课程累计评价、多方评价,综合评定成绩。

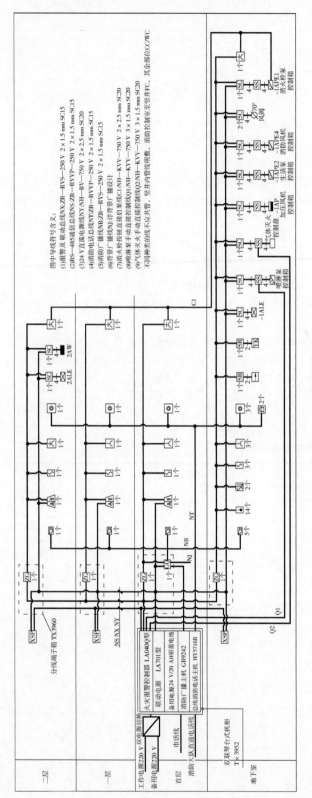

图9.1 消防报警系统图

图中导线符号含义:
(1)报警反馈联动总线NX:ZR—RVS—250 V 2×1.5 mm SC15
(2)RS—485通信总线NS:ZR—RVVP—250 V 2×1.5 mm SC15
(3)24 V直流电源线NY:NH—BV—750 V 2×2.5 mm SC20
(4)消防电话总线NT:ZR—RVVP—250 V 2×1.5 mm SC15
(5)消防广播线NB:ZR—RVV—250 V 2×1.5 mm SC15
(6)背景广播线NJ:详背景广播J"播设计
(7)背景广播线NJ:详背景J"播
(8)消火栓按钮直接接信号线C1:NH—KVV—750 V 3×1.5 mm SC20
(9)气体灭火手动直接控制线Q2:NH—KVV—750 V 3×1.5 mm SC20

不同种类的线不应共用其管。竖井内管线明敷,消防的控制室至顶层暗设FC,其余部位CC/WC

主要材料表

序号	图例	名称	型号与规格	单位	数量	安装方式	备注
1		火灾报警控制器	JB-Q100GZ2L-LA040Q	台	1	琴台式,落地安装	参照"泰和安"产品。
2	ZG	总线隔离器	LA1726	个		竖井分线箱内	按现场实际数量
3	六	编码型消火栓按钮	TX3150	个		壁装,距地1.5 m	按现场实际数量
4	八	编码型手动报警按钮	J-SJP-M-LA1705	个		壁装,距地1.5 m	按现场实际数量
5	回	壁装扬声器箱	TX3354	个		壁装,距地2.5 m	按现场实际数量
6	回	消防电话分机	HY5716B	个		壁装,距地1.5 m	按现场实际数量
7	Ag	声光报警器	TX3300	个		壁装,距地2.5 m	按现场实际数量
8	◎	总线制消防电话插孔	HY5714B	个		吸顶安装	按现场实际数量
9	⊙	编码型光电感烟探测器	JTY-GM-LA1550	个		吸顶安装	按现场实际数量
10	●	编码型感温探测器	JTY-ZDM-LA1400	个			

序号	图例	名称	型号与规格	单位	数量	安装方式	备注
11		感烟、感温一体探测器		个		吸顶武墙上	按现场实际数量
12	SR	单输入模块	SAN1710	个		箱内或端上	按现场实际数量
13	SC	单输入、单输出控制模块	SAN1800	个		箱内	按现场实际数量
14	GQ	总线消防广播模块	TX3213	个	1	首层竖井分线箱内	
15	SS	总线切换模块	LA1915	个	6	箱内	
16	→	启停转换器		个	1	箱内	
17	YK	水流指示器					
18	XSP	压力开关					
19		火灾显示盘	LA400		1	壁装,距地2.5 m	
20	□	分线端子箱	TX3960			竖井约1.5 m明装	
21	▨	双电源切换箱				详电气施工图	

图9.2 消防报警主要材料表

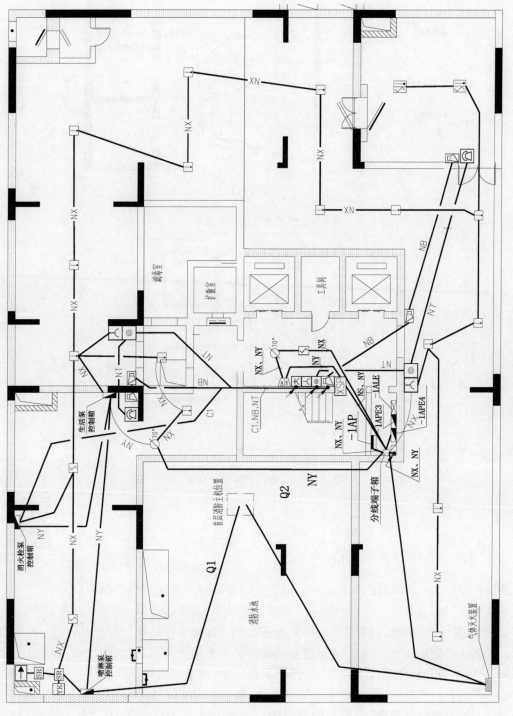

图9.3　地下室消防报警平面图

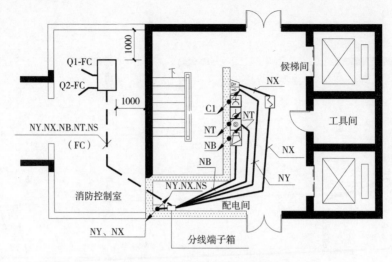

图 9.4　首层消防报警平面图

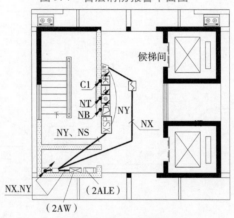

注：2AW、2ALE 只在 2 层有

图 9.5　一、二层消防报警平面图

➤ 任务资讯

消防自动报
警系统组成

9.1.1　消防自动报警系统组成

消防报警系统的组成如图 9.6 所示。报警控制器是整个消防报警系统的"中心"，它接受各种触发开关(如火灾探测器、手动报警按钮、水流指示器、压力开关等)传回火情信号，显示火情位置，甄别、判断是否真的发生了火情。如果火情属实，则发出信号指令，驱使相应的消防设备做出动作，比如声光报警器发出尖利的警报声，伴以闪烁的红灯；非消防电源被切断，消防照明开启；常闭排烟阀打开，排烟风机启动；喷淋泵启动供水灭火；非消防电梯迫降首层；同时，各门禁系统被强制打开，消防应急广播按一定的顺序向各楼层报告火情，指挥人群疏散。在整个消防过程中，报警控制器对所有信号及指令均作记录、存储甚至打印，留底备查。

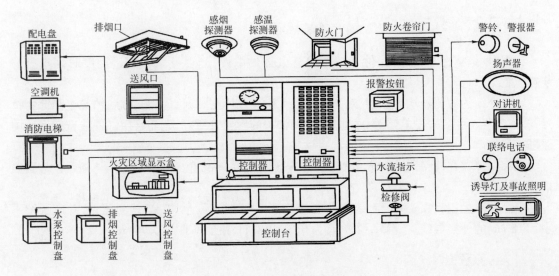

图 9.6　消防自动报警系统组成

9.1.2　消防自动报警系统的常用设备

火灾探测器

火灾探测器和火灾报警控制器是火灾自动报警系统最常用的设备。

1）火灾探测器的类型

火灾探测器的类型有感烟型、感温型、感光型、可燃气体探测式和复合式等（见图 9.7）。离子式感烟探测器是目前应用最多的一种火灾探测器。

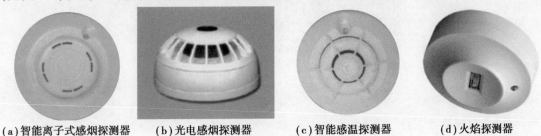

（a）智能离子式感烟探测器　（b）光电感烟探测器　（c）智能感温探测器　（d）火焰探测器

图 9.7　火灾探测器

（1）感烟火灾探测器

感烟火灾探测器的特点是发现火情早、灵敏度高、响应速度快、不受外面环境光和热的影响及干扰,使用寿命长,构造简单,价格低廉等。凡是要求火灾损失小的重要地点,类似在火灾初期有阴燃阶段及产生大量的烟和小量的热,很少或没有火焰辐射的火灾,如棉、麻植物的引燃等,都适于选用。

（2）感温火灾探测器

一种对警戒范围内的温度进行监测的探测器,特别适用于经常存在大量粉尘、烟雾、水蒸汽的场所及相对湿度经常高于 95% 的房间（如厨房、锅炉房、发电机房、烘干车间和吸烟室等）,但不适用于有可能产生阴燃火的场所。

（3）感光（火焰）火灾探测器

感光火灾探测器不受气流扰动的影响,是一种可以在室外使用的火灾探测器,可以对火焰辐射出的红外线、紫外线、可见光予以响应。

(4)可燃气体探测器

利用对可燃气体敏感的元件来探测可燃气体的浓度,当可燃气体超过限度时则报警的装置。

以上介绍的探测器均为点型,对于无遮挡大空间的库房、飞机库、纪念馆、档案馆和博物馆等;隧道工程,变电站、发电站等,古建筑、文物保护的厅堂管所等,则需采用红外线型感烟探测器进行保护。

火灾探测器在即将调试时方可安装,在安装前应妥善保管,并应采取防尘、防潮、防腐蚀措施。

点型一般采用吸顶安装、壁装,安装时应注意" + "线为红色," – "线为蓝色,并应预留不小于 15 cm 的外接导线。线型距顶棚宜为 0.3 ~ 1.0 m,距地不宜超过 20 m。

2)火灾报警控制器

火灾报警控制器是火灾自动报警系统的重要组成部分(见图 9.8)。在火灾自动报警控制系统中,火灾探测器是系统的感测部分,随时监视探测区域的情况,而火灾报警控制器则是系统的核心。

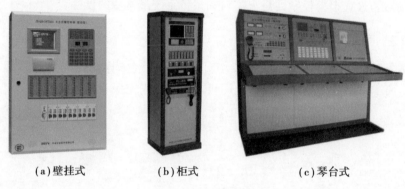

(a)壁挂式   (b)柜式   (c)琴台式

图 9.8　火灾报警控制器

(1)火灾报警控制器功能

向火灾探测器提供高稳定度的直流电源;监视连接各火灾探测器的传输导线有无故障;能接受火灾探测器发出的火灾报警信号,迅速正确地进行控制转换和处理,并以声、光等形式指示火灾发生位置,进而发送消防设备的启动控制信号。

(2)火灾报警控制器类型

火灾报警控制器类型有区域火灾报警控制器(直接连接火灾探测器,处理各种报警信息)、集中火灾报警控制器(一般与区域火灾报警控制器相连)、通用火灾报警控制器(兼有区域、集中两级火灾报警控制器的双重特点)。

(3)安装方式

安装方式有壁挂式(底边距楼地面 1.5 m)、台式(底边高出地坪 0.1 ~ 0.2 m)、柜式(底边高出地坪 0.1 ~ 0.2 m)。

控制器的主电源线应直接与消防电源连接,严禁使用插头。电缆和导线应留有 20 cm 余量。

3)火灾报警器

(1)水流指示器及水力报警器

消火栓报警
按钮

①水流指示器[见图9.9(a)]一般装在配水干管上,作为分区报警。它靠管内压力水流动的推力推动水流指示器的桨片,带动操作杆使内部延时电路接通,2~3 s后使微型继电器动作,输出电信号供报警及控制用。

②水力报警器[见图9.9(b)]包括水力警铃及压力开关。水力警铃装在湿式报警阀的延迟器后,当系统侧排水口放水后,利用水力驱动警铃,使之发出报警声。压力开关是一种简单的压力控制装置,当被测压力达到额定值时,压力开关可发出警报或控制信号。

(2)消火栓按钮及手动报警按钮

手动报警
按钮

①消火栓按钮[见图9.9(c)]是消火栓灭火系统中的主要报警元件。按钮内部有一组常开触点、一组常闭触点及一只指示灯,按钮表面为薄玻璃或半硬塑料片。火灾时打碎按钮表面玻璃或用力压下塑料面,按钮即可动作。

②手动报警按钮[见图9.9(d)]的功能是与火灾报警控制器相连,用于手动报警。

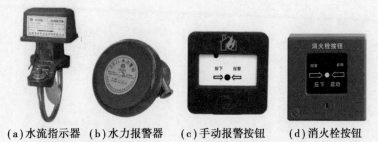

(a)水流指示器　(b)水力报警器　(c)手动报警按钮　(d)消火栓按钮

图9.9　火灾报警器

4)常用的消防模块

总线制的工作基础是数字电路(最底层是电脉冲),而消防系统最末端的一部分设备和元件还无法数字化,如水流指示器、压力开关的动作就还是模拟开关信号,如果直接接入总线,将引起总线短路,解决的办法就是在模拟开关和数字总线间加一个称为"模块"的元件——模块把开关信号转换成数字信号,并通过总线传送给报警控制器,或者模块把报警控制器发出的指令转送给消防设备,使之产生动作,如广播切换、风阀开闭、非消防电源脱扣等。因此,模块的作用是:一是信号转换;二是控制消防设备。模块分为3种(见图9.10、图9.11):

①输入模块:配接于探测器与总线之间,用于传递火灾信号,如水流指示器模块、压力开关模块等。

②输出模块:配接于消防联动设备与总线之间,用于控制消防设备的开闭,如非消防电源脱扣模块、风机启停模块。

定额将控制模块分为"单输出"和"多输出",多输出应用于多动作的设备,如二步降防卷帘门、双速水泵、双速风机等。

③输入输出模块(见图9.12):在一个模块中同时具有输入和输出作用的模块,如防排烟阀模块,在输出指令使阀门动作后,还需从阀门获取一个反馈信号确认动作已发生(即"输入")。

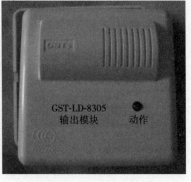
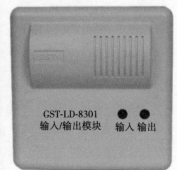

图9.10 常用的消防模块

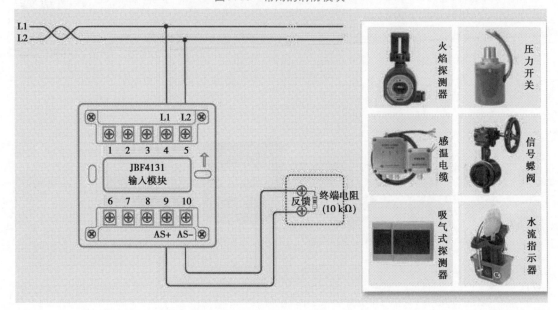

图9.11 输入模块接线示意图

5)短路隔离器

总线回路中,一旦某一点发生短路,整个总线及报警控制器将无法正常工作。为了避免报警控制器陷入瘫痪,总线上每一个支路的起点处都要装设一个短路隔离器。所谓短路隔离器,是一种特殊的模块,当支路发生短路故障时,隔离器内部的继电器吸合,将隔离器所连接的支路完全断开(并向报警控制器发出故障信号),从而保证总线上其他支路器件的正常工作。图9.13为短路隔离器的接线示意图。

6)消防广播

消防广播系统也称为应急广播系统,是火灾逃生疏散和灭火指挥的重要设备,在整个消防控制管理系统中起着极其重要作用。在火灾发生时,应急广播信号通过音源设备发出,经过功率放大后,由广播切换模块切换到广播指定区域的音箱实现应急广播。一般的广播系统主要由主机端设备、音源设备、广播功率放大器、消防广播模块及音箱等构成。

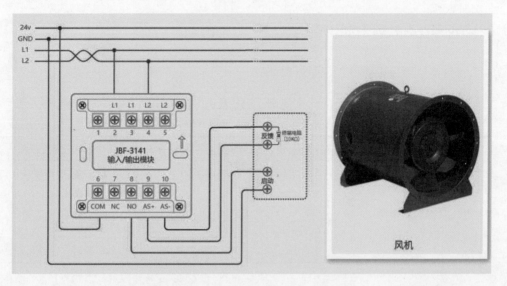

图 9.12　输入输出模块接线示意图

图 9.13　短路隔离器接线示意图

7)消防电话

　　消防电话系统是消防通信的专用设备,当发生火灾报警时,它可以提供方便快捷的通信手段,是消防控制及其报警系统中不可缺少的通信设备。消防电话系统有专用的通信线路,现场人员可以通过现场设置的固定电话与消防控制室进行通话,也可以用便携式电话插入电话插孔与控制室直接进行通话(见图 9.14)。

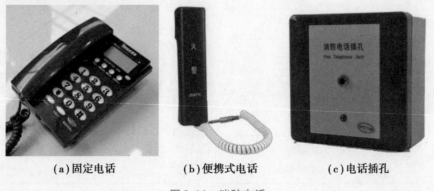

(a)固定电话　　　　(b)便携式电话　　　　(c)电话插孔

图 9.14　消防电话

9.1.3 消防自动报警设备和元器件工程量清单项目

1)工程量清单项目设置及工程量计算规则

工程量清单项目设置及工程量计算规则,应按表9.1的规定执行。

表9.1 消防自动报警设备和元器件安装清单项目

项目编码	项目名称	项目特征	计量单位	工程量计算规则	工程内容
030904001	点型探测器	1.名称 2.规格 3.线制 4.类型	个	按设计图示数量计算	1.底盒、底座安装 2.本体安装 3.校接线 4.编码 5.调试
030904002	线型探测器	1.名称 2.规格 3.安装方式	m	按设计图示长度计算	1.本体安装 2.校接线 3.编码 4.调试
030904003	按钮	1.名称 2.规格	个	按设计图示数量计算	1.底盒、底座安装 2.本体安装 3.校接线 4.编码 5.调试
030904004	消防警铃				
030904005	声光报警器				
030904006	消防报警插孔(电话)	1.名称 2.规格 3.安装方式	个 (部)		
030904007	消防广播(扬声器)	1.名称 2.功率 3.安装方式	个		
030904008	模块(模块箱)	1.名称 2.规格 3.类型 4.输出形式	个(台)		1.底盒、底座安装 2.本体安装 3.校接线 4.编码 5.调试
030904009	区域报警控制箱	1.多线制 2.总线制 3.安装方式 4.控制点数量	台	按设计图示数量计算	1.本体安装 2.校接线、摇测绝缘 3.电阻 4.排线、绑扎、导线 5.标识 6.安装 7.调试
030904010	联动控制箱				
030904011	远程控制箱(柜)	1.规格 2.控制回路			

续表

项目编码	项目名称	项目特征	计量单位	工程量计算规则	工程内容
030904012	火灾报警系统控制主机	1. 规格、线制 2. 控制回路 3. 安装方式	台	按设计图示数量计算	1. 安装 2. 校接线 3. 调试
030904013	联动控制主机				
030904014	消防广播及对讲电话主机(柜)				1. 广播控制柜安装 2. 电话交换机安装 3. 功放、录音机、分配器安装 4. 校接线 5. 调试
030904015	火灾报警控制微机(CRT)	1. 规格 2. 安装方式			1. 安装 2. 调试
030904016	备用电源及电池主机(柜)	1. 名称 2. 容量 3. 安装方式	套		
030904017	报警联动一体机	1. 规格、线制 2. 控制回路 3. 安装方式	台		1. 安装 2. 校接线 3. 调试
桂 030904018	型号转换装置	1. 名称 2. 规格 3. 安装方式	台	按设计图示数量计算	1. 本体安装 2. 校接线 3. 编码 4. 测试
桂 030904019	报警终端电阻		个		
桂 030904020	重复显示器	1. 名称 2. 规格 3. 安装方式	台	按设计图示数量计算	1. 本体安装 2. 校接线 3. 编码 4. 接地 5. 测试

注:1. 消防报警系统配管、配线、接线盒均应按本册附录 D 电气设备安装工程相关项目编码列项。

2. 点型探测器包括火焰、烟感、温感、红外光束、可燃气体探测器等。

2)清单列项与计价注意事项

(1)消防主机

大型的报警系统中,报警联动控制器、备用电源、消防广播主机、消防电话主机分别安装在不同的机柜里,因此 2013 清单规范将它们分列不同项目。从施工图上看,本工程消防主机采用报警联动一体控制器,并且将控制器、备用电源、广播主机和电话主机成套安装在一个机柜里(实际工程中,中小型消防报警系统大多采用这种集成配套形式,安装较为紧凑)。2013清单规范未考虑到这种集成的情况,没有设置相应的清单项目,列项时可采用报警联动一体机项目,对应的定额也套用报警联动一体机子目,并把机柜、控制器、备用电源、广播主机、电话主机的价格汇入一体机主材中。

图中未标明使用CRT彩色显示器,故不列项。

(2)短路隔离器

短路隔离器本质上是一个模块,因此套模块清单项目。其作用是隔离故障支路并向报警控制器传回信号,按定额规定应套单输入模块。

(3)火灾显示盘

2013清单规范缺项,套用细则补充清单,配定额"重复显示器"。

(4)感烟感温一体探测器

定额不区分感烟、感温和一体探测器,统一于"点型探测器"子目,但由于3种探测器主材价不一样,所以应分别列项。

(5)消防电话插孔

不同厂家对电话插孔处理不一样,如"海湾"牌子,电话插孔是集成在手动报警按钮上的,因此套手动报警按钮定额后,就不能再套电话插孔;本工程消防电话插孔是单独设置的,需单独列项。

(6)消防系统中常用模块

①感温、感烟、感光探测器,手动报警按钮,楼层显示器、声光报警器、消防电话,无需模块,直接与信号总线连接。

②单输入模块,常用于水流指示器、压力开关、信号蝶阀。

③单输入单输出模块,常用于排烟阀、送风阀、防火阀、非消防电源脱扣、消防广播切换。

④双输入双输出模块,常用于二步降防火卷帘门、双速水泵、双速风机等双动作设备。

⑤水流指示器和压力开关,这两个元件的安装应列入消防水工程的造价范围,但它们的检查接线以及与它们相连的模块计入消防报警系统。

⑥启停转换模块不占编码地址,其原理是将输入的单触点开关信号转换成启动和停止两个脉冲信号输出,本质上属多输出模块。

⑦按定额规定,电话、广播切换模块套单输入模块子目。

➤ 任务分析

9.1.4 设备和元器件识图

从系统图上看到,组成消防自动报警系统的设备和元器件有消防报警主机、分线箱、总线隔离器、火灾显示盘、声光报警器、感烟探测器、感温探测器、感烟感温一体探测器、手动报警按钮、消火栓启动按钮、消防电话插孔、消防电话分机、壁装式消防扬声器、消防广播切换模块、单输入模块、单输入单输出模块、启停转换模块。

上述的设备和元器件,无论是否理解其工作原理,都可以而且必须按清单和定额的子目列项,工程量计算也没有太大难度,按图示个数即可。

➤ 任务实施

9.1.5　设备和元件清单列项和算量计价

综上所述,结合系统图,设备及元器件列项如表9.2所示。

表9.2　设备及元器件清单列项

序号	清单编码	项目名称及描述	单位	工程量	备注
1	030904017001	火灾报警联动一体机,型号 JB-Q100GZ2L-LA040Q,琴台式,一回路。含机柜、电源 LA701,含广播、电话主机	台	1	
	B5-1363	火灾报警联动一体机,落地式 256 点以下	台	1	
2	030411005001	分线箱 TX3960	个	4	每层各 1
		分线箱		4	
3	030904008001	总线隔离器 LA1726	只	4	每层各 1
	B5-1329	单输入模块	个	4	
4	桂 030904020001	火灾显示盘 LA400	台	3	一、二层、地下室各 1
	B5-1347	重复显示器	台	3	
5	030904005001	声光报警器 TX3300	台	3	首、一、二层各 1
	B5-1318	声光报警器	台	3	
6	030904001001	感烟探测器 JTY-GM-LA1550	只	7	首、一、二层各 1,地下 4
	B5-1308	感烟探测器	个	7	
7	030904001002	感温探测器 JTY-ZDM-LA1400	只	14	地下室
	B5-1308	感温探测器	个	14	
8	030904001003	感烟感温一体探测器	只	2	地下室
	B5-1308	感烟感温一体探测器	个	2	
9	030904003001	手动报警按钮 J-SJP-M-LA1705	只	6	首、一、二层各 1,地下 3
	B5-1315	火灾报警按钮	个	6	
10	030904003002	消火栓启动按钮 TX3150	只	4	每层各 1
	B5-1316	消火栓启动按钮	个	4	
11	030904006001	消防电话插孔 HY5714B	只	6	首、一、二层各 1,地下 3
	B5-1325	电话插孔	个	6	
12	030904006002	消防电话分机 HY5716B	部	2	地下室
	B5-1324	电话分机	个	2	

续表

序号	清单编码	项目名称及描述	单位	工程量	备注
13	030904007001	壁装式扬声器 TX3354	只	8	首、一、二层各1,地下5
	B5-1327	壁装式扬声器	个	8	
14	030904008002	消防广播切换模块 TX3213	只	1	首层
	B5-1329	单输入模块	个	1	
15	030904008003	单输入模块 SAN1710	只	2	水流指示器和压力开关
	B5-1329	单输入模块	个	2	
16	030904008004	单输入单输出模块 SAN1800	只	11	二层2,地下室9
	B5-1333	单输入单输出模块	个	11	
17	030904008005	启停转换模块 LA1915	只	6	地下室
	B5-1332	多输出模块	个	6	

任务9.2 消防自动报警管线识图、列项与算量计价

本任务以某住宅楼消防自动报警系统施工图为载体,讲解消防自动报警系统管线识图、列项与工程量计算的方法。具体的任务描述如下:

任务名称	消防自动报警管线识图、列项与算量计价	学时数(节)	4
教学环境	工程造价理实一体化实训室、造价工作室	授课对象	高职工程管理类专业二年级学生
项目载体	某住宅楼消防自动报警系统		
教学目标	知识目标:熟悉消防自动报警系统管线工程量清单、消耗量定额相关知识;熟悉工程量计算规则与方法。 能力目标:能依据施工图编制消防报警管线工程量清单及清单计价表。 素质目标:培养科学严谨的职业态度,以及精益求精、勤勉尽职、团结协作的职业精神。		
应知应会	一、学生应知的知识点: 1.消防报警系统的组成。 2.消防自动报警系统常用的管线。 3.消防自动报警系统管线敷设工程量清单计价注意事项。 二、学生应会的技能点: 1.能编制消防自动报警系统管线工程量清单。 2.能对系统管线进行清单计价。		

续表

重点、难点	教学重点:工程量清单项目的编制及定额套价。 教学难点:管线工程量的计算。
教学方法	1.项目教学法;2.任务驱动法;3.线上线下混合教学法;4.小组讨论法
教学实施	1.任务资讯:学生完成该学习任务需要掌握的相关知识或需要查阅的信息。 2.任务分析:教师布置任务,通过项目教学法引导学生完成消防自动报警系统施工图的识读。 3.任务实施:教师引导学生以小组学习的方式完成学习任务,要求学生在课前预习,线上完成微课、动画及 PPT 等教学资源的观看,线下由教师引导学生按照学习任务的要求掌握消防自动报警系统管线的识图、列项、算量与计价等基本技能。
考核评价	1.云平台线上提问考核。 2.课堂完成给定案例、成果展示,实行自评及小组互评。 3.课程累计评价、多方评价,综合评定成绩。

➢ 任务资讯

9.2.1　消防自动报警系统管线

1)多线制和总线制

多线制及总线制,是指消防系统元件之间的接线及联络方式。早期的消防产品,每个探测器(或触发开关)都需要一个回路与报警控制器相连,报警控制器靠回路电流(或指示灯)来判断哪个探测器发生动作;同样,每一个消防设备也需要一个回路与联动控制器相连,这就是俗称的"多线制"。随着现场总线技术的发展,现在多个探测器或联动设备可以共用一个回路,报警控制器靠电路脉冲来判断哪个探测器或设备发生动作,这就是所谓的"总线制"。多线制和总线制的接线区别示意图如图 9.15 所示。

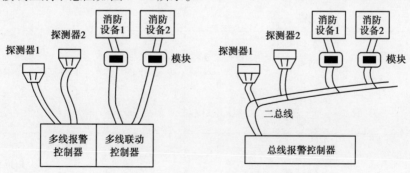

图 9.15　多线制与总线制的区别

总线制使系统的连接导线大大减少,给安装、使用带来极大方便,更重要的是,可以通过逻辑编程,将触发信号与驱动设备的指令联系起来,实现各种条件下的"自动"灭火,如:《火灾自动报警系统设计规范》(GB 50116—2008)规定,湿式自动喷水灭火系统在自动控制模式下,应由湿式报警阀压力开关的动作信号作为系统的触发信号,由控制器联动控制喷淋泵的启动。

总线制下,各器件需要进行编码,报警控制器依靠编码对器件进行识别。

规范规定,消防水泵、防烟和排烟风机的控制设备除采用自动控制方式外,还应在消防控制室设置人工直接控制装置实现手动控制,因此总线制报警控制器依然保留了几路多线回路,称"多线盘"。

目前,越来越多的消防报警产品采用总线制来传递信号和指令,理解了总线制,就理解了系统的工作原理和元器件间的接线原理。

2)常用的导线

①RVS(铜芯双绞线)——常用于消防报警信号线以及消防广播线;
②BV(铜芯线)——常用于消防电源线;
③BVVR(铜芯护套线)——常用于消防设备电源线;
④KVV(控制电缆)——常用于消防启泵控制线;
⑤KVVP(带屏蔽的控制电缆)——常用于消防启泵控制线;
⑥ZR–RVVP(阻燃带屏蔽铜芯软线)——常用于消防电话线。

9.2.2 消防自动报警系统工程量清单项目

工程量清单项目设置及工程量计算规则,应按表9.3的规定执行。

表9.3 配管配线工程量清单项目

项目编码	项目名称	项目特征	计量单位	工程量计算规则	工程内容
030411001	配管	1.名称 2.材质 3.规格 4.配置形式	m	按设计图示尺寸以长度计算	1.电线管路敷设 2.接地
030411002	线槽	1.名称 2.材质 3.规格	m	按设计图示尺寸以长度计算	1.本体安装 2.补刷(喷)油漆 3.接地
030411003	桥架	1.名称 2.型号 3.规格 4.材质 5.类型	m	按设计图示尺寸以长度计算	1.本体安装 2.接地
030411004	配线	1.名称 2.配线形式 3.型号 4.规格 5.材质	m	按设计图示尺寸以单线长度计算(含预留长度)	1.配线 2.支持体(夹板、绝缘子、槽板等)安装

项目编码	项目名称	项目特征	计量单位	工程量计算规则	工程内容
030411005	接线箱	1.名称 2.材质 3.规格 4.安装形式	个	按设计图示数量计算	1.本体安装 2.接线
030411006	接线盒	1.名称 2.材质 3.规格 4.安装形式	个	按设计图示数量计算	1.本体安装 2.接线

➤ 任务分析

9.2.3　消防自动报警系统识图

1)施工图设计简要说明

本任务选取一个 3 层小楼(含地下一层)的总线制消防系统作为讲解案例,整个系统图量不大,但系统组成较为典型。

地下室层高 4.5 m,首层及一、二层层高均为 3.0 m,消防系统线路均穿 KBG15 薄壁钢管在墙内或楼板内暗敷。

设计简要说明:

①火灾报警控制及联动控制采用一体机(简称"报警控制器"),总线消防电话主机、消防广播主机及联动电源、备用电源等设于同一个箱体内(详见产品安装说明)。

②所有探测器均为吸顶安装,具体做法详见产品安装说明,各探测器应与灯具协调安装,其具体位置应根据现场情况作适当调整。

③广播扬声器为离地(楼)面 2.5 m 挂墙明装,有吊顶的场所则采用嵌入式安装。

④手动报警按钮距地(楼)面 1.5 m 明装;消防电话分机距地(楼)面 1.5 m 明装。

⑤总线隔离器装于端子接线箱内。

⑥各种模块装于所控制的配电箱内或距地 2.2 m 靠墙明装。

⑦在平面图中未标出消防联动设备的相应联动模块,详见图 9.1 火灾报警系统图。

2)识图重点、难点

系统图中各元件间的联线并不表示实际的接线,而是表示某个元件需要连接什么线,实际的接线往往采用"就近引线原则"。图 9.16 为系统图中的一层部分。

图 9.16 从左向右看,火灾显示盘需要接 NS 和 NY 线,声光报警器需要接 NX 和 NY 线,感烟探测器和手动报警按钮只需接 NX 线即可,而消火栓按钮则需接 NX 线和 C1 线,消防广播只需接 NB 线,电话插孔只需接 NT 线。结合图 9.17 一层平面图,应该这样理解:

①NX 线(信号总线)从分线箱出来后,首先引到感烟探测器,而后引到声光报警器(因为

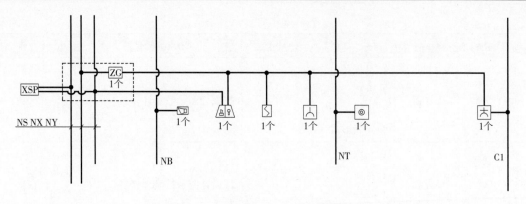

图9.16 系统图一层接线示意图

声光报警器需要NX线,而紧挨着声光报警器的消火栓按钮和手动报警按钮也需要接NX线,只是图例太密,表达不出来)。

②NS线只有分线箱到火灾显示盘一段,注意不要漏了垂直段(图上表达不出来)。

③NY线从分线箱引到火灾显示盘后,又引到声光报警器。

④NB线、NT线和C1线是垂直穿墙敷设的,分别只接扬声器、电话插孔及消火栓按钮,在平面图上没有长度。

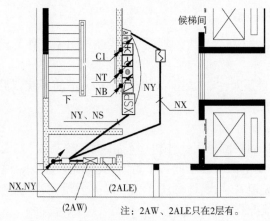

注:2AW、2ALE只在2层有。

图9.17 一层平面图

有了上面的理解,就可以按规格逐段列出消防系统的用线,需要注意的是:

①从型号确定导线的种类:KVV是控制电缆,RVS是铜芯双绞软线,RVVP是屏蔽型塑料护套线,BV是塑料铜芯线。BV-2×2.5线须按单芯工程量乘于2,因其供货状态就是单芯的,其余线不能乘芯数,因为供货状态就是多芯的。

②2013清单规范与2008清单规范有显著的不同,其中之一就是2013清单规范的工程量不再是"净尺寸",要计算预留量。

> **任务实施**

9.2.4 管线工程量计算

计算导线工程量时需要注意,各种消防器件(报警控制器,还有探测器、按钮、模块、警报器等)定额虽包含校线、接线和本体调试,但不包含接线预留,因此所有消防器件接线处的导线预留均应加到导线的工程量中。

导线工程量 = 管内或线槽内导线长度 + 预留长度(进箱 + 进盒)

探测器、按钮、模块、警报器等的预留长度见表9.4,接线箱按半周长计算。

表9.4 消防器件预留长度表

序号	项 目	预留长度
1	电视、电话、信息插座	0.2 m
2	探测器	1 m
3	模块、按钮	0.5 m
4	其他	0.5 m

管线工程量按定额规定计算,并计入各种预留线,见表9.5。

表9.5 管线工程量计算

管线规格	工程量/m	计算式
NH-KVV-750V-2×2.5 C1	31.8	↓(4.5 − 1.5)×3 段 + 3.0×2 层 + 1.5 + →13.0 地下室 + 0.3 箱留 + 0.5 盒留 ×4
NH-KVV-750V-3×1.5	33.41	∑33.41
Q1	15.54	→10.74 + ↓(4.5 − 1.5) + 1.5 机留 + 0.3 箱留
Q2	17.87	→13.07 + ↓(4.5 − 1.5) + 1.5 机留 + 0.3 箱留
ZR-RVS-250V-2×1.5	252.57	∑252.57
NB	50.61	主机至分线箱:↑1.5 + →4.70 + 1.5 机留 + 0.3 箱留 分线箱至墙: + ↓(3.0 − 1.5) + (3.0 − 2.5) + →3.38 + 0.3 箱留 沿墙垂直敷设: + ↓(4.5 − 2.5) + 3.0×2 层 + 2.5 地下室:↓(4.5 − 2.5)×4 根 + →14.43 盒留: + 0.5×8 处
NX	201.96	主机至分线箱:↑1.5 + →4.70 + 1.5 机留 + 0.3 箱留 竖井分线箱间: + ↓3.0×2 层 + 4.5 + →0.5 估 ×6 + 0.3 箱留 ×2 端 ×3 段 首层: + ↓(3.0 − 1.5) + (3.0 − 2.5) + → 6.94 + 0.3 箱留 一、二层:↓ + 2 层 ×[(3.0 − 1.5) + (3.0 − 2.5) + →6.76 + 0.3 箱留 + →0.8 估 + 0.3 箱留 ×2 端 ×2 段] 地下室: + ↓(0.45 − 0.15)×6 + (4.5 − 2.5)×4 + →96.1 + 2.0 估 + 0.3 箱留 ×13 盒留: + 1.0×24(探) + 0.5×23

续表

管线规格	工程量/m	计算式
ZR-RVVP-250V-2×1.5	114.43	$\sum$ 114.43
NT	70.33	主机至分线箱：↑1.5 +→4.70 +1.5 机留 +0.3 箱留 分线箱至墙：+ ↓(3.0 - 1.5) + (3.0 - 2.5) + →4.43 + 0.3 箱留 沿墙垂直敷设：+ ↓(4.5 - 1.5) + 3.0 ×2 层 + 1.5 地下室：↓(4.5 - 1.5) ×8 根 + →23.1 盒留：+0.5 ×8
NS	44.1	主机至分线箱：↑1.5 +→4.70 +1.5 机留 +0.3 箱留 竖井分线箱间：+ ↓3.0 ×2 层 +4.5 + →0.5 估 ×6 + 0.3 箱留 ×2 端 ×3 段 分线箱至显示盘：+ ↓(3.0 - 2.5 + 3.0 - 1.5) ×2 层 + 4.5 - 1.5 + 4.5 - 2.5 + →3.04 ×2 层 + 3.32 + 0.3 箱留 ×3 盒留：+0.5 ×3
NH-BV-750-2.5 NY	109.19 ×2 =218.38	主机至分线箱：↑1.5 +→4.70 +1.5 机留 +0.3 箱留 竖井分线箱间：+ ↓3.0 ×2 层 +4.5 + →0.5 估 ×6 + 0.3 箱留 ×2 端 ×3 段 首层：+ ↓(3.0 - 1.5) + (3.0 - 2.5) + →6.51 + 0.3 箱留 一、二层：↓ +2 层 ×[(3.0 - 1.5) + (3.0 - 2.5) ×3 + →5.04 + 0.3 箱留] + →0.8 估 + 0.3 箱留 ×2 端 ×2 段 地下室：+ ↓(0.45 - 0.15) ×7 + (4.5 - 2.5) ×4 + →35.3 + 2.0 估 + 0.3 箱留 ×15 盒留：0.5 ×13
KBG15 金属管	479.5	将上述各种线扣除预留量后的汇总值

9.2.5 管线列项与计价

管线清单列项如表9.6所示。

表9.6 管线工程量清单

序号	清单编码	项目名称和描述	单位	工程量	备注
1	030411001001	KBG15 薄壁钢管混凝土内暗敷	m	479.5	
	B4-1520	KBG16 薄壁钢管混凝土内暗敷	100 m	4.795	
2	030411004001	管内配线 NH-KVV-750V-2×2.5	m	31.8	
	B4-1599	塑料护套线 2 芯2.5	100 m	0.318	
3	030411004002	管内配线 NH-KVV-750V-3×1.5	m	33.41	

序号	清单编码	项目名称和描述	单位	工程量	备注
	B4-1602	塑料护套线 3 芯 1.5	100 m	0.334	
4	030411004003	管内配线 ZR-RVS-250V-2×1.5	m	252.57	
	B4-1612	多芯软导线 2 芯 1.5	100 m	2.526	
5	030411004004	管内配线 ZR-RVVP-250V-2×1.5	m	114.43	
	B4-1612	多芯软导线 2 芯 1.5	100 m	1.144	
6	030411004005	管内配线 NH-BV-750-2.5	m	218.38	
	B4-1564	管内穿线铜芯 2.5	100 m	2.184	

如果线管敷设在砖墙内,则需增列凿槽刨沟及恢复子目,本工程线管预埋在混凝土内,不需凿槽刨沟。

任务9.3 消防自动报警系统调试列项与算量

本任务以某住宅楼消防自动报警系统施工图为载体,讲解消防自动报警系统调试、列项与算量的方法,具体的任务描述如下:

任务名称	消防自动报警系统调试列项与算量	学时数(节)	4	
教学环境	工程造价理实一体化实训室、造价工作室	授课对象	高职工程管理类专业 二年级学生	
项目载体	某住宅楼消防自动报警系统			
教学目标	知识目标:熟悉消防自动报警系统管线工程量清单、消耗量定额相关知识;熟悉工程量计算规则与方法。 能力目标:能依据施工图编制消防报警管线工程量清单及清单计价表。 素质目标:培养科学严谨的职业态度,以及精益求精、勤勉尽职、团结协作的职业精神。			
应知应会	一、学生应知的知识点: 1.消防报警系统的组成。 2.消防自动报警系统常用的管线。 3.消防自动报警系统管线敷设工程量清单计价注意事项。 二、学生应会的技能点: 1.能编制消防自动报警系统管线工程量清单。 2.能对系统管线进行清单计价。			
重点、难点	教学重点:工程量清单项目的编制及定额套价。 教学难点:管线工程量的计算。			

续表

教学方法	1.项目教学法;2.任务驱动法;3.线上线下混合教学法;4.小组讨论法
教学实施	1.任务资讯:学生完成该学习任务需要掌握的相关知识或需要查阅的信息。 2.任务分析:教师布置任务,通过项目教学法引导学生完成消防自动报警系统施工图的识读。 3.任务实施:教师引导学生以小组学习的方式完成学习任务,要求学生在课前预习,线上完成微课、动画及PPT等教学资源的观看,线下由教师引导学生按照学习任务的要求掌握消防自动报警系统调试的列项与算量计价等基本技能。
考核评价	1.云平台线上提问考核。 2.课堂完成给定案例、成果展示,实行自评及小组互评。 3.课程累计评价、多方评价,综合评定成绩。

➤ 任务资讯

9.3.1　消防自动报警系统调试工程量清单项目

工程量清单项目设置及工程量计算规则,应按表9.7的规定执行。

表9.7　消防系统调试工程量清单项目

项目编码	项目名称	项目特征	计量单位	工程量计算规则	工程内容
030905001	自动报警系统调试	1.报警点数 2.线制	系统	按系统计算	系统调试
030905002	水灭火控制装置调试	系统形式	点	按控制装置的点数计算	调试
030905003	防火控制装置调试	1.名称 2.类型	点(部)	按设计图示数量计算	调试
030905004	气体灭火系统装置调试	1.试验容器规格 2.气体试喷	点	按调试、检验和验收所消耗的试验容器总数计算	1.模拟喷气试验 2.备用灭火器贮存容器切换操作试验 3.气体试喷
桂030905005	火灾事故广播、消防通信系统调试	1.名称 2.类型	只(部)	按设计图示数量计算	调试
桂030905006	超音速干粉灭火器调试	1.型号规格 2.防火分区内超音速干粉灭火器的数量	防火分区	按设计图示数量以防火分区计算	调试

续表

注:1. 自动报警系统,包括各种探测器、报警器、报警按钮、报警控制器、消防广播、消防电话等组成的报警系统,按不同点数以系统计算。

2. 火灾事故广播、消防通信系统调试,包括广播嗽叭及音箱、电话插孔、通信分机等调试。广播嗽叭及音箱、电话插孔以只计算,通信分机以部计算。

3. 水灭火控制装置:自动喷水灭火系统按水流指示器、温式报警阀水力开关数量以点(支路)计算;消火栓灭火系统按消火栓启泵按钮数量以点计算;消防水炮系统按水炮数量以点计算。

4. 防火控制装置,包括电动防火门(窗)、防火卷帘门、正压送风阀、排烟阀、防火控制阀、消防风机、切断非消防电源、消防水泵联动、消防电梯、一般客用电梯等防火控制装置。电动防火门(窗)、防火卷帘门、正压送风阀、排烟阀、防火控制阀、消防风机、切断非消防电源、消防水泵联动等调试以点计算,消防电梯、一般客用电梯以部计算。

5. 气体灭火系统调试,是由七氟丙烷、IG541、二氧化碳等组成的灭火系统,按气体灭火系统装置的瓶头阀以点计算。

1) 工程量计算注意事项

①自动报警系统包括各种探测器、报警按钮、报警控制器组成的报警系统,区分不同点数以"系统"为计量单位。

②水灭火系统控制装置的"点"数,是指水灭火系统中由报警控制器控制的开关、按钮、模块、阀门等的数量,施工中主要是调试控制信号,确保信号有效和准确无误。由一个报警控制器所控制的点均算在一个系统内。

③火灾事故广播、消防通讯系统调试,按消防广播喇叭、音箱和消防通讯的电话分机、电话插孔的数量,以"10 只"为计量单位。

④消防用电梯调试以"部"为计量单位。

⑤电动防火门、防火卷帘门调试,按联动控制器所控制的电动防火门、防火卷帘门数量,以"10 处"为计量单位,每樘为一个处。

⑥正压送风阀、排烟阀、防火阀以"10 处"为计量单位,一个阀为一个处。

2) 报警控制器的"点"数

总线制中,每个回路所能挂接的编码器件数量因产品而异,大多在 240 个左右(设计时须考虑一定余量,且不超过 200 个),而每个报警控制器所能带的回路数也是有限的,因而不同厂家、不同产品的总线报警控制器所能处理的地址编码数量是不一样的。这就是报警控制器的"容量",以"点"为单位衡量,每一个地址编码算一个点。还有一些厂家的报警控制器的容量是可以扩展的,如深圳"泰和安"的 JB—Q100GZ2L—LA040Q,报警控制器的主板上预留了 8 个插槽,每插入一块地址板,就可以增加 484 个"点",方便业主日后扩容。

在早期的消防产品中,报警控制器只负责接收信号,消防设备由联动控制器驱动,联动指令靠手动按钮发出。随着数字技术的发展,目前大多数厂家已可以将报警控制器和联动控制器整合在一起,称"报警联动一体机"。一体机不仅仅是将两个控制器组装在一个箱子里,更重要的是,可以通过逻辑运算,将触发信号与驱动设备的指令联系起来,实现自动灭火。当然,一体机也可以在"手动"模式下工作,由值守人员控制消防设备。

有些厂家和资料把一体机称为"带联动的报警控制器",相对的,如果报警控制器仅仅起报警功能,没有将联动控制器集成进来,则称"不带联动的报警控制器"。

▶ **任务分析**

9.3.2 调试子目

本工程消防自动报警系统的调试,主要包括以下内容:

①自动报警系统,包括各种探测器、报警器、报警按钮、报警控制器、消防广播、消防电话等组成的报警系统,按不同点数以系统计算。

本工程总线隔离器4个,火灾显示盘3个,声光报警器3个,感烟探测器7个,感温探测器14个,感烟感温一体探测器2个,手动报警按钮6个,消防电话插孔及分机共8个,各种编码模块14个,因此共占用地址码61个,相应的报警控制器也需用到61个"点"(剩下的点备用)。

②水灭火控制装置:自动喷洒系统按水流指示器、压力开关数量以点(支路)计算;消火栓系统按消火栓启动按钮数量以点计算;消防水炮系统按水炮数量以点计算。本工程有水流指示器、压力开关各一个和消火栓启动按钮4个,因定额中消火栓系统和自动喷水系统的价格不一样,所以应分开列项。

③火灾事故广播、消防通讯系统调试:2013清单规范缺项,采用细则补充项目,同时考虑定额口径,按"广播喇叭及音箱、电话插孔"和"通讯分机"列两个项目。

④防火控制装置,包括电动防火门、防火卷帘门、正压送风阀、排烟阀、防火控制阀、消防电梯等防火控制装置。电动防火门、防火卷帘门、正压送风阀、排烟阀、防火控制阀等调试以个计算,消防电梯以部计算。本工程有2个排烟阀。

⑤气体灭火系统调试,是由七氟丙烷、JG541、二氧化碳等组成的灭火系统,按气体灭火系统装置的瓶头阀以点计算。本工程未注明试验容器规格及瓶头阀数量,暂按90L和1个瓶头阀计算。

▶ **任务实施**

9.3.3 调试子目

根据以上分析,本工程调试项目如表9.8所示。

表9.8 消防报警系统调试工程量清单

序号	清单编码	项目名称和描述	单位	工程量	备注
1	030905001001	自动报警系统调试,总线制,61点	系统	1	
	B5-1380	自动报警系统调试,64点以下	系统	1	
2	030905002001	水灭火控制装置调试,包括水流指示器、压力开关	点	2	
	B5-1391	自动喷水灭火系统调试	点	2	

序号	清单编码	项目名称和描述	单位	工程量	备注
3	030905002002	水灭火控制装置调试,包括消火栓启动按钮	点	4	
	B5-1390	消火栓灭火系统调试	点	4	
4	桂 030905005001	火灾事故广播、消防通讯系统调试 音箱、电话插孔	只	14	
	B5-1388	广播喇叭及音箱、电话插孔调试	10 只	1.4	
5	桂 030905005002	火灾事故广播、消防通讯系统调试 电话分机	只	2	
	B5-1388	通讯分机调试	10 只	0.2	
6	030905003001	防火控制装置调试,排烟阀70 ℃	点	2	
	B5-1395	电动防火阀调试	点	2	
7	030905004001	气体灭火系统装置调试,90 L,一个瓶头阀	点	1	
	B5-1403	气体灭火系统装置调试,90 L	点	1	

项目 **10**

综合实训

本章以某学校大礼堂安装工程为例,讲解安装工程中照明系统、配电系统、防雷系统、消防自动报警系统、生活给排水系统、消火栓给水系统、消防自动喷淋给水系统、通风空调工程等系统的工程量清单列项、工程量计算、项目名称的描述、清单计价等知识。本章内容作为综合实训用,目的是让同学们在综合实训时,对整个工程的工程量清单及招标控制价的编制方法有整体的了解。

任务 10.1　工程量清单及清单计价编制要点

工程量清单是招标文件的重要组成部分,是施工单位编制投标报价和竣工结算的主要依据。实行工程量清单招标后,工程综合单价的风险由施工单位承担,工程量的风险则由业主方承担,若工程量清单的工程量不准确被施工单位发现并利用,采用不平衡报价法报价将会在竣工结算时给业主方带来经济上的损失,故清单工程量、项目特征描述准确、恰当、完整,是工程量清单的最基本要求。

1.编制的基本依据

①《建设工程工程量清单计价规范》(GB？50500—2013)。

②国家或省级、行业建设主管部门颁发的计价依据和办法。

③建设工程设计文件和有关技术资料。

④与建设工程项目有关的标准、规范、技术资料。

⑤经招投标办审查批准的招标书和答疑纪要等补充文件。

⑥施工现场地质、水文、地表附属物等情况。

⑦工程特点及常规施工方案。

⑧业主方成本科目划分的要求。

⑨其他相关资料。

2.编制的基本原则

①遵守有关的法律法规。工程量清单的编制应遵循国家有关的法律、法规和相关政策。

②遵照工程量清单"四统一"的规定。在编制工程量清单时,必须按照国家统一的项目编

码、项目划分、计量单位和工程量计算规则设置清单项目,计算工程数量。

③遵守招标文件的相关要求,工程量清单作为招标文件的组成部分,必须与招标文件的原则保持一致,与招标须知、合同条款、技术规范等相互照应,较好地反映本工程的特点,体现项目意图。

3.编制的基本程序

①熟悉招标图纸和招标文件,明确招标范围。

②了解施工现场的施工条件等有关情况。

③划分项目、确定分部分项清单项目名称、编码(主体项目)。

④确定分部分项清单项目拟综合的工程内容。

⑤计算分部分项清单主体项目工程量。

⑥编制清单(分部分项工程量清单、措施项目清单、其它项目清单、规费和税金项目清单)。

⑦复核、编写总说明。

⑧装订(见《建设工程工程量清单计价规范》GB 50500—2013 标准格式)。

任务 10.2　工程量清单及清单计价编制实例(扫二维码阅读)

编制实例

主要参考文献

［1］中华人民共和国住房和城乡建设部.通用安装工程工程量计算规范 GB50856—2013［S］.北京:中国计划出版社,2013.

［2］规范编制组.2013 建设工程计价计量规范辅导［M］.北京:中国计划出版社,2013.

［3］吴心伦.安装工程造价［M］.重庆:重庆大学出版,2018.

［4］文桂萍.建筑设备安装与识图［M］.北京:中国机械工业出版社,2010.

［5］文桂萍.建筑水暖电工程计价［M］.北京:建筑工业出版,2012.

［6］文桂萍,韦婷玉.建筑设备安装施工图识读与 BIM 建模［M］.重庆:重庆大学出版社,2024.